국가안보 및 국민의 안전에 관한 전문가 양성

국가안보 위기관리 대테러론

박 준 석

저자 소개

박 준 석

- 현) 용인대학교 경호학과 교수
- 현) 한국경호경비학회 회장
- 현) 안전행정부 정책자문위원회 안전관리분과 총괄위원
- 현) 국가정보원 국가대테러정책 자문위원
- 현) 소방방재청 정책자문위원
- 현) 경찰청 · 서울청 자문위원
- 현) 국민생활체육회 이사
- 현) 교육부 학교폭력 자문위원
- 현) 한국공안행정학회 부회장
- 현) 한국경찰연구학회 부회장
- 현) 한국사회안전학회 부회장
- 현) 한국국가정보학회 상임이사
- 현) 한국산업보안연구학회 상임이사
- 현) 한국범죄심리학회 상임이사
- 현) 한국대테러정책학회 총무이사

〈저서〉

- 경호학 원론
- 경호무도론
- 민간경비론
- 민간경비산업론
- 산업보안 · 민간경비론

그 외 다수

〈논문〉

- 국가안보 및 국민의 안전을 위한 위기관리 제도적 개선방안
- 뉴테러리즘의 대응전략의 민간 산 · 학 · 관 · 연의 상호협력방안
- 경호학의 학문적 정립을 위한 발전방안
- 산업기술유출방지법상 국가핵심기술의 효율적 통제방안
- 한국 민간경비시장 확대방안에 관한 연구

그 외 다수

머리말

글로벌 시대의 국가안보는 보이지 않는 갈등과 군사적 · 경제적 · 문화적 · 환경적 재해재난 등 예측할 수 없는 원인으로 인하여 국가에 심각한 경제적 피해와 기능의 저하를 가져오고 있습니다. 이에 따라 세계 각국은 자국의 이익강화와 국가적 손실을 방지하기 위한 다차원적이고 통합적인 안보체제를 강구하고 있습니다.

특히 동북아시아는 중국과 러시아, 일본 등의 강대국과 북한의 무력도발 및 핵실험 등 직접적 위협이 도사리고 있으며, 역사와 영토분쟁 등 국가적으로 많은 갈등과 잠재적인 위협이 존재하고 있는 것이 현실입니다.

세계적 안보지형의 변화에 따라 우리나라의 역할과 중요성이 부각되고 있으며, 계속되는 위협과 테러, 재난재해에 대한 국민과 국가의 예방 및 대응, 복구, 관리 등 포괄적인 국가위기관리체계와 전략이 반드시 필요합니다. 하지만 아직 우리나라에는 전쟁 및 평화 시, 테러, 재난에 대한 체계적인 법 정립과 대응체계, 대응 · 관리기관의 산재 등의 문제가 있습니다.

따라서 우리나라도 이러한 위협과 재난에 대한 포괄적인 국가위기관리체계가 청와대와 정부 각 부처, 국가기관 등의 협업을 통하여 위기관리의 예방 · 대응 · 복구 등의 전문적인 대처방안과 국민의 안전을 확보할 수 있는 선진국형 위기대응 매뉴얼과 국민 생활의 질적 향상을 위한 구체적이고 세분화된 체제가 반드시 필요합니다. 즉 테러 및 국가안보 · 위기관리에 대한 통합 컨트롤타워의 재정립과 포괄적 국가위기관리 시스템의 구축이 필요합니다.

본서는 정부의 국가위기관리체계 연구정책에 대한 학문적 기초자료로 활용하는 데 의의를 두어 저술하였습니다. 이 책이 국가안보관련 및 국민의 안전에 관한 전문가 양성 및 교육기관, 산업체들의 안보위기에 대한 대처를 통하여 국민과 유기적인 관계를 유지함으로써 국가안보에 대한 인식 전환에 도움이 되기를 바라마지않습니다.

끝으로 물심양면으로 도와주신 선후배 학자님과 제자들, 백산출판사 진욱상 사장님, 이치영 연구원께 감사드립니다.

2014년 2월 28일

용인대학교 연구실에서

저자 박준석

차례

■ 부록

제 1 장

국가안보 및 국민의 안전을 위한 위기관리제도의 개선방안

제 1 장 국가안보 및 국민의 안전을 위한 위기관리제도의 개선방안

1. 서론

역사적으로 오랫동안 대부분의 국가들은 '안보(Security)'란 외부의 위협에 대처하기 위해 군사적 수단으로 국가를 방위하는 것으로 인식해 왔다.[1] 그러나 20세기 후반부터 군사력 중심의 전통적인 안보 개념으로는 더 이상 탈냉전의 시대상황을 설명하는 데 한계가 있다.

세계질서의 탈냉전화와 함께 안보・군사영역에서도 급격한 변화가 전개되었는데 냉전시대 정치・군사 중심의 국제질서가 경제・기술 위주로 변화하였고 이에 따라 안보・군사영역의 비중과 내용도 변화될 수밖에 없었다. 이에 따라 상호안보(mutual security), 공동안보(common security), 그리고 더 나아가 협력적 안보(cooperative security) 정신의 세계적 확산과 그에 바탕을 둔 군비통제의 가시적 진전은 이러한 변화의 대표적 현상으로 인식되었다.[2]

탈냉전과 세계화의 추세로 테러리즘, 범죄, 환경재난, 인종갈등, 경제위기, 사이버테러, 질병, 에너지 등의 비안보적인 안보의 문제들이 인류와 국가를 위협하며 변화를 요구하고 있다.[3] 또한 이 시대에 맞춰서 국가의 역할이 점차적으로 확대되면

---

1) 이신화, "비전통적 안보와 동북아지역협력," 한국정치총론 제42집 2호(국제정치학회보, 2008), p.413.
2) 강진석, "한국의 안보전략과 국방개혁"(평단문화사, 2005), p.46.
3) 김진항, "포괄안보시대의 한국국가위기관리 시스템 구축에 관한 연구"(경기대학교 정치전문대학원 박사학위논문, 2010). p.1.

서 최대의 국가론이 부상하였다. 즉 사회민주주의자, 근대자유주의자, 온정적 보수주의자를 포함한 이데올로기의 연합에 의해 지지를 받은 선거 주민들이 사회적 안전에 대해 압력을 가하면서 정부는 빈곤과 사회적 불평등을 줄이며 사회적 복지를 확대하는 것에 비중을 두게 된 것이다.[4] 대중재해는 Waldrop, W. Mitchell에 의하면 대중재해(Public Crises)의 예로 자연재해 – 허리케인, 토네이도, 해일, 눈보라, 운석(Meteor) 등으로, 기술재해 – 핵붕괴, 물오염, 정전, 컴퓨터 바이러스 확산 등으로, 정치문제 – 경기후퇴, 민족말살, 혁명, 폭동 등으로, 인간사회적 갈등 – 전쟁, 범죄, 테러, 대량살상무기 등으로 구분하고 있다.[5] 특히 교통발달과 혁신 기업도시 건설 등으로 도시의 과밀화가 심화됨에 따라 도시구조물의 대형화 · 밀집화 · 고층화로 대형재난의 발생 가능성이 증가하고 있다. 또한 노사분규에 따른 사회적 소요의 발생, 교통 · 수송 · 통신 등 사회기반체제의 마비 등 기존의 자연재난이나 인적 재난과는 성격이 판이하게 다른 새로운 유형의 신종재난이 등장하여 우리 사회의 안전을 크게 위협하고 있다.[6] 이처럼 현대사회는 복지국가의 실현이라는 목표 구현을 위하여 모든 국가가 '작은 정부론'에서 '큰 정부론'의 국가관으로 변화하게 된 것이다.[7] 이와 같이 각종 범죄와 치안 유지 및 신종재난의 위협, 인간안보의 개념 등 외부의 침입뿐만 아니라 포괄적인 국민의 안전과 보호를 위해 안보의 개념을 종합적으로 넓게 해석해야 할 것 같다.[8]

이러한 시대에 맞추어 국내적으로는 천안함, 연평도, 구제역, DDos 테러, 해적 피랍, 광우병, 조류독감 등과 남북관계의 인도적 지원과 남북 정상회담의 추진이 답보상태에 빠져 있다. 이런 가운데 남북 간의 긴장 고조는 중국, 일본, 한국 등 동북아의 정세에 남북관계의 긴밀한 화해의 장이 열려 의사소통이 되어야 할 것이다. 그

4) Andrew Heywood, 이종은 · 조현수 역, 『현대정치이론』(서울: 까치, 2007), p.123.
5) W. Mitchell Waldrop, "The Emerging Science at the Edge of Chaos"(New York Bantam Books, 1992)
6) 임용빈, "한국의 효율적 위기관리체제 구축에 관한 연구"(연세대학교 행정대학원 석사학위논문, 2008), p.2.
7) 김명, 『국가학』(서울: 박영사, 1995), pp.57-58.
8) 임진택, "국가위기관리 체계 및 단계별 분석"(인하대학교 행정대학원 석사학위논문, 2009).

예로 남북 간 긴장고조의 와중에 중국이 북한의 '종주국 노릇'을 하려는 조짐까지 나오고 있다. 이는 통일을 포함한 한국 정부의 중장기적 한반도 전략에 무거운 짐이 될 수 있다. 후진타오 주석은 5월 5일 베이징에서 열린 북・중 정상회담에서 김정일 위원장에게 "양국의 '내정'과 외교상의 중대 문제나 국제사회지역의 형세 등 공통 관심사에 대해 전략작인 '의사소통'을 강화해나가자"고 제안한 것으로 중국 언론이 보도했다. 이어 후 주석은 "양국 우호관계를 시대의 흐름과 함께 발전시키고 '대대손손 계승'하는 것은 양국이 가진 공통된 역사적 책임"이라고 했다. 북한에 '내정간섭'을 하는 대신 '김정은으로의 세습'을 양해해 주겠다는 것으로 해석되기도 했다.[9] 이에 따른 북한의 후계구도가 중국의 극박한 변화에 우리 현 정부에서 종합적인 국가안보 위기관리의 시스템이 보안되어야 할 적절한 시기라고 생각한다. 그에 따른 국가위기 대응체제와 종합적인 위기관리센터, 컨트롤타워, 안보조직체계, 일반 국민들과의 협력기반, 법률적, 제도적 체제의 구축이 종합적으로 이루어져야 한다.

그에 따라 한국의 국가안보 및 위기관리 체계와 선진국인 미국 안보, 위기관리의 체제를 비교하여 앞으로 한국의 발전적인 국가안보 위기관리체제를 재정립하고 새로운 방향모색을 하고자 하는 데 본 연구의 의의가 있다고 할 수 있다. 또한 각 정부 부처의 다양한 법령과 행정조직이 제각각 분산되어 있어 통합적으로 효율적 기능을 발휘할 수 있는 상위법인 가칭, 국가위기관리기본법을 제정할 필요가 있다고 사료된다.

2. 미국의 국가안전보장회의 및 위기관리・테러대응 체계

미국은 9.11 테러사건 이후 국가위기관리체계를 전통적 안보관리체계, 국내적 안보관리체계, 재난관리체계로 구축하여 국가안전보장회의(NSC: National Security Council)는 국외의 전통적 안보위협을, 국토안보부(DHS: Department of Homeland Security)는 테러・마약 등 국내적 안보위협을, 연방비상재난관리청(FEMA: Federal

9) 신동아, 2010.6.1, 통권 609호, pp.96-103, 검색일자: 2011.5.9.

Emergency Management Agency)은 DHS에 소속되어 국내의 자연 및 인위재난에 대한 임무를 수행토록 역할을 분담하고 있다.10)

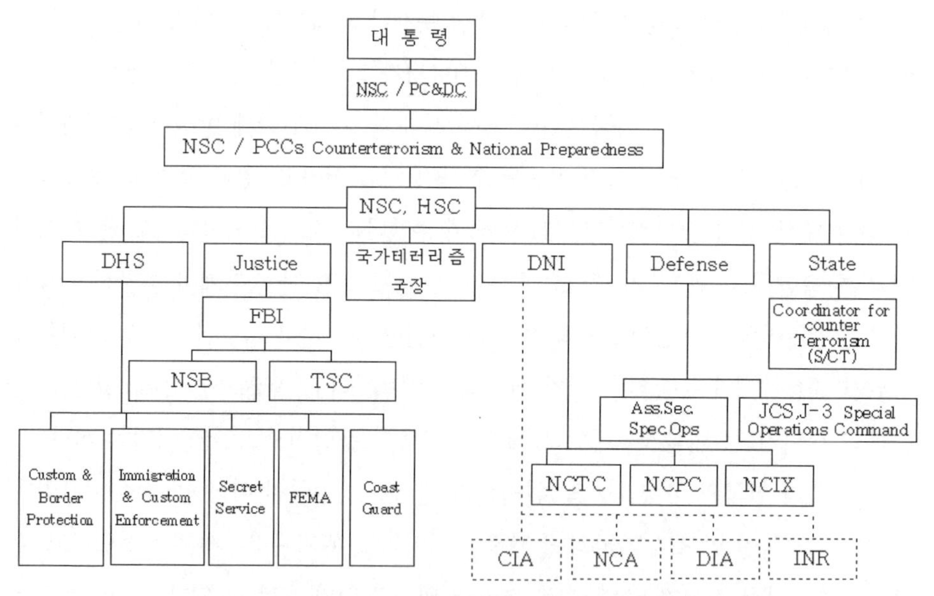

〈그림 1-1〉 미국의 국가통합 안보 · 테러 · 위기관리 시스템

1. 국가안전보장회의(NSC)

미국의 '국가안보회의(NSC: National Security Council)'체제는 1947년 '국가안보법(National Security Act)'에 근거 미국의 국가안보와 관련 대통령의 자문기구로 설치되었다. 미국의 NSC는 외교, 국방, 경제정책을 통합하여, 평시, 유사시 국가안보정책을 총괄하는 기구로서 안보관련 핵심 구성원과 방대한 정보를 통해 위기관리에 적합한 체제를 갖추고 있다. 또한 NSC는 곧 최고 통수권자인 '대통령의 조직'이라 할 만큼 대통령에게 상당한 권한을 부여하는 제도적 장치라 할 수 있다.11)

10) 비상기획위원회, 『비상기획위원회 연혁집』, 서울: 비상기획위원회, 1990.

11) L. Erik Kjonnerod, "We Live in Exponential times: Interagency to Whole-of-government," National Defense University, Joint Reserve Affairs Center(2009.7).

National Security Council (NSC)
and Interagency Structure

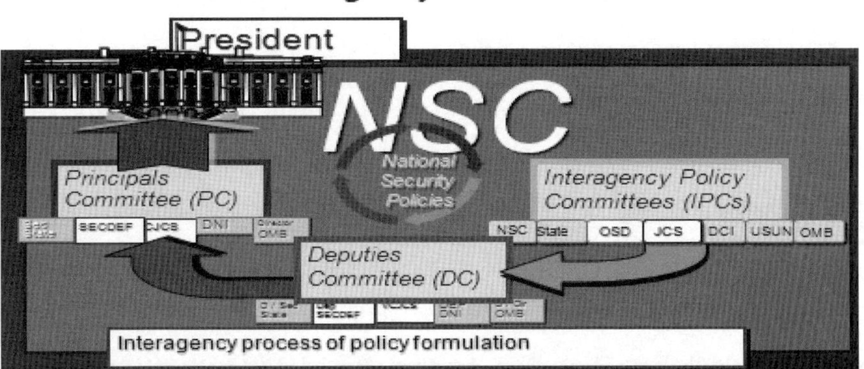

출처: 윤태영, “미국과 한국의 국가안전보장회의(NSC)체제 조직과 운영: 위기관리 시각에서 분석”, 『평화학연구』, 제11권 제3호(2010), p.238.

〈그림 1-2〉 NSC체제 조직과 운영

미국의 ‘위기대비 책임 부여’에 관한 대통령 시행령 12656호에 의하면 국가 위기상황에는 자연적 재해, 군사적 공격, 기술적 재난을 포함하여 미국의 국가안전을 심각하게 저해하거나 위협하는 모든 사건들이 포함된다고 규정하고 있다. 이러한 위기상황에 대처하기 위한 휘기관리체계는 국가안보의 총괄정책과 위기관리를 담당하는 NSC를 중심으로 운용되고 있다.

부시 행정부는 출범 직후인 2001년 2월 13일 ‘국가안보 대통령지시서 1호’를 발표하여 NSC 조직을 개편하였다. NSC 협의조직은 국가안보회의 본회의, 각료급 위원회, 차관급 위원회, 정책조정위원회로 4단계로 편성되어 운영된다. 국가안보회의 본회의(NSC)는 대통령이 의장이고, 부통령, 국무장관, 국방장관, 재무장관, 안보보좌관이 참석하고, CIA 국장과 합참의장 등이 배석한다. 각료급 위원회(NSC/PC: NSC Principals Committee)는 안보보좌관이 의장이고 국무장관, 국방장관, 재무장관, 대통령비서실장 등이 참석하며, 본회의에 앞서 주무부처 각료들 간의 의견을 조율한다. 차석급위원회(NSC/DC: NSC Deputies Committee)는 안보보좌관이 의

장이고 국무부 부장관, 국방부 부장관, 재무부 부장관, 검찰 부총장, 예산관리 부실장, CIA 부국장, 합참부의장, 부통령 안보보좌관 등이 참석하며, 각료급 위원회 지원 및 신속한 위기관리를 위한 위원회를 요청하는 기능을 수행한다.

정책조정위원회(NSC PCCs: NSC Policy Coordination Committee)는 각 부처 실무자들이 참석하며, 6개 지역별 정책조정위원회(유럽과 유라시아 / 서반구 / 동아시아 / 남아시아 / 근동 및 북아프리카 / 아프리카)와 11개 기능별 정책조정위원회(민주, 인권 및 국제활동 / 국제개발 및 인도주의적 지원 / 지구환경 / 국제파이넌스 / 초국가적 경제문제 / 대테러리즘 및 국가대비 / 국방전략, 군구조와 기획 / 군비통제/ 확산, 비확산 및 국토방위 / 정보와 방첩 / 기록접근 및 정보안보)가 운영된다. 참모 조직은 NSC 협의조직의 정책조정과 통합기능을 지원하고 대통령을 보좌하는 역할을 수행하는 조직으로 안보보좌관과 2인의 안보부보좌관의 지휘를 받아 대통령 지시사안에 대한 정책검토 및 부처 간 정책의 사전조정 기능을 담당한다. 참모조직의 법률상 대표는 사무처장이나 실질적으로 안보보좌관이 조직을 지휘, 통솔하고, 기능국과 지역국으로 구성되어 있고, 오바마 행정부에서는 국토안보회의의 사무조직 위원들이 총 240명으로 구성되어 있다.[12)]

2. 국토안보부(DHS)

미국은 국가 위기관리시스템의 골격을 개편하여 국토안보회의(Homeland Security Council)를 대통령 명령 제1호[13)]에 의거 2001년 10월 29일 설립하였고, 아울러 테러 및 위기관리대책과 관련해서 국무부, FBI, CIA, 국방부, 연방 긴급사태 관리처 등이 독자적으로 활동해 왔었으나, 9.11 테러와 같이 미국 본토에서 대규모 테러사건이 발생한 경우에는 모든 관계부처가 연대하여 활동할 필요성이 제기되어 부시 대통령은 2001년 10월 8일 대통령 명령 13228호를 발표하여 국토안보국을 발족시켰다.

---

12) Spencer S. Hsu, "Obama Integrates Security Councils, Add New Offices", Washington Post, May 27, 2009.

13) The Homeland Security Presidential Directive-1, October 29, 2001.

이후 2001년 10월 26일 승인된 '애국법(USA Patriot Act, 반테러법)'에 의해 테러 및 위기관리에 대응하기 위한 국내 안보강화, 감시절차 강화, 국제 돈세탁 방지 및 법집행기관 권한 강화 등 대책을 마련하였다. 2002년 10월에는 국방부에 '북부사령부(Northern Command)'를 창설하며 본토에 대한 테러 공격 시 민간지원 등을 전담하게 하였다. 이후 대테러 및 보안, 재해재난, 국경 및 출입국 등 모든 국가안전관리 기능과 연관된 연방주지방 정부에 소속된 기존의 87,000개 관할권을 핵심적으로 연결하고 효과적으로 통합하기 위해 2002년 11월 25일에 승인된 국토안보법에 근거하여 2003년 1월 24일 국토안보부를 신설하였다.

국토안보부는 당시 비대화된 조직구조로 인한 관료제적 문제점과 기존 비상관리 핵심조직인 FEMA의 상대적 소외에 대한 문제점이 연방의회에서 제기되었으나, 9.11 테러 이후 위기의식이 심화되어 무마되어 오다가 태풍 허리케인 카트리나[14)]발생 시 초기 현장대응과 지역별로 대응하는 재난관리체계의 문제점이 복합적으로 노출되어 국토 안보체계와 기능 전반에 대한 직제를 재검토하는 계기가 되어, 2006년 2월에 테러와 주요 재난 그리고 기타 비상사태를 관리하기 위해 국가대응계획(NRP: Nation Response Plan)[15)]을 개정하여 국토안보부 내에 비상작전본부 성격을 가진 국가작전본부(NOC: Nation Operation Center)를 설치하여 위기관리기구를 일원화하고 현장위주의 지원기능을 강화하였다. 또한 비상대응 및 조치국에 연방수사국(FBI: Federation of British Industries)의 국내대응팀, 법무부 비상사태지원팀, 보건부의 공공보건 비상대응팀과 함께 한 부서로 편입되어 자연재해, 인적 재난, 민방위 등을 포함한 모든 재난관리에 관하여 연방정부 차원에서 중심적인 역할을 수행하는 주도적인 기관으로 전체적이고 적극적인 재난관리 방식으로 바뀌면서 새로

14) 2005년 8월 23일 미국 남동부의 멕시코 만 해안을 강타한 허리케인 카트리나는 1928년 이래 미국에서 발생한 가장 치명적 피해를 준 대형 태풍으로, 뉴올리언스 지역은 폰차트레인 호수의 제방이 붕괴되어 80%가 물에 잠기고 사망·실종자 2,541명, 2,200억 달러의 재산피해를 입었다(http://k.daum.net, 2014년 2월 8일 검색).

15) 국가대응계획(NRP)은 테러와 재난, 기타 비상사태관리를 위한 통합 국가위기관리계획으로 연방정부의 자원관리와 관계기관 조정체계를 단일화하고, 연방·주·지방정부와 민간관계자가 함께 협력하기 위한 방침과 세부절차를 규정한 계획이다(안전행정부, http://www.mopas.go.kr, 2014년 2월 8일 검색).

운 재난관리의 이정표가 정립되었다.[16)]

이에 따라 국토안보부는 22개 행정부처와 유관기관에 분산되어 있던 본토방어 및 대테러업무 관련조직과 연방비산관리처(FEMA) 등을 흡수, 통합하여 창설되었다.

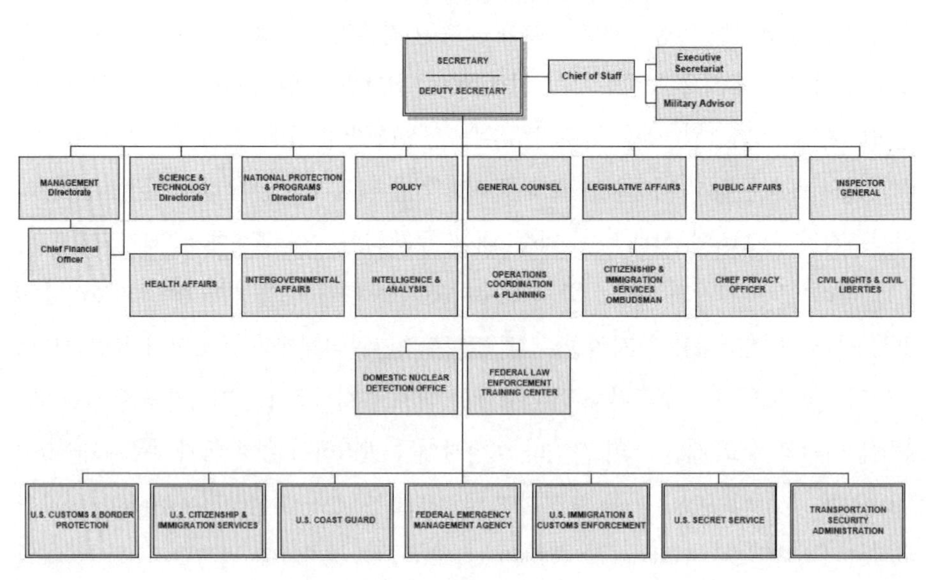

〈그림 1-3〉 DHS(국토안보부) 조직도

국토안보부는 2010년 추가된 이민 · 세관정책부서(시민권 · 이민국)와 교통안전업무부서(수송경비 관리국)를 포함하여 〈그림 1-3〉과 같이 7개의 기관으로 분류되고 있으며 첫째, 관세국경 보호국, 둘째, 시민권 · 이민국, 셋째, 해안경비대, 넷째, 연방위기 관리청, 다섯째, 이민 · 세관집행국, 여섯째, 비밀경호국, 마지막으로 수송경비 관리국으로 구분하여 운영되고 있다.

16) 송윤석 외, 『재난관리론』, 서울: 동화기술, 2011.

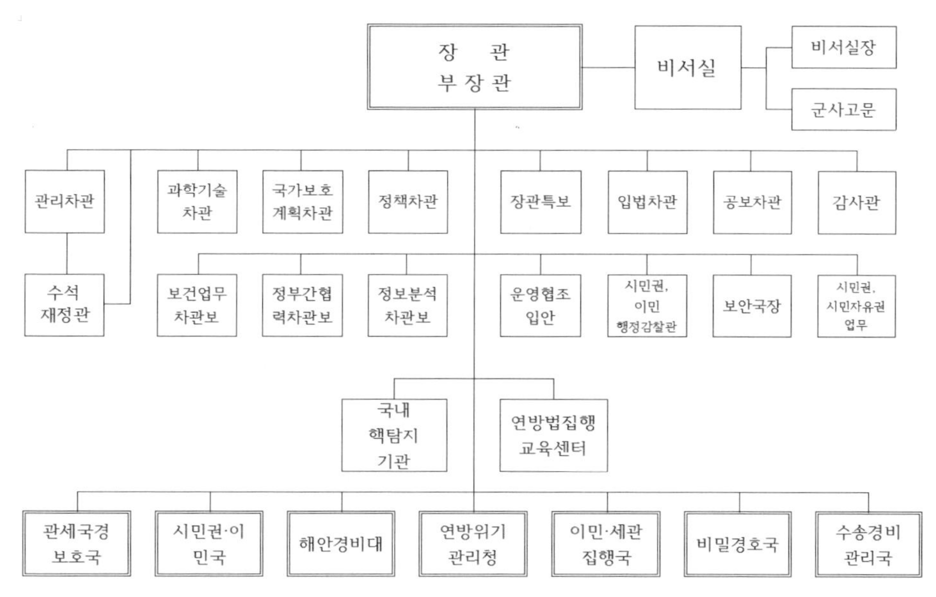

출처: http://www.dhs.gov/ xlibrary/assets/dhs-orgchart.pdf, http://www.dhs. gov/ organizational-chart, 2014. Department of Homeland Security(검색일자: 2014년 2월 8일).

국토안보부의 임무는 미국을 보호하기 위한 국가적 노력의 통합을 선도하며 테러리스트의 공격을 예방, 억제하고 위협과 위험으로부터 국가를 보호 및 대응하며, 국경안전의 보장 합법적인 이민자 및 방문자 환영 및 자유무역 촉진 등이다. 이러한 임무를 수행하기 위한 전략목표로 인지, 예방, 보호, 대응 복구 및 서비스를 설정하고 있다.

〈표 1-1〉 DHS(국토안보부)의 임무

- 미국 내에서의 테러리스트 공격 억지
- 테러리즘에 대한 미국의 취약성을 감소
- 미국 내에서 발생한 테러리스트의 공격으로부터 손상을 최소화하고 복구를 지원
- 자연적, 인위적 위기와 비상계획에 관하여 중심으로의 활동을 포함하여 국토안보부로 이관한 실체들의 모든 직무를 수행
- 국토안보에 직접적으로 관련되지 않는 국토안보부 내 기관 및 산하부서의 직무가

명시적인 특정 명령에 의하여 축소되거나 예외로 간과되지 않도록 보충
- 국토안보를 목적으로 한 노력 활동 및 프로그램에 의하여 미국 전체의 경제안보가 축소되지 않도록 보충
- 불법 마약거래와 테러리즘 간의 연계를 감시하고, 당해 연계를 단절시키기 위한 노력을 조정하며 기타 불법마약 거래를 금지하기 위한 노력에 기여

국토안보부는 장관 아래 부장관, 차관(7개 국장) 및 기타 18개 참모부서 등 총 20만여 명으로 워싱턴 본부에 1,200여 명이 근무하여, 예산은 약 400억 달러(약 40조 원)이며, 이는 연방부처 중 인원 수로는 국방부, 보훈부 다음 세 번째로 큰 조직이다.

또한 국토안보부는 2005년 테러 및 위기관리정책을 보다 효율적으로 수행하기 위해 작성한 '15대 재앙 시나리오'를 〈표 1-2〉와 같이 공개하였다.

〈표 1-2〉 미국 국토안보부 발표 '15대 재앙과 피해규모'[17]

15대 재앙	피 해 규 모
① 10kt 핵폭탄 테러	• 상황 : 차량에 핵폭탄을 싣고 주요도시 중심가로 돌진, 폭발 • 피해 : 광범위(수천억 달러)
② 액화 탄저균 살포	• 상황 : 3개 도시에 밴을 탄 채 탄저균을 분무, 곧바로 2개 도시 추가공격 • 피해 : 1만 3,000명 사망(수십억 달러)
③ 유행성 독감	• 상황 : 중국 남부에서 독감 발발, 수개월 내 미 4개 대도시 확산 • 피해 : 8만 7,000명 사망, 30만 명 입원(700~1,600억 달러)
④ 전염성 폐렴균 살포	• 상황 : 전염균을 주요 도시공항, 역 등 공공시설 살포, 확산 • 피해 : 2,500명 사망, 7,000명 부상(수백만 달러)
⑤ 발포제 살포	• 상황 : 소형비행기로 관중 밀집한 대학축구 경기장 상공서 살포 • 피해 : 150명 사망, 7만 명 입원(5억 달러)

17) "미 국토안보부 발표 15대 재앙과 피해규모," 중앙일보, 2005.4.15.

15대 재앙	피 해 규 모
⑥ 유독 산업용 화학제 폭파	• 상황 : 수류탄, 폭탄으로 정유시설 공격하거나 화물선 폭파 • 피해 : 350명 사망, 1,000명 입원(수십억 달러)
⑦ 사린가스 살포	• 상황 : 주요도시 대형빌딩 3곳 환기구에 살포 • 피해 : 6,000명 사망, 350명 부상(3억 달러)
⑧ 염소탱크 폭파	• 상황 : 산업 저장시설 폭파로 염소 대규모 유출 • 피해 : 1만 7,500명 사망, 1만 명 중상, 10만 명 입원 (수백만 달러)
⑨ 대지진	• 상황 : 리히터 규모 7.2, 6개 카운티 주민 1,000만 명 영향 • 피해 : 1,400명 사망, 10만 명 입원(수억 달러)
⑩ 대형 허리케인	• 상황 : 시속 256km의 강풍을 동반한 허리케인이 주요도시 강타 • 피해 : 1,000명 사망, 5,000명 입원(수백만 달러)
⑪ '더러운 폭탄'	• 상황 : 방사능물질(세슘137)로 만든 '더러운 폭탄' 도시공격 • 피해 : 180명 사망, 270명 부상, 2만 명 오염(수십억 달러)
⑫ 수제 개량 폭탄	• 상황 : 수제폭탄 이용해, 경기장, 병원응급실 자폭테러 • 피해 : 100명 사망, 450명 입원
⑬ 음식물 오염	• 상황 : 액상 탄저균을 공급되는 육류나 오렌지주스에 살포 • 피해 : 300명 사망, 400명 입원(수백만 달러)
⑭ 구제역	• 상황 : 몇몇 농장의 동물들에 구제역 살포, 각지로 전파 • 피해 : 가축 대량피해(수억 달러)
⑮ 사이버 테러	• 상황 : 수주 간에 걸쳐 금융 전산망 여러 곳에 사이버 공격 • 피해 : (수백만 달러)

3. 연방재난관리청(FEMA)

2001년 9.11 테러 이후 커다란 변화를 겪게 된다. 9.11 테러의 영향으로, 부시 대통령은 모든 종류의 위협으로부터 국가를 보호하기 위해 22개의 흩어져 있던 국가조직을 하나의 조직으로 통합하기로 결정했다. 이러한 역할을 수행하기 위해 국토안보부(The Department of Homeland Security)가 창설되었다. 국토안보부 창설 후, 위기관리의 초점은 자연재난보다는 테러리즘과 안보위협에 맞춰지게 된다.

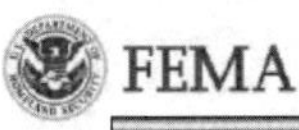

US Department of Homeland Security/FEMA

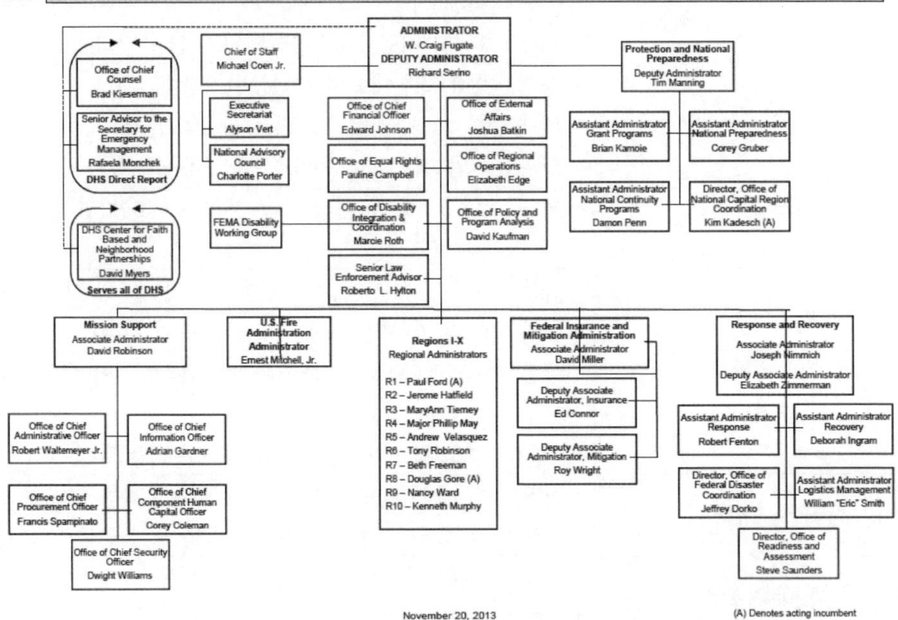

출처: http://www.fema.gov/media-library/assets/documents/28183?id=6251(검색일자: 2014년 2월 8일).

〈그림 1-4〉 FEMA 조직도

FEMA도 국토안보부의 하위부서로 통합되어, 재난 원조와 예방 프로그램에 관련한 역할을 수행하게 되었다. 그러나 이러한 연방을 중심으로 한 명령과 통제시스템의 강화, 그리고 관리의 중심을 테러에 두는 전략은 FEMA의 기능을 약화시키는 계기가 되었고, 카트리나 사태는 이러한 국가 재난안전관리 시스템의 대표적 실패 사례라 할 수 있다. FEMA의 주요 네 가지 기능은 (1) 재난/재해 예방 (2) 비상사태 방책 (3) 보급품 공급 (4) 자산관리 및 보호로 구분되어 있다.

4. 미국의 통합위기관리제도

〈표 1-3〉 미국의 통합위기관리제도

위기유형 / 핵심체계	국외 안보위기	국내 안보 위기	
		테러관련 위기	재난관련 위기
조직체계	• 백악관 • 안보보좌관–참모조직 • 국가안전보장회의 • 관료조직 : 각료급위원회, 차관급위원회 • 참모조직 : 안전보좌관실 • 정책조정위원회 : 지역별 위원회, 기능별 위원회	• 백악관 • 국토안보국 • 국토안보위원회 • 국토안보부 • 총무관리부 • 과학기술부 • 기간시설보호부 • 국경교통/안전부 • 비상대비대응부	• 국토안보부 • 연방비상사태관리청 • 준비 · 대응 · 복구국 • 연방보험 · 완화국 • 연방소방국 • 정보기술서비스국 • 대외협력국
법령체계	• 국가안보법(1947) • 국가비상사태법(1976) • 방위생산법(1950) • 테러전투법(1972)	• 종합테러방지법(1996) • 애국법(2001) • 국토안보법(2002)	• 연방재난방지법(1950) • 재난구제법(1974) • 지진위험경감법(1977) • 스탠퍼드법(1988)
대응절차	① 1단계: 실무협조회의(NSC 주재) ② 2단계: 정책검토위원회(주무장관주재) ③ 3단계: NSC본회의(대통령주재) ④ 4단계: 정책결정(대통령) ⑤ 5단계: 하달 및 전파	① 국내비상팀 가동 ② 최초 대응 ③ 재난의료체계 가동 →서비스 제공 ④ 재난 복구 ※ 화생방테러 발생 시 별도 절차 운용	① 긴급사태 선포(대통령) ② 연방조정관(FCO) 임명 및 현장 파견 ③ 긴급대응활동 조정 ④ 필요시 대규모 재난대책단 운영 ⑤ 연방정부 가용자산 지원 및 대응

출처: 김열수(2005, 91-127) 참조, 이홍기(2014)에서 재인용.

3. 일본의 국가안전보장회의 및 위기관리 · 테러대응 체계

일본의 국가 위기관리체제는 2개의 축을 중심으로 이원화 통합체제로 구축되어 있으며 그 첫 번째 축이 안전보장회의이고 두 번째 축이 내각부이다. 안전보장회의는 총리대신을 의장으로 하여 군사 · 정치 · 경제 · 외교를 조정 · 통합 · 협조시키는 상설 안보정책 결정기관이다. 또한 내각부는 내각관방장관 휘하에 있는 방재담당기구를 중심으로 국토교통성, 문부과학성, 기상청, 소방청과 지방자치단체의 협력을 총합하는 재난관리체계를 운영하며 방재와 관련된 중요정책을 심의하기 위하여 중앙방재회의가 설치되어 있고 내각 위기관리감이 조직되어 있다.[18]

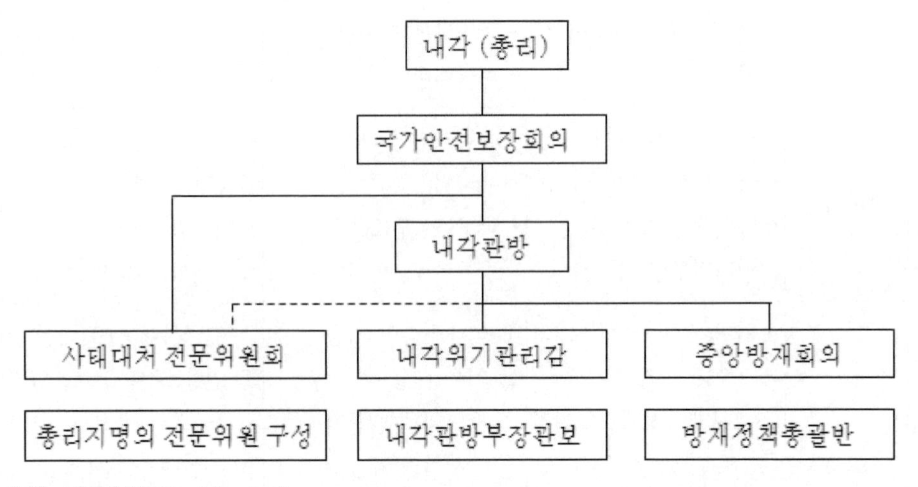

출처: 김열수(2005, 143, 149).

〈그림 1-5〉 일본의 위기관리 조직체계

국가안전보장회의는 국방에 관한 주요사항과 중대한 긴급사태 대응정책을 심의하며 총리가 자문을 요구하도록 규정되어 있는 중요사항에 대하여 자문을 제공하고 유사시 중앙지휘소를 활용하여 전쟁지도 기능을 수행한다.[19] 내각관방장관은 위기

18) 장시성, "한국의 재난관리체제 구축방향에 관한 연구," 명지대학교 박사학위논문, 2008.
19) 安全保障會議設置法 제1조.

관리감실을 운영하면서 국가 위기관리를 전반적으로 주도하고, 사태대처 전문위원장과 중앙방재회의 의장을 겸직하고 있다. 중앙방재회의는 국가방재대책의 통합성과 기획성을 확보하기 위해 기본방침과 시책을 수립하고 비상재해에 즈음한 조치 등에 관하여 총리에게 자문을 제공하는 총리부의 부속기관이다(김미희, 2013, 125). 내각관방은 사태대처전문위원회가 관장하는 국가방위 분야 위기관리와 중앙방재회의가 주관하는 재난분야 위기관리를 통합하여 조율할 수 있는 기능을 가지고 있다. 따라서 정책결정은 총리 중심으로 통합되고 실무적 대응과 조치는 내각관방 중심으로 통합되는 조직구조를 가지고 있다.

또한 일본은 재난으로부터 국토를 보전하고 국민의 생명과 재산을 보호하기 위해 중앙정부, 광역 자치단체, 기초 자치단체 및 주민이 일체화되어 종합적인 방재체계를 구축하고 있으며 각 성 및 청 등 관련 부처와 상하기관들이 체계적인 방재 계획을 수립하여 실행하고 있다.[20]

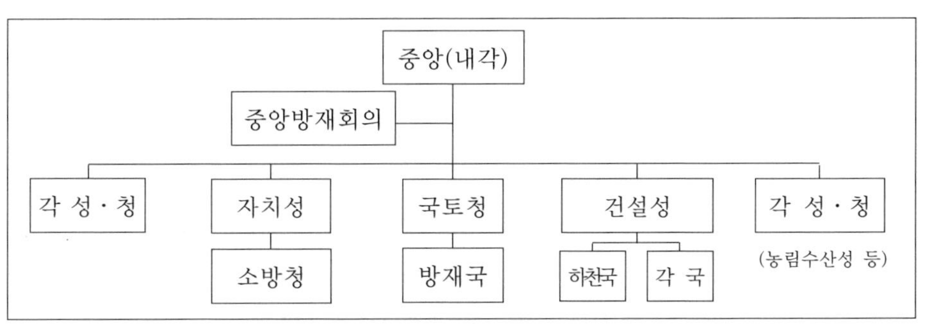

출처: 송윤석 외(2011), 재난관리론, p.69, 재인용.

〈그림 1-6〉 일본의 재난관리체계

일본의 재난관리체계는 정부, 지방공공단체, 공공기관, 주민 등의 협력하에 종합적이고 통일적으로 수행되도록, 재난・방재업무를 종합적으로 조정하는 내각부와 하천, 해안, 도로 등 공공 토목시설 담당부서인 국토교통성, 방재과학기술연구원과

20) 전미희, "국가 위기관리체계의 비교 연구," 전북대학교 박사학위논문, 2013, pp.122-123.

지진조사연구 추진본부를 운영하는 문부과학성, 소방청이 있다.[21]

〈표 1-4〉 일본의 통합위기관리제도

위기유형 / 핵심체계	국가방위관련 위기	재난통제관련 위기
조직체계	• 국가안전보장회의(종전 : 통합안전보장 관계장관회의) • 중앙지휘소(통합막료회의) • 사태대처 전문위원회 • 내각관방	• 방재정책 통괄관실(산하 6개 부서 조직) • 중앙방재회의 • 내각 위기관리감 • 지자체 內 소방국, 방재국, 시민생활국 등
법령체계	• 안전보장회의설치법('86) • 자위대법('03) • 무력공격사태대처법('03) • 국민보호법('04)	• 재해대책기본법 • 대규모 지진대책특별법 • 원자력 재해특별조치법 • 석유콤비나트재해방지법 • 해양오염 · 해상재해방지법 • 16개의 재난 예방법
대응절차	① 안전보장회의 개최 ② 의회에서 대응정책 승인 ③ 경보발령 및 국민보호조치 ④ 국가질서유지 대책 강구 ⑤ 방위위협에 군사적 대처	① 비상재해대책본부 설치 (방재담당대신) ② 긴급재해대책본부 설치 (내각부총리대신) ③ 지방재해대책본부 설치 ④ 재난 발생 전 · 중 · 후 단계별 매뉴얼에 따라 행동함

출처: 김열수(2005); 정찬권(2012) 참고, 이홍기(2014)에서 재인용.

고베 대지진 이후 내각의 위기관리 기능을 강화할 필요성이 제기되어 1998년 4월 1일 내각위기관리감이 신설되어 위기관리를 전문적으로 담당한다. 평상시에는

---

21) 윤병준, 『재난과 위기관리 해설』, 서울: 한국학술정보, 2007, p.254.

국내의 전문가들과 네트워크를 형성하여 위기유형별 대응책 연구 등을 수행하고, 긴급사태 시에는 우선적으로 조치할 사항을 일차적으로 판단하여 초동조치에 대해 관계성·청에 전파 및 지시하고 총리에게 보고하며 관방장관 보좌 등의 임무를 수행한다. 내각위기관리감은 지휘감독권이 없고 부처 간 업무 조정권만 부여되어 있으나, 관계부처 간에 밀접한 협력체제가 정비됨으로써 복잡한 긴급사태에서도 신속한 대응이 가능하게 되었다고 볼 수 있다.[22]

4. 이스라엘의 국가안전보장회의 및 위기관리·테러대응 체계

이스라엘의 위기관리체제는 군을 중심으로 획일적인 시민방위체제와 효율적인 국민의 생활안정과 군의 작전지원을 위한 국가 비상경제운영체제가 운영되는 등 전시체제 위주의 위기관리체제가 작동되고 있다. 이 중에서 시민방위체제는 국방장관의 지휘를 받는 민방위사령부가 유사시에 경보전달, 인명구조, 응급조치, 피해복구 등 한국의 민방위대와 유사한 기능과 업무를 담당하고 있다(김인태, 2013: 144).

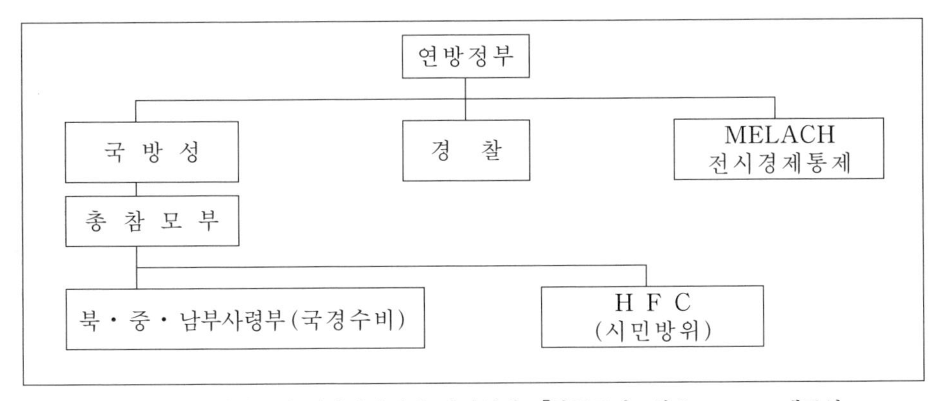

출처: 김인태(2013), 선진국의 위기관리체제 발전실태, 「한국군사」 봄호, p.145, 재구성.

〈그림 1-7〉 이스라엘의 연방비상대비기구

22) 김치환, 일본 위기관리 법제의 체계와 시사점, 『한국법제연구원』, 통권 제23호, 2002, p.167.

〈그림 1-7〉과 같이 총참모장이 3군 통합군사령관으로서 작전통제를 행사하며, 지역의 대규모 재해 · 재난 등에 대비하여 민방위사령부(HFC: Home Front Command)를 운영하며, HFC사령관은 국가경찰, 소방대, 기타, 민방위 지원요소를 통합하여 지휘한다. 이스라엘에서 최초의 민방위대는 1948년 5월에 이집트가 이스라엘의 텔아비브에 공중포격을 한 것이 계기가 되어 창설되었으며, 이후 제1차 걸프전이 발생함에 따라 1992년에 지역방위부대와 민방위대를 통합하여 민방위사령부로 개편되었다.

현재 민방위사령부는 국방부 예하 총참모부의 지휘를 받는 독립적인 사령부로 시민방어, 비상사태의 대비, 시민교육 및 지도 · 감독, 후방전력으로서의 기능 등 다양한 임무를 수행하고 있으며, 현역병 3,000여 명을 포함하여 총 7만여 명의 자원으로 구조, 보안, 화생방, 관찰, 의료, 소방, 경보 담당조직으로 구성되어 있으며, 또한 예하에 통합북부, 단(Dan), 예루살렘, 남부지구대로 나뉘어 있고 샤하르 · 던 구조대대와 구조학교 등을 두고 있다. 이는 민방위사령부가 전국의 전 지역을 대상으로 필요에 따라 직접 지휘통제를 할 수 있음을 의미한다.[23]

MELACH는 1955년에 최초로 설치된 후, 현대전의 양상이 국가 총력전 개념하에 수행됨으로써 효율적인 전시 경제운영의 필요성을 인지하였고, 민 · 군 간에 인력 및 산업생산 측면에서 유기적인 협력체계의 필요성이 제기되어 1972년에 현재의 운영체제로 전환되었다. 국방장관이 위원장을 겸무하고 위원은 정부 각 부처와 국방부, 경찰, 유대인 기관, 지방정부 대표 등으로 구성되며, 주요 임무 및 기능으로는 전시 또는 국가 비상사태하에서 국가경제의 기능유지, 필수물자 생산과 공급을 보장하기 위한 민간경제의 조정 · 통제와 기본계획의 발전 및 시행, 정부 각 부처의 비상경제 주요기능 통제, 민군수요 긴요물자 생산과 분배계획을 작성하고 시행하는 것이다.[24]

---

23) 김인태, 선진국의 위기관리체제 발전실태, 『한국군사』 봄호, 2013, pp.144-145.
24) 김선홍, 「한국의 군사 위기관리체계 연구」, 원광대학교 박사학위논문, 2008, pp.82-83.

5. 각국의 위기관리체계 비교

앞서 분석한 주요국가와 한국의 국가위기관리체계에 대한 실태분석 결과를 토대로, 본 연구에서 제시하고자 하는 평시와 전시를 연계한 통합 국가위기관리체계를 구축하기 위한 흐름과 연계하여 발전모형 도출을 위한 기초자료로 활용하기 위하여 국가위기관리체계의 구조적 속성, 즉 통합적 구조, 유기적·협력적 구조, 실행적·학습적 구조측면으로 구분하여 비교분석한 결과는 〈표 1-5〉와 같으며, 이는 발전방안 도출에 요한 자료로 활용하였다.

〈표 1-5〉 위기관리체계 비교[25]

구분	미국	일본	이스라엘	한국
통합적 구조	• 군사·비군사 통합 • 완전 통합형 재난 관리	• 군사·비군사 통합 • 완전 통합형 재난 관리	• 군사·비군사 통합 • 완전 통합형 재난 관리	• 군사·비군사 미통합 • 부분 통합형 재난 관리
유기적 협력적 구조	• 위기관리 전담 조정기구 운용 • 위기유형별 전 요소 통·폐합, 일원화 • 중앙정부와 지자체 연계성 유지	• 위기관리 전담 조정기구 운용 • 위기유형별 전 요소 통·폐합, 일원화 • 중앙정부와 지자체 연계성 유지	• 위기관리 전담 조정기구 운용 • 위기유형별 전 요소 통·폐합, 일원화 • 중앙정부와 지자체 연계성 유지	• 위기관리 전담 조정기구 미운용 • 위기유형별 전 요소 통·폐합, 일원화 미흡 • 중앙정부와 지자체 연계성 미유지
실행적 학습적 구조	• 지자체 위기관리 조직 평시 운용 • 국가위기관리체계 일제 재정비	• 지자체 위기관리 조직 평시 운용 • 국가위기관리체계 일제 재정비	• 지자체 위기관리 조직 평시 운용 • 국가위기관리체계 일제 재정비	• 자체 위기관리 조직 평시 미운용 • 국가위기관리체계 부분 정비

출처: 이성순, 평시와 전시를 연계한 효율적인 국가위기관리체계 구축 방안, 경기대학교 박사학위논문, 2013, p.68.

25) 이성순, 평시와 전시를 연계한 효율적인 국가위기관리체계 구축방안, 경기대학교 박사학위논문, 2013, p.68.

6. 한국의 국가안전보장회의 및 위기관리 · 테러대응 체계

1. 안보 · 재난 · 위기관리에 관한 법령

한국은 국가위기관리를 위한 총괄적 차원의 국가위기관리 법령이 없다. 관련 법령을 다음 도표와 같이 설명할 수 있다.

〈표 1-6〉 비상대비 법령 종합

구분		관계법령	비고
전 · 평시 공통대비		헌법 민방위기본법 향토예비군설치법 병역법	
전시대비	공통	국가전시지도지침(대통령훈령)	
	군사적	계엄법 징발법	
	비군사적	비상대비자원관리법(평시 적용) 전시 자원관리에 관한 법률(전시 진행)	계획 및 실행 법률 이원화
평시대비	공통	국가위기관리지침(대통령훈령)	
	국지도발	통합방위법	
	테러	국가대테러활동지침(대통령훈령)	
	재해/재난	재난 및 안전관리기본법 관련부서별 적용 50여 개 법률	

출처: 장명환, "포괄적 안보개념에 입각한 국가위기관리 법제화 방향 고찰", 국방대 연구보고서, 2007, p.23.

현재 한국의 비상상황에 대한 법은 각 기관별, 조직별, 대상별 상황에 따른 현안별로 다루어지고 있다. 즉, 관련법령들이 체계화되어 있지 못하고 무질서하게 난립되어 있다고 볼 수 있다. 국가위기관리 지침과 대테러활동지침 등은 훈령으로 제정되어 있어서 실질적으로 각 비상사태업무를 수행할 때 상위법인 법률에 근거하기 때문에 기존의 법령이 그대로 적용되고 있다. 비상사태와 관련한 개념이 불명확하여 포괄적인 안보의 영역이 법률적으로 서로 상이한 상태에 있다. 또한 각종 비상사태에 대한 용어가 난립돼서 국민적 공감대를 만들어가는 데 불리한 여건에 처해져 있다. 즉 군사적 용어와 평시 재난에 대한 내용이 정비할 필요가 있다.[26)]

〈표 1-7〉 비상대비 법령 분석[27)]

위기영역	법령 명칭	법의 계급	주무기관	적용시기
국가방위 영역	통합방위법	기본법	국방부	북한군 국지도발 시
	국가안전보장회의법	절차법	국가 통수기구	-
	계엄법	기본법	국가 통수기구	전시・사변, 비상사태 시
	민방위기본법	개별법	안전행정부	전시・사변, 비상사태 시, 재난사태 시
	향토예비군설치법	개별법	국방부	전시・사변, 공비침투, 무장소요 시
	비상대비자원관리법	개별법	국방부	전시・사변, 비상사태 시
국민보호 영역	재난・인적관리기본법	기본법	안전행정부	재난사태 시
	자연재해대책법	개별법	안전행정부	자연재난사태 시
	지진재해대책법	개별법	국토교통부	지진해일 징후 또는 발생 시
	소방기본법	개별법	안전행정부	-
	감염병예방법	개별법	보건복지부	전염병위기 시
	가축전염병예방법	개별법	농림축산식품부	가축전염병위기 시
공통영역	국가위기관리기본지침	명령	국가 통수기구	위기징후 또는 발생 시
	국가대테러활동지침	명령	국가정보원	테러징후 또는 발생 시

출처: 이홍기, "국가통합위기관리체제 구축 방안", 대진대학교 대학원 박사학위논문, 2013, p.167.

---

26) 김종만, "한국의 비상대비체제 발전방안에 관한 연구"(한국외국어대학교 정치행정언론대학원 석사학위논문, 2009), pp.25-27.

27) 이홍기, "국가통합위기관리체제 구축 방안", 대진대학교 대학원 박사학위논문, 2013, p.167.

국가 통합위기관리체계 구축 및 도입, 운영의 기본틀을 규정하는 기준법은 존재하지 않고 있다. 다만 국가위기관리기본지침(대통령령 제312호)이 기준법의 역할을 대행하는 비정상적 법령구조를 가지고 있으며 체계 타당성 원칙에 위배되므로 합당하게 정비되어야 한다. 다시 말하면, 국가가 관리해야 할 위기상황에 대하여 법률보다 하위에 있는 행정규칙 성격의 지침이 국가위기에 관한 가장 포괄적 범위의 규정을 갖고 있다는 것이다(박진우, 2012, 16). 국가의 기반체계를 대상으로 하는 위기관리 영역이 별도로 설정되어 있지 않으며 이를 보호하기 위한 기본법 또한 부재상태이다. 국가위기관리기본지침은 국가방위, 국가기반체계 보전, 국민의 생명과 재산보호 등 3대 영역을 위기관리 영역으로 규정하였으나 3대 영역 중 국가기반체계 보전 영역의 법령체계는 명확하게 설정되어 있지 않다.

국가방위 영역에서 위기를 조장할 수 있는 세력 중 테러세력에 의한 위기대처 법령이 부재한 상태이다. 테러의 징후가 있거나 테러가 발생 시는 테러세력에 신분에 따라 위기관리 주무기관이 정해지는바, 북한 또는 해외의 군사적 세력에 의한 테러일 경우는 국방부가, 국내 민간세력에 의한 테러일 경우는 안전행정부가 주무기관으로 지정되며 국가정보원은 정보제공 및 조정 역할을 수행하는 것이 관례로 되어 있다. 또한 테러로 인한 피해는 위의 3대 영역 어디서든지 발생할 수 있다. 이와 같이 테러위기는 영역구분의 기준이 모호하기 때문에 대통령령으로 제정되어 있는 대통령령 292호 국가 대테러활동지침이 기본법의 역할을 대행하는 상태가 지속되고 있는 것이다. 법체계상 국가 위기관리와 관련되는 법률들이 기본법과 이를 구체화하는 개별법이라는 법형식을 적용하여 입체적으로 구성되지 않고 개별법령들을 통하여 각각의 위기관리 영역을 규율하고 있는 것이다.

또한 상위개념에 해당하는 국가위기는 하위규범인 대통령령으로 규정하고 국가위기의 하위개념에 해당하는 재난위기는 상위규범인 법률에 규정을 두고 있는 것 또한 법령체계의 일반적 원칙에 조응하지 못하고 있다. 이러한 법체계와 규범의 형식은 체계타당성의 원리에 부합되지 않을 뿐 아니라 산발적 대응을 초래할 위험이 있기 때문에 복합적인 대형 위기 시는 효율적으로 대처할 수 없는 결함을 나타낼 수도 있다.

즉, 종합적인 안보시대를 맞아 전통적, 비전통적 안보를 포괄할 수 있는 시점에서 국가위기관리지침이 유사 법령을 규제하는 모순을 담고 있기 때문에 이를 위하여 국가 위기에 관련한 모든 법을 총괄할 수 있는 기본법을 제정하여 체계화시켜야 한다고 사료된다. 예를 들어 2008년에 행정안전부(현 안전행정부)는 재난안전기본법으로 통합하는 작업을 시도 했으니 관계 기관의 반발로 실패했다. 현실적으로 부처 이기주의를 극복하고 국가위기관리의 효율성을 보장하는 차원에서 법률을 최상의 모법으로 가칭, 종합국가위기관리기본법이 제정되어야 할 것이라고 생각된다.[28)]

2. 한국의 대테러대응 관계기관별 임무

한국의 대테러대응 관계기관별 임무는 대통령훈령 제47호 국가대테러활동지침 제44조(관계기관별 임무)에 명시되어 있으며, 세부사항은 다음과 같다.

1) 국가안보실

(1) 국가 대테러 위기관리체계에 관한 기획·조정
(2) 테러 관련 중요상황의 대통령 보고 및 지시사항의 처리
(3) 테러분야의 위기관리 표준·실무매뉴얼의 관리

2) 금융위원회

(1) 테러자금의 차단을 위한 금융거래 감시활동
(2) 테러자금의 조사 등 관련 기관에 대한 지원

3) 외교부

(1) 국외 테러사건에 대한 대응대책의 수립·시행 및 테러 관련 재외국민의 보호
(2) 국외 테러사건의 발생 시 국외테러사건대책본부의 설치·운영 및 관련 상황의 종합처리

---

28) 정찬권, 『국가위기관리론』, 서울: 대왕사, 2010, p.170.

(3) 대테러 국제협력을 위한 국제조약의 체결 및 국제회의에의 참가, 국제기구에의 가입에 관한 업무의 주관

(4) 각국 정부 및 주한 외국공관과의 외교적 대테러 협력체제의 유지

4) 법무부(대검찰청을 포함한다)

(1) 테러혐의자의 잠입에 대한 저지대책의 수립 · 시행

(2) 위 · 변조여권 등의 식별기법의 연구 · 개발 및 필요장비 등의 확보

(3) 출입국 심사업무의 과학화 및 전문 심사요원의 양성 · 확보

(4) 테러와 연계된 혐의가 있는 외국인의 출입국 및 체류동향의 파악 · 전파

(5) 테러사건에 대한 법적 처리문제의 검토 · 지원 및 수사의 총괄

(6) 테러사건에 대한 전문 수사기법의 연구 · 개발

5) 국방부(합동참모본부 · 국군기무사령부를 포함한다)

(1) 군사시설 내에 테러사건의 발생 시 군사시설테러사건대책본부의 설치 · 운영 및 관련 상황의 종합처리

(2) 대테러특공대 및 폭발물 처리팀의 편성 · 운영

(3) 국내외에서의 테러진압작전에 대한 지원

(4) 군사시설 및 방위산업시설에 대한 테러예방활동 및 지도 · 점검

(5) 군사시설에서 테러사건 발생 시 군 자체 조사반의 편성 · 운영

(6) 군사시설 및 방위산업시설에 대한 테러첩보의 수집

(7) 대테러전술의 연구 · 개발 및 필요 장비의 확보

(8) 대테러 전문교육 · 훈련에 대한 지원

(9) 협상실무요원 · 전문요원 및 통역요원의 양성 · 확보

(10) 대화생방테러 특수임무대 편성 · 운영

6) 안전행정부(경찰청 · 소방방재청을 포함한다)

(1) 국내일반테러사건에 대한 예방 · 저지 · 대응대책의 수립 및 시행

(2) 국내일반테러사건의 발생 시 국내일반테러사건대책본부의 설치·운영 및 관련 상황의 종합처리
(3) 범인의 검거 등 테러사건에 대한 수사
(4) 대테러특공대 및 폭발물 처리팀의 편성·운영
(5) 협상실무요원·전문요원 및 통역요원의 양성·확보
(6) 중요인물 및 시설, 다중이 이용하는 시설 등에 대한 테러방지대책의 수립·시행
(7) 긴급구조대 편성·운영 및 테러사건 관련 소방·인명구조·구급활동 및 화생방 방호대책의 수립·시행
(8) 대테러전술 및 인명구조기법의 연구·개발 및 필요장비의 확보
(9) 국제경찰기구 등과의 대테러 협력체제의 유지

7) 산업통상자원부

(1) 기간산업시설에 대한 대테러·안전관리 및 방호대책의 수립·점검
(2) 테러사건의 발생 시 사건대응조직에 대한 분야별 전문인력·장비 등의 지원

8) 보건복지부

(1) 생물테러사건의 발생 시 생물테러사건대책본부의 설치·운영 및 관련 상황의 종합처리
(2) 테러에 이용될 수 있는 병원체의 분리·이동 및 각종 실험실에 대한 안전관리
(3) 생물테러와 관련한 교육·훈련에 대한 지원

9) 환경부

(1) 화학테러의 발생 시 화학테러사건대책본부의 설치·운영 및 관련 상황의 종합처리
(2) 테러에 이용될 수 있는 유독물질의 관리체계 구축
(3) 화학테러와 관련한 교육·훈련에 대한 지원

10) 국토교통부

(1) 건설 · 교통 분야에 대한 대테러 · 안전대책의 수립 및 시행
(2) 항공기테러사건의 발생 시 항공기테러사건대책본부의 설치 · 운영 및 관련 상황의 종합처리
(3) 항공기테러사건의 발생 시 폭발물처리 등 초동조치를 위한 전문요원의 양성 · 확보
(4) 항공기의 안전운항관리를 위한 국제조약의 체결, 국제기구에의 가입 등에 관한 업무의 지원
(5) 항공기의 피랍상황 및 정보의 교환 등을 위한 국제민간항공기구와의 항공통신정보 협력체제의 유지

11) 해양수산부(해양경찰청을 포함한다)

(1) 해양테러에 대한 예방대책의 수립 · 시행 및 관련 업무 종사자의 대응능력 배양
(2) 해양테러사건의 발생 시 해양테러사건대책본부의 설치 · 운영 및 관련 상황의 종합처리
(3) 대테러특공대 및 폭발물 처리팀의 편성 · 운영
(4) 협상실무요원 · 전문요원 및 통역요원의 양성 · 확보
(5) 해양 대테러전술에 관한 연구개발 및 필요장비 · 시설의 확보
(6) 해양의 안전관리를 위한 국제조약의 체결, 국제기구에의 가입 등에 관한 업무의 지원
(7) 국제경찰기구 등과의 해양 대테러 협력체제의 유지

12) 관세청

(1) 총기류 · 폭발물 등 테러물품의 반입에 대한 저지대책의 수립 · 시행
(2) 테러물품에 대한 검색기법의 개발 및 필요장비의 확보
(3) 전문 검색요원의 양성 · 확보

13) 원자력안전위원회

(1) 방사능테러 발생 시 방사능테러사건대책본부의 설치 · 운영 및 관련 상황의

종합처리

(2) 방사능테러 관련 교육·훈련에 대한 지원

(3) 테러에 이용될 수 있는 방사성물질의 대테러·안전관리

14) 국가정보원

(1) 테러 관련 정보의 수집·작성 및 배포

(2) 국가의 대테러 기본운영계획 및 세부활동계획의 수립과 그 시행에 관한 기획·조정

(3) 테러혐의자 관련 첩보의 검증

(4) 국제적 대테러 정보협력체제의 유지

(5) 대테러 능력배양을 위한 위기관리기법의 연구발전, 대테러정보·기술·장비 및 교육훈련 등에 대한 지원

(6) 공항·항만 등 국가중요시설의 대테러활동 추진실태의 확인·점검 및 현장지도

(7) 국가중요행사에 대한 대테러·안전대책의 수립과 그 시행에 관한 기획·조정

(8) 테러정보통합센터의 운영

(9) 그 밖의 대테러업무에 대한 기획·조정

3. 한국의 재난관리 체계

〈표 1-8〉 재난 및 민방위사태 대응기구

구분	인위재난	자연재난	민방위사태
관련근거법	재난·안전관리기본법, 기타 개별법	재난·안전관리기본법, 자연재해대책법, 농어업재해대책법	민방위기본법, 재난·안전관리기본법
대응관리조직	소방방재청, 관련부처	소방방재청, 관련부처	소방방재청, 관련부처
재난대응기구	안전관리위원회, 재난안전대책본부	재난안전대책본부	
긴급구조기구	긴급구조통제단(소방본부장, 소방서장)		

출처: 장시성, 한국의 재난관리체계 구축방향에 관한 연구, 2008, p.69, 재인용.

우리나라는 〈표 1-8〉과 같이 2004년 이전까지 자연재해 관리체계와 인적재난 관리체계가 분리된 국가 재난관리체계를 취하고 있었으나, 2004년 3월 재난 및 안전관리기본법을 제정하여 재난과 재해로 이원화되었던 개념을 재난으로 통합하고, 재난유형별로 다원화되어 있던 정책과 기구 및 조직을 통합하여 일원화시키고 소방방재청을 설치하였으며, 국가 재난관리를 위한 기본법적 성격의 「재난 및 안전관리기본법」과 자연재해와 관련된 내용을 규정한 「자연재해대책법」, 적의 침공이나 대규모 재난발생 등 민방위사태 대비를 위한 「민방위기본법」 등 재난 관련 기본 법률을 제정하여 외형상으로는 통합적 국가재난관리체계를 갖추게 되었다.[29]

국가 재난관리체계는 중앙정부로부터 기초자치단체에 이르기까지 수직적으로 연계되어, 심의기구인 안전관리위원회와 수습기구인 재난안전대책본부, 긴급구조기구인 긴급구조통제단, 상설 재난관리 행정조직인 소방 방재청으로 운영되며, 중앙정부의 재난관리 조직은 소방방재청의 개청으로 완전통합형 재난관리체계를 구축하였으며, 중앙단위 재난관리기구는 중앙안전관리위원회, 중앙안전관리위원회 조정위원회, 중앙안전관리위원회 분과위원회, 중앙재난안전대책본부, 중앙 긴급구조통제단, 중앙 사고수습본부, 정부합동 해외재난대책 지원단, 중앙수습지원단, 재난합동(중앙합동)조사단으로 조직되어 있다.

---

29) 송윤석 외, 『재난관리론』, 서울: 동화기술, 2011, p.55.

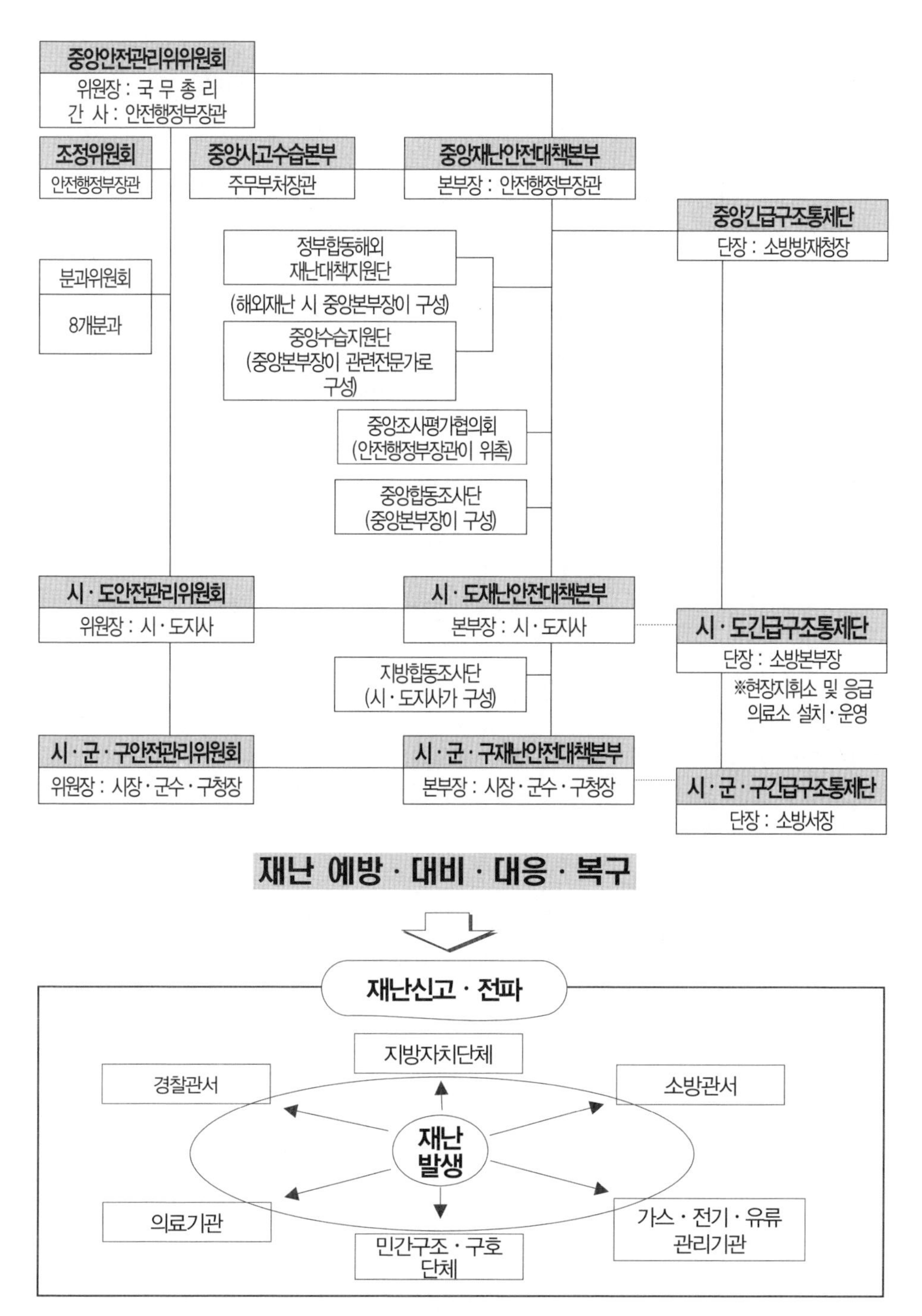

〈그림 1-8〉 국가재난안전관리체계

안전행정부의 내부자료에 의하면 재난 및 안전관리대책은 다음과 같다.

〈표 1-9〉 재난관리대책

- 1-1 풍수해대책(설해 · 해일)
- 1-2 낙뢰대책
- 1-3 가뭄대책
- 1-4 지진대책
- 1-5 황사대책
- 1-6 적조대책
- 1-7 산불방지대책
- 1-8 교통재난대책(항공 · 철도 · 도로 · 해상 · 교통시설)
- 1-9 폭발 · 대형화재대책
- 1-10 건축물 등 시설물 재난대책
- 1-11 독극물 · 환경오염사고대책
- 1-12 산업재해대책
- 1-13 해외재난대책(재외공관 등 해외재난대책 · 해외재난사상자 지원대책 · 해외관광객 안전대책 · 해외건설현장 안전대책 · 북한방문안전대책)
- 1-14 재난방송대책
- 1-15 방재기상대책

〈표 1-10〉 국가기반체계보호대책

- 2-1 에너지대책(전력 · 가스 · 석유, 전기 · 유류 · 가스)
- 2-2 통신망 보호대책(통신망, 통신재난)
- 2-3 전산망 보호대책
- 2-4 교통수송대책(철도 · 항공 · 화물 · 도로 · 지하철 · 항만)
- 2-5 금융전산시스템대책
- 2-6 보건의료서비스대책
- 2-7 원자력 안전대책(원자력안전 · 방사능방재)
- 2-8 환경대책(소각장 · 매립장)
- 2-9 식용수대책(댐 · 정수장)

〈표 1-11〉 안전관리대책

- 3-1 보행자안전대책
- 3-2 승강기안전대책
- 3-3 어린이놀이시설안전대책
- 3-4 여름철 물놀이 안전대책
- 3-5 사회복지시설 안전대책(사회복지시설 · 청소년수련시설 · 보육시설)
- 3-6 교육시설안전대책(학교시설 · 연구실 · 유치원시설)
- 3-7 유 · 도선 안전대책
- 3-8 자전거이용 안전대책
- 3-9 문화체육시설안전대책(유원시설 · 공연장 · 체육시설)
- 3-10 등산사고안전대책
- 3-11 수상레저안전대책
- 3-12 문화재안전사고대책
- 3-13 사이버 안전대책

〈표 1-12〉 전염병대책

- 4-1 전염병대책
- 4-2 가축전염병대책

〈표 1-13〉 유형별 재난 및 안전관리 책임기관

구분		주관기관	유관기관	비고
자연재난(6)	풍수해	소방방재청	기재부, 국토부, 교과부, 산통부, 복지부, 국방부, 농림부, 환경부, 문화부, 경찰청, 기상청, 산림청, 방통위, 해경청, 농진청, 지자체	해일, 설해 포함
자연재난(6)	낙뢰	소방방재청	농림부, 기상청, 지자체	
자연재난(6)	가뭄	소방방재청	국토부, 농림부, 환경부, 기상청, 지자체	
자연재난(6)	지진	소방방재청	국방부, 산통부, 국토부, 복지부, 문화부, 교과부, 농림부, 노동부, 환경부, 경찰청, 방통위, 문화재청, 해경청, 기상청, 지자체	
자연재난(6)	황사	환경부	산통부, 교과부, 복지부, 소방청, 기상청, 산림청, 농진청, 지자체	
자연재난(6)	적조	농림축산식품부	환경부, 국방부, 해경청, 기상청, 지자체	
인적재난(6)	산불	산림청	국방부, 법무부, 농림부, 환경부, 경찰청, 소방청, 문화재청, 국립공원관리공단, 기상청	
인적재난(6)	교통재난	국토교통부 해양경찰청	국방부, 외교부, 법무부, 복지부, 노동부, 경찰청, 방재청, 기상청, 지자체	항공, 철도, 도로, 해상재난, 교통시설안전, 다중이용선박안전 포함
인적재난(6)	폭발·대형화재	소방방재청	복지부, 산통부, 국방부, 환경부, 문화부, 노동부, 방재청, 경찰청	
인적재난(6)	건축물 등 시설물 재난	소방방재청	복지부, 국토부, 경찰청, 지자체	초고층 대규모 지하연계복합건축물 안전, 다중이용업소안전 포함
인적재난(6)	독극물·환경오염	환경부 해양경찰청	농림부, 국방부, 국토부, 방재청, 경찰청, 지자체	해양오염 포함
인적재난(6)	산업재해	고용노동부	복지부, 국토부, 환경부, 방재청, 경찰청	건설사업장안전, 유해성물질안전 포함
해외재난(1)	해외재난	외교부	국정원, 경찰청 외교부(재외공관 등 해외재난대책), 복지부(해외재난사상자지원대책), 문화부(해외관광관객안전대책), 국토부(해외건설현장안전대책), 통일부(북한방문국민안전대책)	
재난지원(2)	재난방송	방송통신위원회	방재청, 기상청, 방송사, 지자체	
재난지원(2)	방재기상	기상청	농림부, 방통위, 방재청, 방송사	

※ 기존 재난 및 안전관리 유형분류를 기준으로 유사성격의 유형은 주관기관 중심으로 통합하여 분류, 집행계획 수립 시에는 비고란의 포함계획을 각각 별도로 구분하여 계획 수립, 유형별 유관기관의 경우 재난 및 사고 규모, 상황에 따라 다소 변동 가능.

〈표 1-14〉 국가기반체계보호

구분	주관기관	유관기관	비고
에너지 (전력 · 가스 · 석유)	산업통상부	안행부, 교과부, 외교부, 복지부, 국토부, 노동부, 국방부, 환경부, 문화부, 방재청, 경찰청	전기 · 유류 · 가스재난 포함
정보통신 (통신망)	방송통신위	안행부, 국방부, 노동부, 방재청, 해경청, 경찰청	통신재난 포함
정보통신 (전산망)	안전행정부	국방부, 경찰청	고용전산망 포함
교통수송 (철도 · 항공 · 화물 · 도로 · 지하철 · 항만)	국토교통부	안행부, 국방부, 노동부, 산통부, 방재청, 해경청, 경찰청, 지자체	
금융전산시스템	금융위원회	안행부, 기재부, 노동부, 경찰청	
보건의료서비스 (의료서비스, 혈액)	보건복지부	안행부, 노동부, 국방부, 교과부, 경찰청	
원자력	교육부 산업통상자원부	안행부, 국방부, 복지부, 외교부, 문화부, 환경부, 농림부, 방재청, 해경청, 방통위, 경찰청, 지자체	방사능방재 포함
환경 (소각장, 매립장)	환경부	안행부, 노동부, 경찰청, 지자체	
식용수 (댐, 정수장)	국토교통부 환경부	안행부, 국방부, 노동부, 농림부, 복지부, 방재청, 경찰청, 지자체, 수자원공사	

〈표 1-15〉 안전관리

구 분		주관기관	유관기관	비 고
안전관리(13)	보행자안전	안전행정부	교육청, 경찰청, 지자체	
	승강기안전	안전행정부	방재청, 경찰청	
	어린이놀이시설안전	안전행정부	교과부, 경찰청	
	여름철물놀이안전	소방방재청 해양경찰청	안행부, 교과부, 경찰청, 지자체	
	사회복지시설안전	보건복지부	안행부, 방재청, 경찰청, 지자체	보육시설안전, 청소년수련시설 안전 포함
	교육시설안전	교육부	안행부, 방재청, 교육청, 경찰청	유치원시설안전, 연구실안전 학교시설안전 포함
	유도선안전	소방방재청	안행부, 경찰청	
	자전거이용안전	안전행정부	국토부, 경찰청, 교육청, 지자체	
	문화체육시설안전	문화체육관광부	안행부, 방재청, 경찰청	유원시설안전, 공연장안전, 체육시설안전 포함
	등산사고안전	산림청	안행부, 경찰청, 방재청, 지자체	
	수상레저안전	해양경찰청 소방방재청	안행부, 경찰청	
	문화재안전	문화체육관광부	안행부, 방재청, 산림청, 경찰청	
	사이버안전	안전행정부	방통위, 국정원, 경찰청	

〈표 1-16〉 전염병

구 분	주관기관	유관기관	비 고
전염병	보건복지부	안행부, 외교부, 법무부, 교과부, 국방부, 농림부, 환경부, 국토부, 국가정보원, 경찰청, 방재청, 해경청, 소방청, 지자체	
가축질병	농림축산식품부	안행부, 외교부, 복지부, 국방부, 환경부, 경찰청, 해경청, 관세청, 농진청, 지자체	

※ 과제 추진 내용 및 방향에 따라 관련기관 일부 유동적임.

4. 청와대의 안보 · 위기관리 시스템

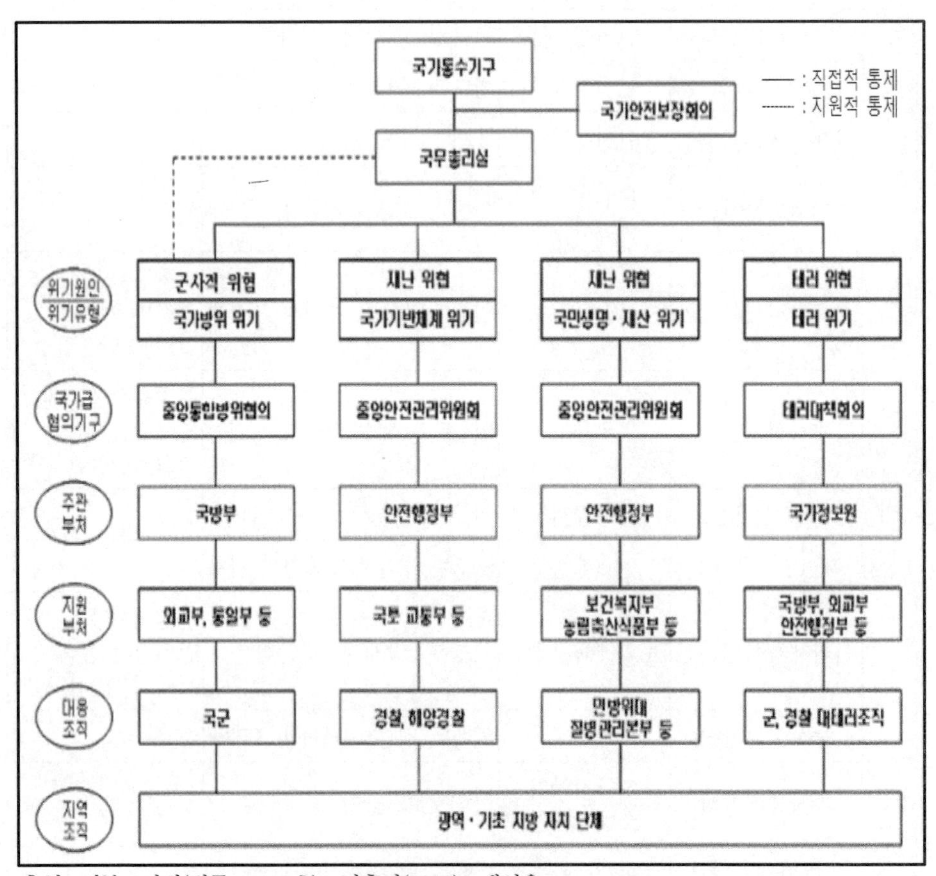

출처: 정부조직법(법률 11690호); 이홍기(2014), 재인용.

〈그림 1-9〉 현행 국가 위기관리 조직체계

국가통수기구는 대통령을 중심으로 국가 안전보장에 관한 중요 정책을 결정하고 명령과 지침을 제공하는 최상위의 의사결정 기구이며 국가위기관리 전반에 관한 컨트롤타워로서 역할을 수행한다.

국무총리실은 국무총리를 중심으로 국가안보정책결정을 위한 조언, 재난위기관리에 대한 주도적 관장, 국가 위기관리 전반에 관한 협의 및 조정 등을 담당하는 기구이며 중앙통합방위협의회, 중앙민방위협의회, 중앙안전관리위원회 등 대부분의 위기관리 영역별 협의기구운영을 관장하고 있다.

중앙행정기관은 중앙정부의 각 부·처 장관을 중심으로 국가 통수기구 또는 중앙협의기구에서 결정한 국가위기관리 정책구현을 위하여 국가차원의 전략을 수립하고 구체적 계획을 발전시키며 관련 부·처와 협조를 통한 노력의 통합을 이루어 현장대응 조직을 지휘 및 지원하는 국가위기영역별 책임조직이다.

지방자치단체는 광역자치단체와 기초자치단체로 구분되며 광역자치단체는 국가통수기구 또는 중앙행정기관과 위원회의 정책지침과 지원자산을 기초로 현장에 대한 지휘·협조·조정·지원 기능을 수행하고, 기초자치단체는 가장 기초적인 현장대응 기능을 수행한다. 따라서 지방자치단체는 국가위기 사태의 현장에서 행동으로 대응하는 집행조직이다.

군은 합동참모의장의 작전지휘에 따라 자체조직과 예비군, 경찰, 민방위 등 가용한 국가방위요소를 통합하여 국가방위 영역의 위기관리를 위한 행동대응 조직이다. 군은 사태구분 없이 군 책임지역 작전에 대한 책임을 지며 통합방위사태 을종 이상 시는 전국 일원을 군 책임지역으로 한다. 경찰은 병종사태 시 경찰의 관할지역 내에서 지방경찰청장 책임하에 통합방위작전을 수행하며, 기타 위기관리 영역에서는 경찰 고유기능과 행정응원 기능을 수행한다. 소방방재청은 재난에 의한 위기 시 국가기반체계 보전 및 국민의 생명, 신체, 재산보호 영역에 대한 현장대응 조직이며 민방위대 동원 및 운용 권한을 갖는다. (국가 비상사태 시 민방위대 동원은 안전행정부장관의 지휘를 받아서 집행한다.)

국가정보원은 국가위기와 관련 대내·외적인 정보를 수집·분석·생산·전파하고, 국가의 대테러 기본운영계획 및 세부 활동계획 수립·시행에 관한 기획과 조정 사무를 시행하며, 대테러 정보통합센터를 운영한다.[30]

즉 〈그림 1-9〉와 정부조직법 및 유관 법령에서 규정하고 있는 현행 조직체계의 형상을 위기의 원인과 유형, 국가급 협의기구, 주관부처, 지원부처, 현자의 대응조직 등 상하 계층별로 편성되어 있는 통제관계를 나누어보면 4개의 계선에 따라

30) 대통령 훈령 제292호 국가대테러 활동지침(2012.2.9) 제44조 13항.

각기 다른 컨트롤타워 조직들을 중심으로 복잡한 지휘구조를 가지고 있음을 알 수 있다.

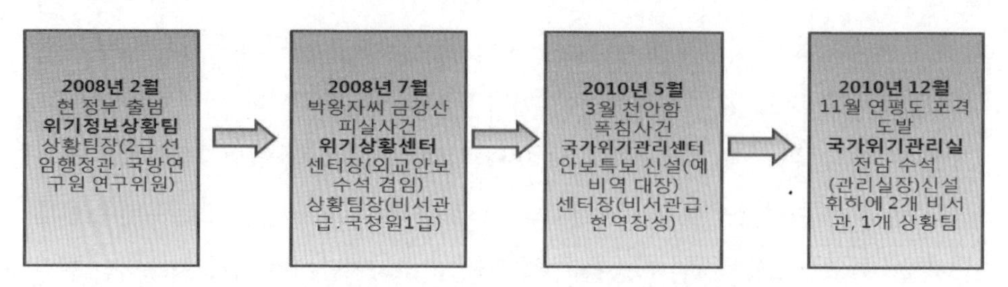

출처: 아주경제 2010-12-21 '국가위기관리체계, '이렇게 바뀐다' http://www.ajnews.co.kr(2011-5-11 검색).

〈그림 1-10〉 청와대 위기관리 시스템의 변화

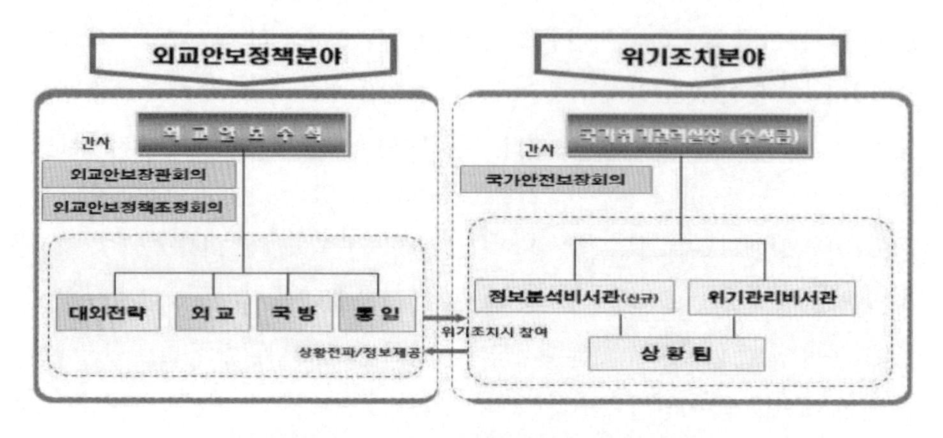

〈그림 1-11〉 이명박 정부의 위기관리 체계

이명박 정권에서는 2008년 2월 정부 출범 당시 그간 외교 · 안보전략 및 위기대응 '컨트롤타워' 역할을 맡아왔던 국가안전보장회의(NSC) 사무처를 폐지하는 대신 외교안보수석실 산하에 행정관급을 팀장으로 하는 국가위기관리실에 '국가위기상황팀'을 설치 · 운영하였다. 세부적으로 정보분석비서실과 위기관리비서관실, 상황팀 등 3개 조직에 수석비서관 1명, 비서관 2명 등 총원 30명 규모로 구성되었으며, 청와대가 비서관급 센터장이 운영하던 기존 '국가위기관리센터'를 수석 비서관급을 실장으로 하는 '국가위기관리실'로 격상하는 등 국가위기관리체계 개편에 나선 데는 정부의 위기관리 및 대처에 문제가 있다는 비판이 주효했다. 이에 따라 청와대 조직도 수석급이 1명 늘어난 '1대통령실장-1정책실장-9수석(정무・민정・사회통합・외교안보・홍보・경제・사회복지정책・교육문화수석 및 국가위기관리실장)-4기획관(총무・인사・미래전략・정책지원)'체계로 바뀌게 되었다. 이후 박근혜 정부체제에 들어서면서 3실(대통령비서실・국가안보실・대통령경호실)-9수석(정무・국정기획・민정・외교안보・홍보・경제・교육문화・고용복지・미래전략수석)으로 변경되었다.

현 박근혜 정부 체제에서는 청와대 위기관리체계로 2013년 3월 23일 전부 개정된 정부조직법(법률 제11690호) 제15조(국가안보실) 신설을 통해 국가안보실에 관한 법적 근거를 마련하고 있으며, 대통령령 25076호(국가안보실 직제) 제7조에 따라 국가안보실장(장관급), 국가안보실 제1차장(차관급)의 정무직 2명과 일반직 20여명, 총 22명으로 구성되어 있다.[31] 국가안보실 제1차장은 국가안전보장회의 사무처장을 겸임하며, 국가안보실 제2차장은 동령 제4조 2항에 따라 대통령비서실의 외교안보정책을 보좌하는 수석비서관이 겸임하게 되어 있다.

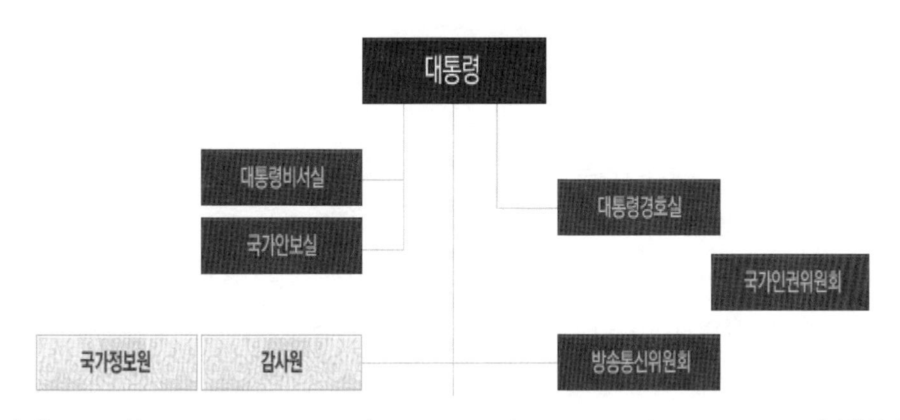

출처: http://www1.president.go.kr/cheongwadae/organization/government.php(검색일자: 2014년 2월 9일 검색).

〈그림 1-12〉 청와대 조직도

---

31) 대통령령 제25076호(국가안보실 직제) 별표 '국가안보실 공무원 정원표'.

- 제14조(대통령비서실)의 내용은 대통령의 직무를 보좌하기 위하여 대통령 비서실을 두며, 대통령비서실에 실장 1명을 두되, 실장은 정무직으로 한다.
- 제15조(국가안보실) 국가안보에 관한 대통령의 직무를 보좌하기 위하여 국가안보실을 두며, 국가안보실에 실장 1명을 두되, 실장은 정무직으로 한다.
- 제16조(대통령경호실) 대통령 등의 경호를 담당하기 위하여 대통령 경호실을 두며, 대통령경호실에 실장 1명을 두되, 실장은 정무직으로 한다. 그리고 대통령경호실의 조직 · 직무범위 그 밖에 필요한 사항은 따로 법률로 정한다.
- 제17조(국가정보원) 국가안전보장에 관련되는 정보 · 보안 및 범죄수사에 관한 사무를 담당하기 위하여 대통령 소속으로 국가정보원을 둔다. 국가정보원의 조직 · 직무범위 그 밖에 필요한 사항은 따로 법률로 정한다.

국가안보 사령탑으로 장관급 국가안보실을 신설하여, 외교 · 안보정책분야에 대한 총괄 · 조정을 통해 정책의 혼선을 막고 장기 국가 외교안보전략을 수립토록 방향을 설정함으로써 기존의 국가위기관리실 업무와 기능이 통합되어 수행할 역할과 업무범위가 대폭 확대될 것으로 예상된다.

7. 시사점 및 결론

첫째, 국가안보와 위기관리는 정치 · 경제 · 사회 · 문화 · 종교 등의 다변화된 요인과 시대적 변화에 따라 위기관리 매뉴얼은 지속적인 변화와 수정이 필요하다. 즉, 위기관리의 체계적이고 다양한 매뉴얼 개발이 필요하다. 정부 부처와 지방자치단체 관리하는 실무매뉴얼과 민간단체 · 시민단체와 협력의 현장매뉴얼을 세분화하고 단계별, 환경적 매트릭스를 만들어 포괄적인 광의적 영역과 협의적 영역을 개선하여 위기관리 매뉴얼을 작성하여야 할 것으로 사료된다.

둘째, 미국과 같은 선진국은 국가안전보장회의(NSC)의 중심이 강력한 체제로 안보 관련 부처의 통합, 조정 및 심의할 수 있도록 현 정부에서도 제정지원과 기구의 확대 및 단계별 위기관리 대응을 할 수 있는 주무부서의 유기적인 협력체제가 되도록 조직정비가 강화되어야 할 것이다. 또한 위기관리를 전담할 수 있는 미국의 국토안보부(DHS)와 같은 전담부서를 청와대에 새로운 부를 만들어 관련된 각 부처가 분야별로 전문성 있고 획일적인 예방과 대비, 대응 복구를 할 수 있는 우리나라의 특수성에 맞게 기존의 정부 부처의 확대 및 새로운 전담부서를 만들어 효율적으로 대응할 필요가 있다고 생각한다.

셋째, 포괄적인 신학문적 안보, 위기관리의 분야에서의 학문적 영역 정립되어야 할 것이다. 정부와 민간, 학계와 협조체제가 다양한 형태로 운영되어야 할 것이다. 일반 국민이 참여하는 자원봉사, 분야별전문가 양성, 위기대응전문교육기관을 대폭 확대하여 국민이 적극적으로 참여하는 훈련교육이 강화될 전문기관의 교육원확대와 대학연구소 등에서 연령별, 수준별, 교육훈련 프로그램 실질적으로 위기관리와 안전을 보장받을 수 시스템 연구의 제도적 뒷받침이 필요하다.

넷째, 지난 연평도사건 이후 청와대 위기관리센터에서 위기관리실로 개편하여 국가안보 및 위기관리를 총체적 대응 및 통합적 관리체제로 편성되어 있다. 그러나 현 시대의 포괄적이고 복합적인 안보와 위기관리를 총체적으로 대응한다는 것은 여러 측면에서 고려해야 할 것이다. 즉, 조직의 기능 확대와 재정의 확충 및 민간전문가의 적극적인 참여가 필요하다. 또한 관련법령의 범위, 대상, 목적 등이 개정 및 제도 도입이 필요하다고 사료된다.

다섯째, 전체적 국가안보와 위기관리단계에서 가장 중요한 요인 중에서 예측, 예방, 대비, 단계라고 생각한다. 그러므로 위기관리에서의 다양한 사례를 정보수집, 과학적인 판단분석을 할 수 있는 정보활동이 체계적, 제도적, 법률적 뒷받침이 적극적으로 선행되어야 한다.

끝으로 신속한 대응, 복구, 즉각 조치, 효율적 복구와 합리적인 보상제도표준화 작업과 정부부처 예산확보를 하여 정부와 국민의 상호신뢰의 장을 제도적으로 다양하게 검토되어져야 선진국형 국가안보뿐만 아니라 국민의 안전을 보장해 줄 수 있을 것이다.

참고문헌

강진석, “한국의 안보전략과 국방개혁”(평단문화사, 2005).

김열수, 『21세기 국가위기관리체제론』(서울: 도서출판 오름, 2005).

김 명, 『국가학』(서울: 박영사, 1995).

김종만, “한국의 비상대비체제 발전방안에 관한 연구”(한국외국어대학교 정치행정언론대학원 석사학위논문, 2009).

김진항, “포괄안보시대의 한국국가위기관리 시스템 구축에 관한 연구”(경기대학교 정치전문대학원 박사학위논문, 2010).

김치환, 일본 위기관리 법제의 체계와 시사점, 『한국법제연구원』, 통권 제23호, 2002, pp.167-177.

송윤석 · 김유선 · 임양수 · 편석범 · 현성호, 『재난관리론』, 서울: 동화기술, 2011.

윤태영, “미국과 한국의 국가안전보장회의(NSC)체제 조직과 운영: 위기관리 시각에서 분석”, 『평화학연구』, 제11권 제3호, 2010, p.238.

이홍기, “국가통합휘기관리체제 구축 방안”, 대진대학교 대학원 박사학위논문, 2013, p.167.

이성순, 평시와 전시를 연계한 효율적인 국가위기관리체계 구축 방안, 경기대학교 박사학위논문, 2013, p.68.

이신화, “비전통적 안보와 동북아지역협력,” 『한국정치총론』, 제42집 2호(국제정치학회보, 2008).

임용빈, “한국의 효율적 위기관리체제 구축에 관한 연구”(연세대학교 행정대학원 석사학위논문, 2008).

임진택, “국가위기관리 체계 및 단계별 분석”(인하대학교 행정대학원 석사학위논문, 2009).

장명환, "포괄적 안보개념에 입각한 국가위기관리 법제화 방향 고찰"(국방대 연구보고서, 2007).

장시성, "한국의 재난관리체제 구축방향에 관한 연구," 명지대학교 박사학위논문, 2008.

정찬권, 『국가위기관리론』, 서울: 대왕사, 2010, p.170.

정찬권, 『21세기 포괄안보시대의 국가위기관리론』, 서울: 대왕사, 2012.

Andrew Heywood, 이종은 · 조현수 역, 『현대정치이론』(서울: 까치, 2007), p.123.

L. Erik Kjonnerod, "We Live in Exponential times: Interagency to Whole of government", National Defense University, Joint Reserve Affairs Center(2009.7).

Spencer S. Hsu, "Obama Integrates Security Councils, Add New Offices", Washington Post, May 27, 2009.

W. Mitchell Waldrop, "The Emerging Science at the Edge of Chaos"(New York Bantam Books, 1992).

신동아, 2010.6.1, 통권 609호, pp.96-103, 검색일자: 2011.5.9.

아주경제, 2010-12-21 '국가위기관리체계' 이렇게 바뀐다(http://www.ajnews.co.kr 2011-5-11 검색).

http://www.dhs.gov/ xlibrary/assets/dhs-orgchart.pdf(검색일자: 2014년 2월 8일).

http://www.dhs.gov/organizational-chart, 2014. Department of Homeland Security(검색일자: 2014년 2월 8일).

http://www.fema.gov/media-library/assets/documents/28183?id=6251(검색일자: 2014년 2월 8일).

http://www1.president.go.kr/cheongwadae/organization/government.php (2014년 2월 9일 검색).

안전행정부, http://www.mopas.go.kr, 2014년 2월 8일 검색.

소방방재청, http://www.nema.go.kr, 2014년 2월 8일 검색.

인터넷 사이트, http://k.daum.net, 2014년 2월 8일 검색.

중앙일보(2011.9.16-20), 사회면.

정부조직법(법률 11690호).

대통령령 제25076호(국가안보실 직제) 별표 국가안보실 공무원 정원표.

"미 국토안보부 발표 15대 재앙과 피해규모," 중앙일보, 2005.4.15.

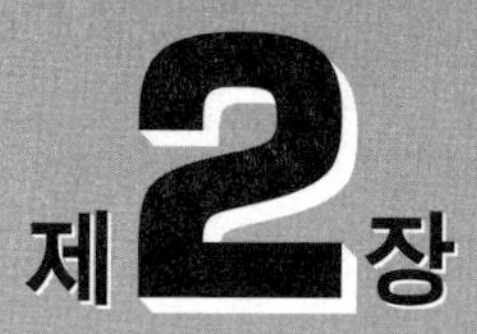

제 2 장

NSC(국가안전보장회의) 체제의 한 · 미 · 일 비교

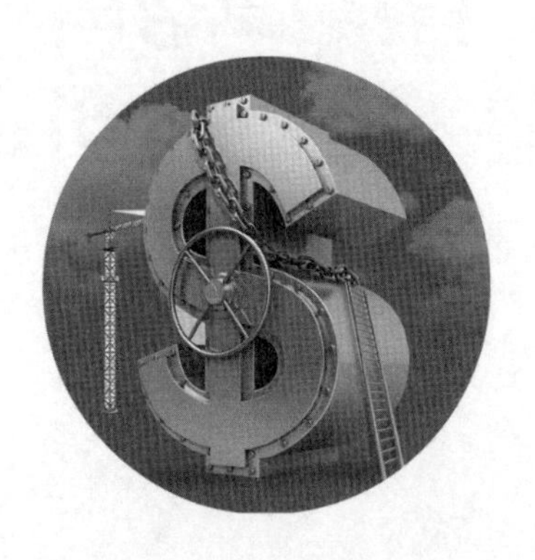

제2장 NSC(국가안전보장회의) 체제의 한 · 미 · 일 비교

1. 서론

1991년 소련의 붕괴와 함께 동서 냉전은 종식되고, 국제정치 구조는 미소 양극 체제에서 미국을 중심으로 한 일초다극(一超多極) 체제로 전환되어 왔다. 그러나 냉전의 종식에도 불구하고, 세계 각국의 안보 체제는 민족 간 분쟁, 종교 분쟁, 영토 분쟁, 핵무기 · 대량살상무기(Weapons of Mass Destruction: WMD)의 확산, 테러리즘 등 계속적인 다양한 위기에 직면하고 있다.

이에 따라 미국의 경우에는 2001년 9.11 테러 공격 이후 국토안보부(Department of Homeland Security)를 신설하고, 2009년 오바마(Barack Obama) 행정부 출범 직후에는 국가안전보장회의(National Security Council: NSC)의 기능을 크게 강화하여 안보 및 위기관리정책의 컨트롤타워(control tower)로 삼는 등 국가적 위기에 종합적으로 대응하기 위한 노력을 계속해 왔다.

또한 최근 동북아시아 각국은 천안함 피격, 연평도 포격 등 북한의 대남 도발, 북한의 장거리 미사일 발사와 핵실험 등 군사적 위협, 센카쿠 열도(尖閣列島) – 중국명 댜오위다오(釣魚島) – 를 둘러싼 중국과 일본 간의 충돌 등 심각한 안보 위기를 맞고 있다. 특히 한국과 일본은 각기 2013년 2월 박근혜 정부, 2012년 12월 제2차 아베 신조(安部普三) 내각 등 새로운 정권 출범을 맞아, 공히 주요 선거공약으로 제시한 바 있는 위기관리 및 안보 정책의 정비 · 강화를 시도하고 있다. 그 핵심 중 하나는 최근 미국의 모델을 참조로 한 안보 · 위기관리 정책의 컨트롤타워로서의 NSC

또는 그 유사기구의 기능 확대 및 강화이다.

따라서 이 글에서는 한국, 미국, 일본 등 3개 국가 정부의 NSC 기구를 그 조직, 기능, 역사를 중심으로 비교 분석하고, 최근 각 해당 국가들, 특히 대한민국이 직면한 정치 · 안보 상황에 비추어 시사점을 도출해 보고자 한다.

2. 대한민국의 국가안전보장회의(NSC: National Security Council)

1. 국가안전보장회의의 조직

현 대한민국헌법 제91조 1~3항은 국가안전보장회의(이하 NSC)에 대해 다음과 같이 규정하고 있다.

(1) 국가안전보장에 관련되는 대외정책, 군사정책과 국내정책의 수립에 관하여 국무회의의 심의에 앞서 대통령의 자문에 응하기 위하여 국가안전보장회의를 둔다.
(2) 국가안전보장회의는 대통령이 주재한다.
(3) 국가안전보장회의의 조직, 직무범위 기타 필요한 사항은 법률로 정한다.

따라서 NSC는 헌법에 명시된 대통령 자문기관이며, 헌법 제91조 3항의 위임에 따라 10조와 부칙으로 구성되는 국가안전보장회의법이 NSC의 조직과 직무범위 등 자세한 사항을 규정하고 있다.

현행 국가안전보장회의법에 따르면,[1] NSC의 의장은 대통령이며, 제4조2항에 따라 국무총리가 그 직무를 대행할 수 있으며, 대통령, 국무총리 외교부장관, 통일부장관, 국방부장관 및 국가정보원장과 대통령령으로 정하는 위원으로 구성된다.[2] 의장이 필요하다고 인정하는 경우에는 관계 부처의 장, 합동참모회의의장, 또는 그 밖의 관계자를 회의에 출석시켜 발언하게 할 수 있다.[3] 또한 회의운영지원 등의 사무

1) 국가안전보장회의법, 법률 12224호, 2014.1.10, 일부개정.
2) 국가안전보장회의법 제2조.

를 처리하기 위하여 국가안전보장회의사무처를 두고 사무처장 1명과 공무원이 운영하며, 조직과 직무범위, 공무원의 정원은 대통령령을 통하여 정하고 있다.[4]

2. 국가안전보장회의의 기능

NSC는 국가안전보장에 관련되는 대외정책, 군사정책 및 국내정책의 수립에 관하여 대통령의 자문에 응하는 것을 그 기능으로 한다.[5]

3. 국가안전보장회의의 역사

1) 박정희 정부~이명박 정부에서의 국가안전보장회의

NSC의 설치를 최초로 규정한 것은 1963년 제3공화국 헌법이며, 이는 제4공화국 헌법, 제8차 개정헌법을 거쳐 현행 제9차 개정헌법에 이르기까지 존속되고 있다. 따라서 NSC는 헌법에 그 설치 근거를 두는 헌법기관이나, 그 구체적인 조직과 기능은 정권의 교체에 따라 계속 개편과 변화를 거쳐 왔다.

NSC는 1963년 박정희 정부에서 최초로 설치되었으나, 박정희 정부 후반기 중앙정보부와 국방부의 기능 강화로 인해 전두환, 김영삼 정부에 이르기까지 유명무실한 상태로 있어 왔다. 그 후 외교 · 안보 정책의 조정 · 통합 기능을 담당하고 국가정보의 종합화 및 공유체계를 확립하기 위한 사령탑으로서 NSC의 기능 강화를 요구하는 주장이 계속되어 왔다(배정호, 2004). 김대중 정부 출범 후인 1998년에는 외교 · 국방 · 통일 정책을 통합적으로 협의 · 운영하기 위한 정책기구로 상설화되고 상임위원회, 실무조정회의, 정세평가회의, 사무처가 설치되었다.

노무현 정부에서는 2003년 사무처 정원을 46명으로 늘리고 사무차장을 차관급 정무직으로 격상시키며 국가안보종합상황실을 설치하는 등 NSC의 조직과 기능이 크게 강화되었다. 또한 NSC 위기관리센터가 신설되어 각종 국가위기 및 재해 · 재난 관리에 관한 정보 수집과 정책 조정 업무를 담당하게 되었다. 그러나 당시 야당

---

3) 국가안전보장회의법 제6조.

4) 국가안전보장회의법 제8조.

5) 헌법 제91조 1항, 국가안전보장회의법 제3조.

이던 한나라당이 NSC 사무처의 역할 강화가 법적 권한을 넘어선다는 문제를 제기하여, NSC의 기능이 축소 · 분산되었다. 2006년 청와대에 통일외교안보정책실이 신설되어 정책 조정, 정보 관리 등 NSC 사무처의 일부 기능을 담당하게 되었으며, 안보정책조정회의가 신설되어 NSC 상임위원회의 역할을 사실상 대체하게 되었다(윤태영, 2010).

이명박 정부에서는 NSC의 조직과 기능이 더욱 축소되었다. 2008년 국가안전보장회의법의 개정에 따라 상임위원회와 사무처가 폐지되었고 사무처의 기능은 대통령실 외교안보수석비서관실로 이관되었다. NSC 위기관리센터는 대통령실장 직속의 위기정보 상황팀으로 축소 개편되었다. 그러나 2008년 금강산 관광객 피격 사건, 2010년 천안함 폭침 사건 등에서의 국가위기 관리의 미흡함이 비판을 받음에 따라, 위기정보 상황팀은 2008년 국가위기상황센터, 2010년 국가위기관리센터로 확대 개편되었다가 2013년 12월 20일 국가안보실로 확대 개편하였다.

2) 박근혜 정부에서의 국가안보실의 설치

2012년 제18대 대선 과정에서 당시 새누리당 박근혜 대통령 후보는 대선 공약으로 다양한 국가적 위기에 효과적으로 대응하기 위한 외교 · 안보 · 통일 정책 컨트롤타워(가칭 국가안보실)의 구축을 내세운 바 있다. 박근혜 당시 새누리당 후보는 2012년 11월 5일 외교 · 안보 · 통일 정책발표 기자회견에서 “천안함 폭침, 연평도 포격 같은 안보적 위기 상황에서 국정원, 외교통상부, 국방부, 통일부 부처 간의 입장 차이가 노출이 되지 않았는가”라며 “일관되게 효율성 있게 위기 관리를 하기 위해서는 컨트롤타워가 필요하다”고 밝혔다.

이와 관련하여 윤병세 박근혜 캠프 외교통일추진단장은 현 정부 국가위기관리실의 제한적 기능을 뛰어넘어 전략 · 정책 · 정보 분석과 부처 간 조율 기능까지 포괄하는 국가안보실을 신설할 것이라고 설명했다. 국가안보실은 김영삼 · 김대중 · 노무현 · 이명박 정부 등 지난 20년간 안보 컨트롤타워 운용과 관련된 시행착오와 미국 백악관 모델의 장점을 차용하여 고안된 것으로 알려졌으며(한국일보, 2013. 1.21), 그 기능은 과거 NSC 사무처의 역할과 매우 유사하다고 볼 수 있다.

또한 당시 문재인 민주통합당 후보는 NSC 사무처의 부활을, 안철수 무소속 후보는 NSC의 내실화를 공약으로 내세운 바 있다. 이와 같이 18대 대선의 주요 후보 3인들이 모두 연평도 포격, NLL(북방한계선) 문제 등 당시 북한의 도발에 적극적으로 대응하지 못했던 이유 중 하나가 안보 컨트롤타워의 부재임을 인정하고, 각론의 차이는 있으나 NSC 또는 그 유사조직의 기능 강화를 통해 이 문제에 대처하려 했음을 알 수 있다.[6)]

박근혜 후보의 대통령 당선 후, 2012년 12월 21일 김용준 대통령직인수위원장은 대외적으로 안보상황이 급변하고 있기 때문에 국가안보실을 신설해 국가적 위기사안에 신속하고 책임 있게 대응하겠다고 다시 밝혔다. 인수위의 브리핑에 따르면 국가안보실은 비서실과 함께 2실 체제의 양대 축을 이루게 되며, 그 역할은 정책조율 기능, 위기관리 기능, 중장기적 전략의 준비 기능 등 3가지로 요약된다. 국가안보실은 장관급으로 격상되며 기존의 청와대 외교안보수석실을 지휘하면서 폐지되는 국가위기관리실의 업무와 기능을 통합해 운영될 것으로 전망된다. 또한 중장기 대북정책 로드맵을 구상하며, 국가위기상황 대응을 담당하게 된다. 2012년 2월 8일에는 초대 국가안보실장으로 김장수 전 국방장관이 지명되었다.

박근혜 정부 출범 후 청와대를 비서실, 국가안보실, 경호실 등 3실체제로 개편하여 국가안보 사령탑으로 기존 국가위기관리실의 업무와 기능을 통합하여 장관급 국가안보실을 신설하여, 외교·안보정책분야에 대한 총괄·조정을 통해 정책의 혼선을 막고 장기 전략과 종합적인 정보 분석, 여러 부처에 흩어진 안보와 관련된 정보기능 수집 등 중·장기전략 대응에 집중토록 업무범위를 확대하고, 기존의 외교안보수석실은 그대로 존치하되 소관부처의 현안 중심업무 파악과 선제적 이슈 발굴 등의 역할을 수행하는 체계로 개편하였다[7)].

---

6) 한국일보(2012.11.23), "대선 후보들 대북해법 가장 큰 차이점은".

7) 조선·중앙일보(2013.1.16, 1.22) 정치면을 재정리.

3. 미국의 국가안전보장회의(NSC: National Security Council)

1. NSC의 조직

국가안전보장회의(National Security Council, 이하 NSC)는 미국 대통령실(Executive Office of the President)에 속하는 자문기관이며 1947년 국가안전보장법(National Security Act)[8]에 의하여 설립되었다.

2013년 2월 국가안전보장법상 NSC의 상시구성원은 대통령, 부통령, 국무장관, 국방장관이며, 공식 조언자로서 합동참모본부 의장(Chairman of the Joint Chiefs of Staff)과 국가정보국 국장(Director of the National Intelligence Agency)이 있다. 법에 규정되지 않으나 상시 참석하는 구성원으로 재무장관과 대통령 국가안보보좌관(National Security Advisor) 등이 있다. 필요하다고 대통령이 판단한 경우에는 그 이외의 내각 구성원이나 전문가 등을 참가시킬 수 있다.

NSC의 조직은 설립 이후 역대 대통령의 국정운영 방침에 따라 계속 변화되어 왔으며, 현재 NSC 산하에는 대통령 국가안보보좌관이 주재하는 장관급 위원회(Principals Committee: NSC/PC)와 국가안보부보좌관이 주재하는 차관급 위원회(Deputies Committee: NSC/DC), 부처 간 정책조정위원회(Interagency Policy Committee: NSC/IPC)가 있다.

2. NSC의 기능

1947년 국가안전보장법에 규정된 NSC의 기능은 다음과 같다.

- 대통령에게 국가안전보장에 관련된 국내, 국외, 군사 각 정책의 통합에 관한 조언을 제공
- 국가안전보장에 관련된 정부 각 기관의 정책과 기능을 효과적으로 조정
- 미국의 목표, 관여, 위험을 평가
- 국가안전보장에 관하여 정부 각 기관의 공통되는 이해관계에 관한 정책을 검토

8) The National Security, Act of 1947(PL 235-61 Stat.496; U.S.C. 402).

3. NSC의 역사

1) NSC의 설립과 변천(1947~2008)

미국의 NSC는 제2차 세계대전 중 트루먼(Harry Truman) 행정부하에서 군사 및 외교정책의 조정과 각 군의 통합적 운용의 필요성이 대두됨에 따라, 대통령 자문기관으로서 1947년 국가안전보장법(National Security Act of 1947)에 의해 합동참모본부(Joint Chief of Staff; JCS)와 함께 설립되었다. 설립 당시 NSC는 대통령, 국무장관, 국방장관, 육 · 해 · 공군 장관, 국가안전보장자원위원장(Chairman of the National Security Resources Board) 등 7명으로 구성되며 군사전략의 통합운영에 초점을 맞추고 있었다. 1949년에는 국가안전보장법이 개정되어 NSC의 상시 구성원이 현재와 같이 대통령, 부통령, 국무장관, 국방장관으로 규정되었다.

NSC는 설립 이후 정권 교체에 따라 그 조직과 기능이 계속 변화해 온 것이 특징이다. 일반적으로 역대 대통령은 취임 직후 NSC의 동의를 거친 대통령 훈령(Presidential Directive)을 발표하여 자신의 행정부하에서 NSC의 조직과 기능에 관한 기본 방침을 제시하는 것이 관례가 되어왔다.

예를 들어 조지 W. 부시(George W. Bush) 제43대 대통령은 2001년 2월 13일 국가안전보장 대통령 훈령(National Security Presidential Directive: NSPD) 1호 "Organization of the National Security Council"을 발표하였다.[9] 이 훈령은 합참의장과 중앙정보국 국장을 조언자로서 회의 구성원에 추가하고, 정부기관 간 정책조정작업을 주로 담당해온 부처 간 실무그룹(Interagency Working Group: IWG)을 폐지하는 대신 정책조정위원회(Policy Coordination Committee: IPC)를 설치하였다.

상대적으로 NSC의 위상을 강화시킨 예로서 닉슨(Richard Nixon) 행정부(공화당, 1969~1974), 카터(Jimmy Carter) 행정부(민주당, 1977~1981), 오바마(Barack Obama) 행정부(민주당, 2009~)가 있으며, NSC가 약화된 예로는 케네디(John F.

9) National Security Presidential Directive-1: Organization of the National Security Council (2001).

Kennedy) 행정부(민주당, 1961~1963), 레이건(Ronald Reagan) 행정부(공화당, 1981~1989)가 있다.[10)]

닉슨 행정부하에서 NSC에는 담당 기능별로 7개의 위원회가 새롭게 설치되었고, 1973년 국무장관에 취임하게 되는 외교 전문가 키신저(Henry Kissinger) 대통령 국가안보보좌관(National Security Advisor)을 중심으로 자문기능뿐 아니라 안보 · 외교에 관한 정책결정과 집행기능까지 시행하는 등 그 위상이 크게 강화되었다. 키신저는 NSC의 주요 위원회를 주도하며 외교정책 결정에 있어 국무부(Department of State)를 압도하였고, 이 때문에 NSC의 조직이 중앙집권화 · 비대화되고 법률에서 정해진 권한을 크게 뛰어넘는다는 비판을 받기도 했다(花井 · 木村, 1993; Best, 2011).

카터 행정부는 NSC 산하의 위원회를 2개로 통폐합하는 등 NSC의 조직 규모 축소를 시도하였으나, 실제로는 닉슨 행정부와 마찬가지로 백악관의 중심 브레인이던 브레진스키(Zbigniew Brzezinski) 국가안보보좌관을 중심으로 NSC가 안보정책뿐 아니라 국가운영 전반에 걸쳐 여전히 막강한 권한을 발휘하였다. 브레진스키는 국가안보보좌관으로서 각료급 지위를 부여받기도 하였는데 이는 현재까지도 전무후무한 예이며, 이란 인질 사태 등 안보 · 외교 현안의 주도권을 놓고 국무부와 경쟁하였다.

케네디 행정부는 NSC에 대해 자문기관이 아닌 한정된 중요문제에 관한 조언자(advisor)의 집합체로서 대통령에 봉사하는 역할을 상정하였다. 이에 따라 NSC의 규모가 축소되고, 회의 역시 정기적으로 개최되는 대신 대통령이 조언을 필요로 하는 경우에만 소집되게 되면서 침체기를 맞았다. 과거 NSC의 안보 · 국방정책에 관한 역할은 주로 필요에 따라 구성되는 주요 정책결정자들의 소규모 태스크 포스(task force) 조직들이 담당하게 되었다. 그중 대표적인 조직이 1962년 쿠바 미사일 위기에 대처하기 위해 소집된 국가안보회의 집행위원회(Executive Committee of the National Security Council: EXCOMM)이다. 레이건 행정부에서도 역시 각종

10) 이하 각 행정부하에서 NSC의 위상 비교는 주로 花井 · 木村(1993, pp.87-150) 및 Best(2011)를 참조하였다.

위원회 조직들이 정책결정상 주요한 역할을 맡게 되었으며, 안보정책의 결정은 NSC를 대신하여 주로 국무부가 담당하였다. 이에 따라 NSC와 국가안보보좌관의 역할은 상대적으로 경시되었다.

이처럼 특히 막강한 권한을 행사했던 키신저와 브레진스키의 영향으로, NSC의 위상과 관련하여 대통령 국가안보보좌관의 역할은 매우 중요하다고 판단됨에 따라서 안보보좌관 임명에 상원의 동의를 받도록 해야 하고 안보보좌관이 의회 청문회에서 증언할 의무를 부여해야 한다는 주장 역시 제기되어 왔으나, 대통령이 신뢰하는 참모로부터 비공개적인 조언을 받을 필요가 있다는 반론 역시 존재한다(Best, 2011). 2014년 2월 현재 오바마 행정부의 대통령 국가안보보좌관은 국가안보부보좌관 출신으로 2013년에 임명된 수잔 라이스(Susan E. Rice)이다.

2) 오바마 행정부에서 NSC의 기능 강화

버락 오바마(Barack Obama) 미국 제44대 대통령은 전임자들과 마찬가지로 취임 직후인 2009년 2월 13일 국가안전보장 대통령 훈령 1호 "Organization of the National Security Council"을 발표하여 자신의 행정부하에서 NSC의 조직과 기능을 규정하였다.[11] 이에 따라 회의 구성원으로 법무부장관, 국토안전부장관, UN 대사(U.S. Representative to the U.N.), 대통령 고문(White House Counsel)이 추가되었고, 국토 안보와 대테러 정책 외에 국제 경제, 과학기술 정책 등도 논의할 수 있도록 범위가 확대되었다. 또한 2010년 5월에는 NSC와 국토안보회의(Homeland Security Council; HSC)의 스태프 진이 National Security Staff(NSS)로 통합되어 사이버 보안, 국경 보안, 정보 공유 정책 등을 폭넓게 담당하게 되었다. 이와 같은 조직개편은 9.11 테러사건을 전후하여 나타난 정보 · 법집행 기관들 사이의 의사소통 부족과 불협화음의 문제를 해결하는 데 도움을 줄 수 있을 것으로 기대되고 있다(Best, 2011). NSC 스태프 진의 정원은 조지 W. 부시 행정부 당시 109명에서 240명으로 증가하였다. 이처럼 오바마 행정부하에서는 NSC의 권한이 크게 강화되

11) National Security Presidential Directive-1: Organization of the National Security Council (2009).

었다.

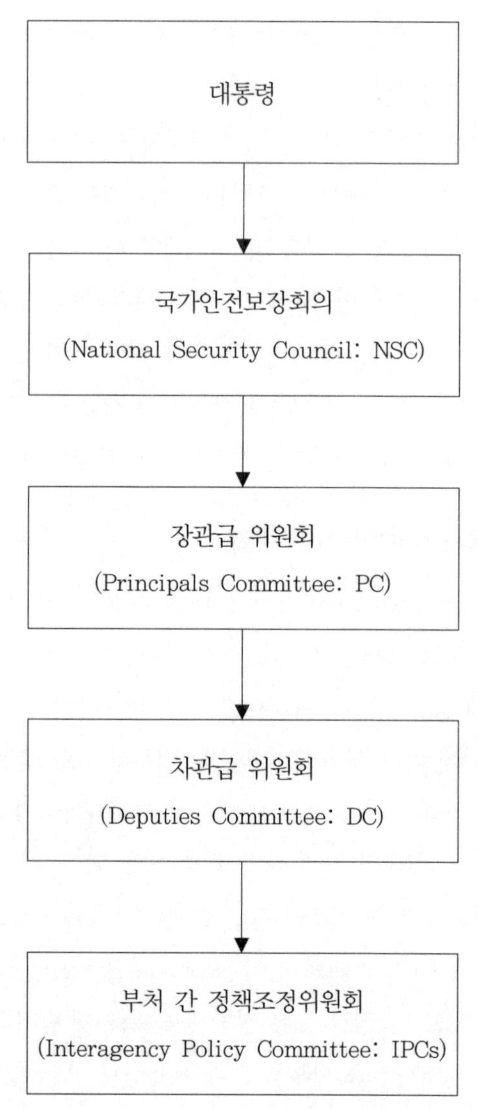

출처: Kjonnerod, L. E.(2009), We live in exponential times: Interagency to whole-of-government, Center for Applied Strategic Learning, National Defense University.

〈그림 2-1〉 미 NSC의 의사결정구조

4. 일본의 안전보장회의(安全保障會議; Security Council of Japan)

1. 안전보장회의의 조직

내각총리대신(수상)은 안전보장회의의 의장으로서 회의를 총괄한다.[12] 안전보장회의의 상시 구성원은 국무대신, 총무대신, 외무대신, 재무대신, 경제산업대신, 국토교통대신, 내각관방장관, 국가공안위원회위원장, 방위청장관이다.[13]

의장은 의안에 따라 상시 구성원 이외의 각료를 임시로 참가시킬 수 있으며,[14] 또한 필요한 경우 내각 각료 이외에 통합막료장(統合幕僚長) 등 여타 관계자를 출석시켜 의견을 청취할 수 있다.[15]

안전보장회의의 사무는 종래 내각안전보장위기관리실이 담당해 왔으나 2001년의 행정조직개편 이후 안전보장위기관리실이 폐지되고 내각관방부장관보(內閣官房副長官補)가 담당하게 되었다.[16]

2. 안전보장회의의 기능

안전보장회의는 내각총리대신에게 자문 요청을 받아 국방에 관한 중요사항 및 중대긴급사태 대처에 관한 중요사항을 심의한다.[17] 또한 자문사항 이외에 관해서도 필요에 응하여 다른 중요사항에 대해 총리에게 건의할 수 있다.[18] 주요한 자문사항으로는 국방의 기본방침에 대한 법정사항 및 그 외 국방에 관한 중요사항, 통상의 긴급사태 대처체제로서 대처하기 곤란한 중대긴급사태가 있다.[19]

그 외의 구체적 기능으로.는 안전보장분야의 종합적 조정기능, 방위청, 자위대

12) 安全保障會議設置法 제4조.
13) 安全保障會議設置法 제5조.
14) 安全保障會議設置法 제5조 2항.
15) 安全保障會議設置法 제7조.
16) 安全保障會議設置法 제10조.
17) 安全保障會議設置法 제1조.
18) 安全保障會議設置法 제2조 2항.
19) 安全保障會議設置法 제2조 1항.

등 군사조직의 활동을 감시하는 문민통제 보장기능이 있다. 안전보장회의는 연평균 6~7회 개최되어 왔으며, 합의체 자문기관으로서 의결권 또는 결정권은 갖지 않는다.

3. 안전보장회의의 역사

1) 안전보장회의의 설치와 변천(1986~2012)

일본 안전보장회의의 전신은 1954년 설치된 국방회의(國防會議)이다. 국방회의는 당시 일본 방위청 및 자위대의 발족과 함께 1954년 방위청설립법에 따라 내각총리대신의 자문에 응하여 국방관련의 중요사항을 심의하기 위한 내각기관으로 설치되었다.

그 후 나카소네(中曾根) 정부의 행정개혁의 일환으로 내각의 위기관리와 안전보장기능을 강화하기 위해 1986년 안전보장회의설치법(安全保障會議設置法)에 따라 안전보장회의가 내각에 설치되어 국방회의의 임무를 인계받게 되었다. 또한 내각관방 하에 안전보장실(1998년 안전보장위기관리실로 개편)이 설치되어 안전보장회의의 사무 처리를 담당하게 되었다.

2003년에는 국가긴급사태 대처에 관한 기능을 담당하기 위하여, 총무대신, 경제산업대신, 국토교통대신을 회의 구성원에 추가하고 회의 산하에 내각관방장관을 위원장으로 하는 사태대처전문위원회를 설치하는 등 그 기능이 강화되었다.

2) 일본판 국가안전보장회의(JNSC) 설치 구상

2007년 자민당(自民黨) 아베 신조(安部普三) 내각은 "수상관저가 주도하는 외교 · 안보 사령탑 기능의 재편 및 강화"를 제창하며 안전보장회의의 명칭을 국가안전보장회의(JNSC: Japan National Security Council)로 바꾸고 사무국 설치 등 미국식으로 기능을 강화하는 법안을 상정했으나, 아베 내각이 퇴진하고 후쿠다(福田)내각으로 교체 후 백지화되었다.

2007년 2월 제출된 전문가 보고서[20]에는 국가안전보장회의 구성원의 확대, 심

---

20) 國家安全保障에 관한 官邸機能强化會議報告書(2007.2.27).

의사항의 확대, 특정 문제를 해당 각료가 조사 · 심의하는 전문회의 및 민간 전문가와 자위관 등 10~20명으로 구성된 사무국을 신설하는 방안 등이 논의되었다. 이는 미국의 NSC를 모델로 하고 있다는 점에서 흔히 일본판 NSC 구상이라고 불린다.

2012년 자민당 총재에 재선출된 아베 신조는 집단적 자위권 개헌을 추구하며 안전보장회의의 강화를 다시 선거 공약으로 내세운 바 있으며, 자민당의 12월 총선 승리로 제2차 아베 내각이 출범함에 따라 일본판 NSC의 설치 논의가 다시 주목을 받게 되었다. 특히 2013년 1월 일본인 7명이 희생된 알제리 인질사태에서 수상관저 주도로 사태에 대응하기 위한 정보 수집 · 분석과 사후대응이 미흡했다는 비판이 강해지고, 센카쿠 열도를 둘러싼 중국과의 갈등 및 장거리 미사일 발사, 핵실험 등 북한의 위협이 강화됨에 따라 NSC 창설 논의가 더욱 급부상하게 되었다. 아베 총리는 7월의 참의원 선거 전에 설치 법안을 국회에 상정할 예정이라고 1월 25일 밝혔다.

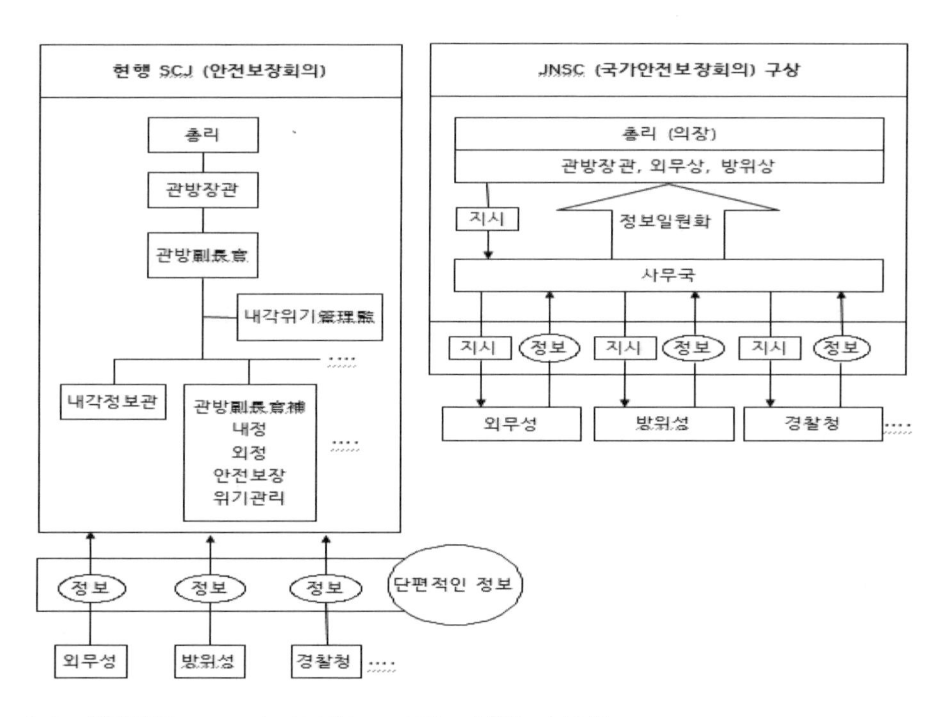

출처: 産經新聞(2013.2.16), 日本版NSC 國家の危機救う司令塔に.

〈그림 2-2〉 일본판 NSC 구상

2013년 2월 15일에는 NSC 설치를 위한 전문가회의가 개최되었다. 회의를 주관한 아베 총리는 "일상적, 기동적으로(외교 · 안보정책을) 논의하는 장을 창설하여 정치의 강력한 리더십으로 신속하게 대응할 수 있는 환경을 정비하고 싶다"고 밝혔다. 특히 각 부처의 기밀정보 누출을 우려하여 NSC가 필요한 경우에 한하여 각 행정기관에 정보 제공을 요청할 수 있도록 한 2007년 NSC안과 달리, 새로운 안은 각 부처의 정보 제공을 의무화하고, 신설되는 사무국의 정보 수집 · 분석 기능을 강화한 것이 특징이다(産經新聞, 2013). 이에 대해 총리 산하의 NSC 사무국이 미국의 CIA(중앙정보국) 내지 일본 군국주의 시대의 내각정보국(內閣情報局)과 같은 성격의 기관이 되면서 총리에게 지나친 권한을 집중시키는 데 대한 우려의 목소리가 나오고 있다(최현미, 2013).

5. 결론

한국, 미국, 일본의 NSC는 모두 원칙적인 면에서 국가원수를 의장으로 하고 관계 각료급 요인들로 구성되는 회의체 조직이며, 안보 및 국가위기에 대해 국가원수에게 자문하는 기구라는 점에서 동일하다. 운영적인 면에서 정권과 국제정세의 변화에 따라 그 권한 및 기능이 변화되어 왔고, 여기에 회의체를 지원하는 전문가 조직이 중추적 역할을 담당해 왔다는 점 역시 유사하다. 특히 최근의 국제적 안보 위기를 맞아 세 국가가 공히 안보 · 위기 정책의 컨트롤타워로서 NSC 또는 그 유사조직에 주목하고 있다.

주요한 차이점으로는 일본의 안전보장회의가 각료에 의한 회의체 조직으로 전속 전문가가 소수에 그치는 데 비해, NSC는 회의체인 동시에 이를 지원하는 전문가 조직이 갖추어져 있어 정책조정과 조언 기능뿐 아니라 정책결정 기능까지 담당하고 있다. 이와 같은 안전보장회의와 NSC의 차이는 특히 수상이 국민에 의해 선출되지 않고 의회에 책임을 지는 의원내각제와 대통령이 국민에 의해 선출되고 상대적으로 강한 권한을 갖는 대통령 중심제라는 양국 정치제도의 차이가 많은 영향을 끼쳐왔다고 볼 수 있다.

따라서 미국 NSC 모델을 일본에 적용하여 소위 '대통령적 수상제'를 지향하는 아베 내각의 시도에는 많은 우려의 목소리가 존재한다. 이는 대통령 중심제 정부인 한국과 미국, 한국과 일본 사이의 국가안전보장회의 조직과 기능의 차이점 및 유사점에도 역시 마찬가지로 적용되는 사항이다.

또한 안전보장회의가 법률에 근거하여 설립된 미국 및 일본과 달리, 한국의 NSC는 헌법 기관이므로 헌법 개정 없이는 그 근본적인 조직과 기능을 변화시키기 어렵다는 점도 중요한 차이점이다. 박근혜 정부가 안보 · 위기관리 정책의 새로운 컨트롤타워로서 NSC의 역할을 강화하는 대신 국가안보실을 신설한 것 역시 이 점과 관련이 있으리라 본다.

특히 2009년 미국 오바마 행정부의 수립과 함께 NSC의 기능이 강화되고, 2012년 말 한국과 일본에서도 역시 새로운 정권이 수립되면서 양국 정부가 모두 미국의 모델에 따라 행정부 수장하에 국가안전보장회의 또는 그 유사조직의 기능 강화를 추진하고 있다는 점에 주목할 필요가 있다. 위에서 살펴본 바와 같이 이러한 논의가 급부상하게 된 것은 한국의 경우 천안함 폭침, 연평도 포격사태, 장거리 미사일 발사 등 북한의 군사적 위협, 일본의 경우 북한의 군사적 위협 외에 센카쿠 열도를 둘러싼 중국과의 마찰, 알제리 인질사태 등 안보위기가 중요한 계기가 되었다. 이는 최근 전 세계적인, 특히 동북아 지역의 안보 위기와 테러리즘 등 긴장 강화에 따라 안보 · 위기관리 정책을 통합, 조정하는 컨트롤타워의 필요성이 대두되고 있다는 점을 시사하고 있다. 그러나 국가안보실이 안보 · 위기관리정책을 총괄하는 상설기관으로서 청와대 2실 체제의 한 축을 이루게 된다는 점에서, 미국 케네디 및 레이건 행정부하에서 NSC의 역할을 대신하던 태스크 포스 위원회 조직들과는 크게 차이가 있을 것으로 보인다. 국가안보실의 설치 · 운용과 관련하여 그 관건은 담당하는 기능이 상당 부분 겹칠 것으로 보이는 헌법기관인 NSC와의 관계 설정 문제, 그리고 과거 노무현 정부하의 NSC 사무처의 예에서 보듯이 법률의 수권을 받지 않은 상태에서 막강한 권한을 행사할 가능성이 있는 해당 기관의 기능 및 권한 범위를 정의하는 문제가 있을 것이다.

〈표 2-1〉 한 · 미 · 일 국가안전보장회의 비교 요약

구분	한국	미국	일본
부서명	국가안전보장회의(NSC: National Security Council)	국가안전보장회의(NSC: National Security Council)	안전보장회의(安全保障會議; Security Council of Japan)
소속기관	독립기관	대통령실	내각
의장	대통령	대통령	총리대신
설치연도	1962년	1947년	1986년
설치근거법	헌법	국가안전보장법 (National Security Act of 1947)	안전보장회의설치법(安全保障會議設置法)
임무	국가안전보장에 관련되는 대외정책 · 군사정책과 국내정책의 수립에 관하여 대통령의 자문에 응함	국내정책, 외교정책, 군사정책의 통합. 정부 각 기관의 활동과 국방정책의 통합 · 조정에 대하여 대통령에게 자문	국방에 관한 중요사항 및 중대긴급사태에의 대처에 관한 중요사항을 심의
비고	• 김대중 정부 출범 후인 1998년 상설화 • 2006년 노무현 정부하에서 사무처와 상임위를 설치하는 등 기능이 강화되었으나 야당의 반대로 다시 축소됨 • 박근혜 18대 대통령 당선인의 공약에 따라 2013년 청와대에 NSC와 기능이 유사한 국가안보실 설치	• 2009년 Obama 대통령은 NSC가 경제, 에너지, 기후문제 등도 논의할 수 있도록 하고, 법규정상 상시 구성원인 대통령, 부통령, 국무, 국방장관 외에 법무부장관, 국토안전부장관, UN 대사, 대통령 고문 등 관련 고위급 인사들이 참석할 수 있도록 범위를 확대시켜 그 권한을 강화시킴	• 2007년 자민당 아베 내각이 행정개혁의 일환으로 회의 명칭을 국가안전보장회의(JNSC: Japan National Security Council)로 바꾸고 사무국 설치 등 미국식으로 기능을 강화하는 법안을 상정했으나, 후쿠다 내각으로 교체 후 백지화됨 • 2012년 출범한 제2차 아베 내각은 12월 총선을 앞두고, 집단적 자위권 개헌을 추구하며 다시 안전보장회의의 강화를 추구하고 있음

참고문헌

배정호(2004), 국가안전보장회의(NSC)의 조직과 운영, 국방연구 47(1), pp.169-189.

최현미(2013.2.15), 日 'CIA 기능 갖춘 NSC' 설치 논의 본격화, 문화일보.

한국일보(2013.1.21), "상설화된 외교·안보 컨트롤타워 국가안보실".

한국일보(2012.11.23), "대선 후보들 대북해법 가장 큰 차이점은".

Best, R. A.(2011), The National Security Council: An organizational assessment, Washington DC: Congressional Research Service.

Kjonnerod, L. E.(2009), We live in exponential times: Interagency to whole-of-government, Center for Applied Strategic Learning, National Defense University.

産經新聞(2013.2.16), 日本版NSC 國家の危機救う司令塔に.

국가안전보장회의법, 법률 12224호, 2014.1.10, 일부 개정.

헌법 제91조 1항, 국가안전보장회의법 제3조.

The National Security Act of 1947(PL 235-61 Stat. 496; U.S.C. 402).

National Security Presidential Directive-1: Organization of the National Security Council(2001, 2009).

National Security Presidential Directive-1: Organization of the National Security Council(2009).

安全保障會議設置法.

國家安全保障에 관한 官邸機能强化會議報告書(2007.2.27).

保障會議と米國のNSC, 國立國會圖書館 Issue Brief Number 548.

조선·중앙일보(2013.1.16, 1.22), 정치면.

제 3 장

뉴테러리즘 대응전략의 민간 산·학·관·연의 상호협력방안

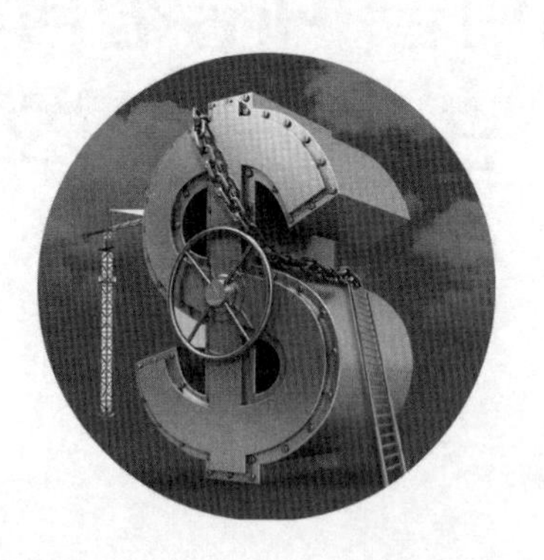

제3장 뉴테러리즘 대응전략의 민간 산·학·관·연의 상호협력방안

1. 서론

본 연구의 대테러 학문적 영역의 구축과 전문가 양성을 위한 질적 연구가 국제적, 국내적 정서에 맞게 국제적, 정치적, 종교적, 문화적, 사회적으로 적용할 시점이라 사료된다. 그래서 정부주도형에서 학계와 민간부분과 상호협력방안을 위한 현실적 연구가 필요해서 접근하였다. 학문적 영역과 학문적 범위가 광범위하다고 생각한다. 과거에는 정치학적 접근의 연구가 많았지만 이제는 테러의 정치적 수단보다는 다양한 변화와 환경적 요인을 포함한 다변화된 분야에서 일어나고 있는 것이 현실이다. 이제 우리나라에서도 학문적 연구가 세분화되어 과학적 접근방법과 수단, 목적, 대상에 따라서 분류하여 다각적으로 국가기관에서의 정보를 학계와 공유하여 국민들에게 안전을 도모할 수 있는 방향을 제시하고 국익에 도움이 될 수 있는 대응책이 절실히 필요하다고 할 수 있겠다.

테러리즘에 대한 명확한 정의는 없지만 다양한 학문적 분야에서 접근을 하고 있는 실정이다. 미국 CIA는 테러의 수단, 목적, 대상, 주체에 따라서 4가지로 설명하고 있다. ① 테러의 수단은 충동적인 것이 아니라 사전에 의도된 위협적인 행위이다. ② 테러의 목적은 경제적인 목적이 아니라 현존하는 정치질서를 변화를 가져오기 위한 정치적인 목적이 있다. ③ 테러의 대상은 군대시설이나 군부대를 대상으로 하는 것이 아니라 무고한 시민을 대상으로 한다. ④ 테러의 주체는 군대가 아니라 군사훈련을 한 준국가단체에 의하여 수행된다.

이러한 테러에 대한 정의를 종합하자면, 테러는 정치적, 종교적, 민족적 목적을 달성하기 위하여 개인, 단체, 국가에 대하여 무차별적인 폭력을 사용하여 일반인들의 공포심을 조성하고 이를 매개로 하여 테러집단의 목적을 달성하려는 비인간적, 반문명적인 폭력행위라고 정의할 수 있다.

이와 같이 테러의 정의는 다양하게 해석할 수 있을 것이며, 그러므로 테러의 정의를 내리기는 어렵다. 그 예로 2007년 7월 19일 아프가니스탄의 피랍사건에서 탈레반의 23명의 납치사건은 테러 사례로 잘 적용되고 있다. 그리고 2007년 1월 10일 나이지리아 바이엘사 남부해안 오구 소재 대우건설 가스파이프라인 공사현장의 근로자 숙소에 과거 MEND의 무기 공급 조직책이었던 '조슈아 마카베'라는 인물이 이끄는 신생무장단체가 다이너마이트를 터뜨리며 침입, 우리 근로자 9명과 현지인 1명이 피랍되었다가 무장단체와 주정부 간 협상 타결로 1월 13일 전원 풀려난 바가 있다[1]. 또한 2007년 3월 22일 이라크 바그다드 총리 본관에서 반기문 유엔 사무총장과 말리키 총리의 공동회견 중 본관으로부터 50m 떨어진 지점에서 로켓포 공격사건의 테러가 발생되었다[2].

이처럼 우리나라도 이러한 테러의 위협으로부터 더 이상 안전한 지역이 아니다. 따라서 우리나라도 국제적으로 일어나는 테러에 대한 대처방안의 마련이 시급하다. 특히 대테러 법안이 통과되기 위해서는 국가주도형인 대응전략을 민간상호협력방안, 대테러 방지를 위한 통제기구 설치, 국제사회의 협력 등이 필요하며, 이러한 구체적인 법안을 통과하기 위해서는 민간안전분야와의 상호협력이 중요하다고 사료된다. 즉, 국가정보원이나 경찰에서 국가안보를 위한 테러방지도 중요하지만 전 세계적 동향을 볼 때, 테러는 국가기관의 안전과 안보에서 국민의 안전을 위한 방향을 전환하는 모색도 시기적으로 필요하다. 왜냐하면 기업체, 다중이용시설(공항, 지하철, 백화점, 극장, 연구소 등)의 국민안전의 시설도 국가주도형에서 민간주도형으로 전환 및 상호협력이 각론적으로 서로 연구되어져야 하기 때문이다. 하지만 한국 민간경비업 종사자들이 테러의 전반적인 이해를 할 수 있는 테러교재나 교육내용, 시

1) 국가정보원, 월간테러정세, 2007년 2월자.
2) 국가정보원, 월간테러정세, 2007년 4월자.

설이 부족하다. 이들은 국민의 안전에서 가장 밀접하게 종사하고 있기 때문에, 그 교육이 반드시 필요하다고 할 수 있다.

따라서 본 연구자는 이러한 국가기관의 선진국형 모델을 기초로 하여 통합적인 대테러 법안 제정 및 새로운 통합센터를 설립하고 대테러 안전기구를 세분화하여 대테러 국제협력 강화 및 국민들의 이해와 정부기관과 산·학·연이 협력하여 빠른 시일 내에 국가 대테러·국민안전 시스템에 매뉴얼화가 만들어져야 할 것이다.

산·학·연의 협력방안에서 특히 민간안전 분야 업체의 역할이 제시되고 그에 따른 국가기관의 역할을 민영화하여 좀 더 체계적인 접근과 발전방안을 위하여 본 연구자는 논의하고자 한다.

따라서 이 연구의 목적은 대테러 대응책에서 안전, 보안, 경호, 경비시스템을 정부주도형에서 민영화로 전환할 수 있는 구축방안을 제시하고자 하는 데 있다. 본 논의에서는 우리나라의 대테러 현황과 선진국과의 비교를 통한 민간안전분야의 발전방안 중 대테러 전문가 양성을 위한 자격제도 및 제반적인 발전 방안에 대해 국내외 선행자료, 논문, 관련서적, 인터넷 검색, 간행물, 저널, 언론매체의 보도자료, 보고서 등 자료를 대테러기관의 보고서 및 자료의 문헌을 토대로 분석·연구하였다.

2. 선진국의 대테러 현황

1. 미국

미국도 민간분야의 상호협력이 활발하게 이루어지고 있음을 알 수 있다. 그 예로 9.11 이후 기업의 자산이 국제테러단체를 활용 및 테러를 방지하기 위해 화물운송업체 페덱스의 경우 10명의 국가 정보요원을 두고 25만 명에 이르는 종업원들에게 대테러교육을 실시하여 수상한 사람을 즉시 신고하도록 조치하고 또한 잠재적 테러위협이 있을 때 국토 안보국으로 통보하는 컴퓨터 연결시스템 및 안전시스템을 구축하고 있다. 또한 해외 수출입화물에서 방사능 물질 식별을 위한 탐지기 설치, 고객 신용카드 결제정보, 운송내역 데이터 베이스 개방 등 관련부서 협조체제를 갖추고 있다. 그 외에도 송금업체 Western unior, 인터넷 서브업체 AOL, 최대 할인점 Wall mart 등에서 이러한 시스템으로 구축되어 있다. 민간 시큐리티 산업의 활성화는 산 · 학 · 관 · 연의 상호 협력체제가 일찍부터 되어 있다는 것을 널리 알고 있다. 미국의 대테러법의 현황은 9.11 테러사건 이후 2001년 10월에 제정된 미국의 '테러 차단 및 방지를 위해 요구되는 적절한 수단 제공법'(이하 '반테러법'이라 한다)(USA PATRIOT ACT, Uniting and Strengthening America by Providing Appropriate Tools Required to Intercept and Obstruct Terrorism of 2001)은 테러용의자 색출을 위해서라면 특정한 죄목 없이도 최고 7일간 구금할 수 있고 수사 당국의 전자 도청 및 감청 권한도 대폭 확대하고 있다. 이 법에서는 테러와 관련한 조사 목적으로 각종 기록을 수시로 열람할 수 있고 제한 없는 가택수색 권한도 부여해 이민자의 권리에 영향을 주고 있다. 이 법은 테러수사의 효율성을 최우선으로 하여 형벌규정의 강화와 테러관련자에 대한 영장 없는 구금을 인정하는 등 인권 측면에서 많은 문제를 안고 있다. 9.11 테러사건 이후 국가안보국법(Office of Homeland Security Act of 2001)을 제정하여 국가안보국을 신설하여 테러에 대한 종합적인 예방 및 대책을 포함한 국가안전에 관한 전략을 수립토록 하고 이 전략에 따른 부처 간 업무조정권을 부여하였다.[3)]

미국의 국토안보법은 총 17장으로 구성되어 있으며, 그 내용은 다음과 같다. 제1장은 국토안보부, 제2장은 정보 분석 및 기반시설 보호, 제3장은 국토안보 지원에 있어서의 과학기술, 제4장은 국경 및 교통안전국, 제5장은 비상대비 및 대응, 제6장은 미국과 기타 정부조직들의 군대구성을 위한 자선기금, 제7장은 관리, 제8장은 비연방 실체들과의 조정, 제9장은 국토안보회의, 제10장은 정보보호, 제11장은 법무부 부서, 제12장은 항공회사 전쟁위험 보험법령, 제13장은 연방 노동력 개선, 제14장은 테러대응을 위한 항공기 조종사의 무장, 제15장은 전환, 제16장은 항공교통 안전과 관련된 기존 법률, 제17장은 관련 규정 및 기술적 개정으로 구성되어 있다. 정보 분석과 기반보호는 CIA, FBI, NSA, 국립영상지리원(NIMA), 국방정보국(DIA)

3) 신의기, 각국의 테러대응책과 우리나라의 테러방지법, 대테러 학술세미나, 2006, pp.110-112.

등 첩보기관 및 각급 기관들과의 파트너십 강화를 주요기능의 하나로 규정하고 있다. 이를 위하여 국토안보부는 정보 분석 및 기반보호를 위하여 담당 차관보를 두게 되고 그 아래 다시 정보 분석 담당 차관보와 주요 기반보호 담당 차관보를 두게 되고 본국에서 수행하는 임무에 관하여 규정하고 있다(법 제201조).

국토안보부의 규모는 2003년 1월 17,000여 명의 직원을 거느린 미국 행정부의 15번째 부서로 정식 출범하였다.[4] 이 부서는 과거 22개 기관에 분산되어 있던 국토안전에 관한 업무를 한곳으로 집중시켜 설립한 기관이다.[5]

국토안보부의 임무와 규정의 내용은 다음과 같다.

- 미국 내에서의 테러리스트 공격 억지
- 테러리즘에 대한 미국의 취약성 감소
- 미국 내에서 발생한 테러리스트의 공격으로부터 손상을 최소화하고 복구지원
- 자연적·인위적 위기와 비상계획에 관하여 중심으로서의 활동을 포함하여, 국토안보부로 이관된 실체들의 모든 직무를 수행
- 국토안보에 직접적으로 관련되지 않은 국토안보부 내 기관 및 산하부서의 직무가 명시적인 특정명령에 의하여 축소되거나 예외로 간과되지 않도록 보증
- 국토안보를 목적으로 한 노력, 활동 및 프로그램에 의하여 미국 전체의 경계안보가 축소되지 않도록 보증
- 불법 마약거래와 테러리즘 간의 연계를 감시하고, 당해 연계를 단절시키기 위한 노력을 조정하며, 기타 불법마약거래를 금지하기 위한 노력에 기여[6]

또한 2003년 5월 1일부로 CIA·FBI·국토안보부 등 유관기관 합동기구(대테러통합정보기구)인 테러위협통합센터(TTIC)를 출범시켰다. TTIC는 가장 포괄적이고 가능한 위협상황을 포착하기 위해 국내는 물론 국외로부터 테러 관련 정보를 수

4) 이대우, 「한국의 국가안보와 대테러대책」, 세종정책토론회 보고서, 세종연구소, 2004, p.167.
5) The U.S Department of Homeland Security, Securing Our Homeland, 2004, p.3.
6) 제성호, 「9.11 테러이후 미국의 대테러 대응체계 변화」, 대테러연구논총 제2호, 국가정보원, 2005, p.17.

집 · 분석 · 평가하여, 그 결과를 테러관련 부서에 제공하는 책임을 맡고 있다.[7] 이미 알려지거나 의심이 가는 테러리스트들에 대한 정보를 축적하고 테러위협에 관련된 정보수직 요건을 만들고 있다. TTIC에서 수집되고 분석된 대테러 자료들은 2,000여 개 기관에 제공되고 있으며,[8] 국토안보부가 가장 중요한 파트너이자 수요자이다.[9] 중앙정보부장(DCI)의 지휘를 받는다.

한편, 우리나라의 경우 과거의 83년 아웅산 폭탄테러 사건, 87년 KAL기 폭파사건 등을 사례로 볼 때 북한의 테러발생에 대해서 한국은 자유롭지 않다는 것을 입증하고 있다. 특히, 9.11 테러 이후 이라크에 한국군을 파견하고 있기 때문에 국제테러위협에 노출되고 있는 것이 현실이다. 그 예로 한국인 근로자 김선일 씨가 이라크 테러단체에 의해 피랍된 후 살해된 사건은 좋은 예라고 볼 수 있다. 그럼에도 불구하고 한국에 대한 테러위협은 여러 분야에 걸쳐 증가하고 있다.[10] 국민일보 2004년 7월 10일자, 경향신문 2004년 10월 4일자에 의하면 이라크 무장단체인 '1920 혁명군'과 '검은 깃발'이라는 무장단체가 한국에 대한 테러를 경고하였다. 최근에는 부산 APEC 회의로 인한 테러위협에 대해서 공공기관이나 민간인들이 많은 관심을 가지고 있는 것이 현실이다. 지난 2002 한일월드컵대회부터 우리나라에 각종 대규모 행사, 회의 등에 항상 테러의 위협을 느끼고 있다. 대테러법안 제정안, 정부 각 부처 간의 대테러 부서의 통합화 즉 외교부는 국외 사건에 대비한 종합적인 예방 및 대응책을 수립하고 시행하는 임무가 부여되어 있고, 국내 사건에 대한 예방 및 대비책은 행정안전부의 소관이다. 법무부는 국외 테러리스트들의 국내 잠입을 저지하는 임무, 국토교통부는 항공기 관련 테러 임무, 해양수산부는 해양 관련 테러 임무, 국방부는 군 특공부대 유지 및 운영의 임무, 국가정보원은 종합적인 국가 대테러 기본운영계획을 수립하고, 시행하고, 조정하는 임무를 부여하고 있다. 이 부서들 외에도

---

7) The Department of State, Fact Sheet: Bush to Create Terrorist Threat Integration Center, 28 January 2003. http://usinfo.state.gov/topical/pol/terror/03012806.htm

8) John O. Brennan, "Terrorist Threat Integration Center Statement"(2003.7.8), http://www.apfn.net/messageboard/08-07-03/discussion.cgi.93.html

9) Washington Post, January 29, 2003.

10) 국가정보원, 「2002년도 테러정세」, 2003, pp.31-38.

화생방에 관련된 환경부, 기획재정부, 산업통상자원부, 미래창조과학부, 보건복지부 등 약 20개 부처가 제각각의 대테러 업무 기능을 수행하고 있는 현실이다.

2. 영국

영국의 테러대책은 북아일랜드의 분리, 독립을 요구하는 아일랜드 공화군(Irish Republican Army: IRA)의 활동에 대처하는 데 중점을 두어, 1973년 '북아일랜드 긴급조치법(Northern Ireland(Emergency Provision) Act)'이 제정되었다. 이 법은 북아일랜드에만 한정하여 시행된 법으로 테러단체 가입·선전·지원, 테러에 대한 자금지원과 모금행위를 금지하고, 테러불고지죄 등을 규정하고 있었다.

2000년 7월 20일 새로운 테러법(Terrorism Act 2000)을 제정하여 2001년 2월 19일부터 시행하게 되었다. 이 법은 기존의 테러가 북아일랜드 사태에 초점을 맞춘 임시법적 성격을 가진 것인 데 비해 영구적인 성격의 법으로 대체하였다는 데 의미가 있다. 이 법은 민사적 입증책임의 분배의 원칙에 따른 테러단체 통화의 압수와 금융기관에 대한 테러수사 목적의 예금계좌 확인요구권을 신설하는 등 테러에 대한 수사권을 강화하고 처벌을 위한 절차상 특례를 인정하였다.

영국은 이후 9.11 테러가 발생하면서 이러한 수단 외에 테러를 방지하기 위한 강력한 법적인 대책을 추가하였다. 2001년 12월 14일 '반테러리즘, 범죄 및 안전법(Anti-terrorism, Crime and Security Act)'을 제정하여 테러범죄자에 대한 자산동결, 출입국관리, 병원체 및 독극물 통제, 통신자료 취득 등에 관한 기존의 규정을 개정하여 테러에 관한 수사권을 강화하고 있다.[11] 또한 테러용의자의 신분을 확인하기 위한 조치들을 두고 있는데, 이것은 테러 용의자가 신분을 밝히지 않거나 위조된 신분증을 사용하거나 변장을 하는 등 신분을 허위로 밝히는 것으로 볼 만한 사정이 있으면 신분확인을 위하여 지문을 채취하거나 유전자검사를 위하여 적절한 신체의 일부를 채취할 수 있도록 하고 있다.[12] 이 경우 채취한 지문은 10년간 보존하도록 하였다. 변호인의 조력을 받을 권리는 가장 기본적 권리의 하나이지만, 테러관계

11) 신의기, 각국의 테러대응책과 우리나라의 테러방지법, 대테러 학술세미나, 2006, pp.112-114.
12) Anti-terrorism, Crime and Security Act 2001 테러법 제89조.

법령에 의해 유치된 경우에는 변호사와의 접견교통권이 제한될 수 있다. 즉 변호사와의 접견을 허용하면 범죄 증거가 인멸되어 타인에게 위해가 미치거나 테러방지가 곤란하게 되는 등의 사유가 있을 때에는 경찰서장급 이상 경찰관의 결정으로 경찰관이 피의자와 변호인과의 접견을 감시할 수 있도록 하고 있다.[13] 이는 테러범죄의 특성상 비밀을 보장할 경우 더 큰 위험이 닥칠 수 있다는 우려에 따라 비밀보장에 대하여 제한을 가하고 있는 것이다.[14]

3. 프랑스

프랑스에서의 형사법원은 수사법원(jurisdiction d'instruction)과 판결법원(jurisdiction de jugement)으로 구성되어 있는데, 이 중 범죄의 수사는 각 지방법원의 예심판사 또는 수사판사(le juge d'instruction)가 담당하고 있다.[15] 1986년 테러대책법은 사안의 중요성에 비추어 국가적 국제적 차원의 테러범죄에 대한 기소 및 재판은 체제가 정비된 파리지방법원에 집중시키고, 비교적 경미한 테러범죄에 대해서는 토지관할에 의한 재판권과 경합하는 관할권을 파리법원에 부여함으로써 테러범죄에 대한 재판권을 일원화하였다.[16]

프랑스는 1984년 경찰청 산하에 대테러조정기구를 설치하였고 1986년 테러대책법(테러방지 및 국가안전에 관한 법률), 신원검사 및 확인법, 형의 집행에 관한 법을 제정하여 사법절차상 테러범죄를 수사 · 재판함에 있어 특별한 취급을 할 수 있는 근거를 마련하였다. 파리지방검찰청 내 중앙테러대책본부를 설치하여 테러범죄를 전담케 하였으며 테러관련 정보 수집을 담당하는 내무부 종합정보국과 대외치안총국 테러대책과를 설치하였으며, 국가보안국 테러대책과에서는 국제테러에 대한 정보수집 및 수사업무를 담당하고 있다. 또한 테러발생 시 현장관리 및 사건진압에 대

13) Anti-terrorism, Crime and Security Act 2001 테러법 제58조 13-18항.
14) 신의기, 각국의 테러대응책과 우리나라의 테러방지법, 국가정보원, 2006, pp.115-116.
15) 한국형사정책연구원, 각국의 구속제도, 1991, pp.136-138 참조.
16) 이 경우 테러범죄가 전국적 · 국제적으로 연계된 것이 아니라 단지 지역적, 국지적인 성격에 불과한 경우에는 지방법원의 법관들도 재판권을 갖는 것이다. A. Vercher, Terrorism in Europe: An International Comparative Legal Analysis, Oxford: Clarendon Press, 1992, pp.320-321.

비하여 설치된 국가헌병대 지원부대(GIGN)가 테러사건 발생 시 현장진압을 담당하고 있으며 경찰에도 대테러경찰여단이 활동하고 있다.[17]

프랑스는 9.11 테러사건 이후 테러방지를 위한 여러 조치들을 포함한 '일상안전에 관한 법률(loi 2001~1062, 15 Novembre 2001 relative a la securite quotidienne)'을 제정하여, 2001년 11월 15일 공포하는데 이 법 제5장에서 '테러대책을 강화하는 조치'를 두고 있다.

이 법에서는 항구, 공항, 백화점, 경기장 등 공공장소에서 일반인들을 상대로 소지품 검사를 할 수 있도록 하는 등 검문검색을 강화하고, 운행 중이거나 주·정차 중인 차량에 대하여 수색할 수 있도록 하였다. 또 형법에 테러범죄로 열거된 범죄에 자금세탁죄를 추가하고 있다.

이는 최근 테러조직이 마약범죄조직 등의 국제범죄조직과 연계하여 자금을 동원하는 새로운 방법을 사용함에 따라 이에 대처하기 위한 것이다.[18] 또한 테러의 예방과 관련하여 법령에 의해[19] 중앙테러파일(Fichier Centralise du Terrorisme, FCT)과 헌병테러파일(le Fichier Terrorisme de la Gendarmerie)[20]을 유지, 관리하고 있다. 중앙테러 파일은 테러관련 종합관리시스템으로 외국인 테러분자, 외국 테러조직 관련자의 명단을 관리하고 있는데 프랑스의 특수성을 고려 알제리와 관련된 테러집단이 주된 관리대상이다. 헌병테러파일은 헌병이 관리하는 각 지역 테러분자, 테러용의자, 테러피해자, 잠재적 테러피해자 등에 대하여 관리하는 시스템이다.

3. 우리나라의 대테러 현황 및 대응책

현대과학기술의 발달로 대테러의 대량살상무기는 과거에 비해 상당한 위력을 지

17) 장석현, 국가중요시설의 대테러방안에 관한 연구, 한국민간경비학회, 2005, p.10.
18) 신의기, 각국의 테러대응책과 우리나라의 테러방지법, 대테러 학술세미나, 2006, p.121.
19) 법규명령 91-1051, 91-1052.
20) 법규명령 95-1211.

니고 있다. 뉴테러리즘의 개념에서 볼 때 재래식 전쟁과 달리 현대의 전쟁은 테러라고 볼 수 있다. 미국은 CBRNE(Chemical, Biological, Radiological, Nuclear, Enhanced high explosives)라는 표현을 사용하고 있다.

〈표 3-1〉 테러 유형에 따른 예상 피해규모

공격의 유형	예상 인명피해	실현 가능성 정도
성공적인 생물무기 공격(에볼라 바이러스, 홍역, 탄저균 등의 비밀 살포)	1,000,000	지극히 낮음 (extremely low)
주요 도시에서의 원자탄 폭발	100,000	매우 낮음(very low)
원자력 발전소 혹은 유독 화학공장 공격	10,000	매우 낮음(very low)
고층건물이나 경기장 등 다중이용시설에 대한 초보적인 생화학 공격	1,000	낮음(low)
열차나 항공기에 대한 단발성 공격	250~500	낮음(low)
혼잡지역에서의 폭발물이나 개인화기를 사용한 자살테러	50~100	중간(modest)

위에서 보듯이, 생화학 무기를 이용한 테러는 핵무기 파괴력 못지않은 큰 피해를 초래하고 있다.[21] 이와 같이 우리가 일반적으로 알고 있는 재래식 무기 테러의 개념과 현대사회에서의 뉴테러리즘과의 개념은 다르다고 할 수 있다. 그 원인은 과학적인 발달이라고 볼 수 있겠다. 그래서 피할 수 없는 테러의 공포가 계속 증가될 것이라고 본 연구자는 예상한다.

우리나라는 훈령 제47호에 의하면 대테러 대책기구와 대테러사건 대응조직으로 나뉘어 있다.

21) 이상현, 「21세기 안보환경 특성과 테러위협」, 세종정책토론회 보고서, 세종연구소, 2004, p.28.

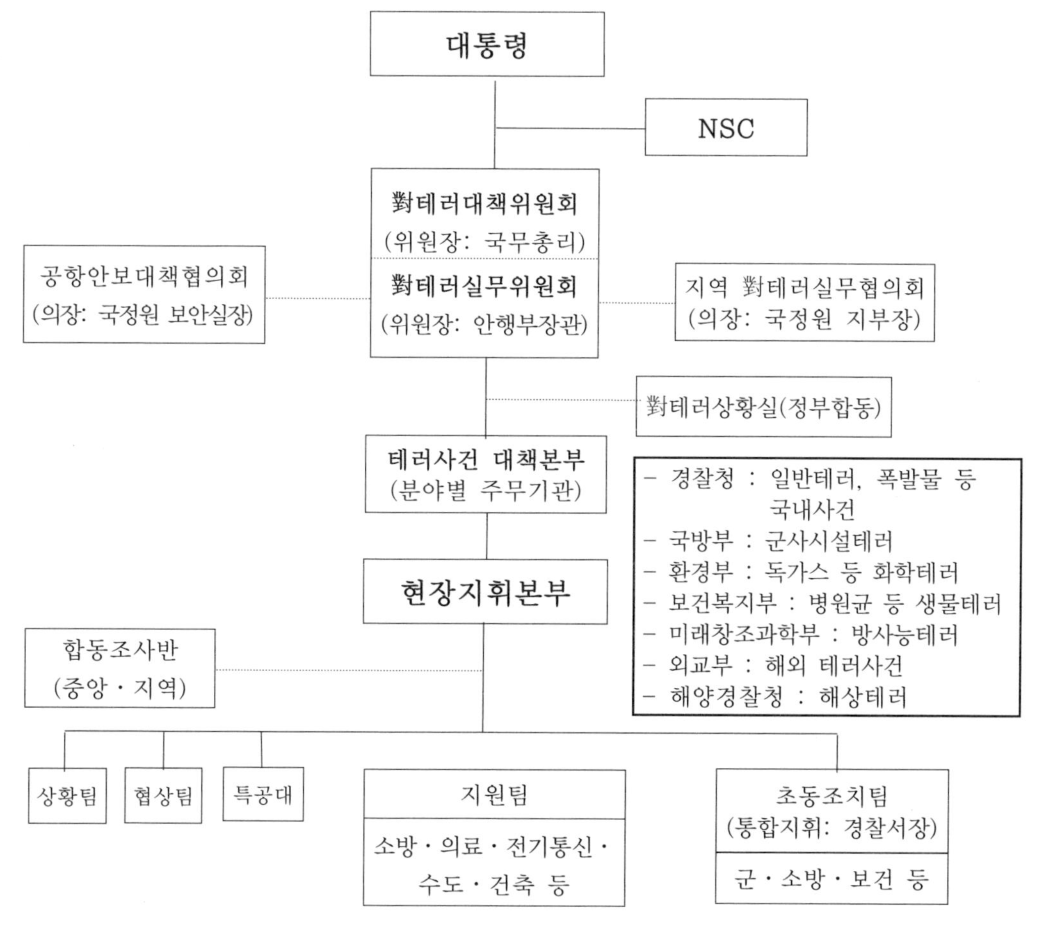

〈그림 3-1〉 대테러대책기구 종합체계도

최상의 대테러 대책기구는 대통령 직속인 대테러대책위원회가 있다. 대테러대책위원회는 국무총리를 위원장으로 국정원장 등 10명의 위원으로 구성되며 대책, 협의, 결정의 역할을 한다. 현재 20개 부처가 각기 수행하고 있다. 그러나 행정기관과의 여러 가지 독자성을 갖지 못하는 것이 현실이다. 그래서 지난 16대 국회에서 테러방지법을 상정하였으나 회기 중 처리하지 못하여 자동폐기에 이르렀다. 조속한 입법이 필요하다고 사료된다. 선진국의 나라들은 미국, 영국, 프랑스, 캐나다, 일본, 호주 등 16개국에서 개별법이 제정되는 등 반테러는 국제적 추세이다.[22]

2005년 우리나라 부산 APEC 정상회의의 기구는 다음과 같다. 경호안전 통제단은 대통령 경호실장을 단장으로 하여 경호실장 주관하에 국정원, 국방부, 경찰청, 소방방재청 등의 관계자들로 구성되었다. 정상회의 관련 경호안전대책 수립의 임무를 하고 있다.[23]

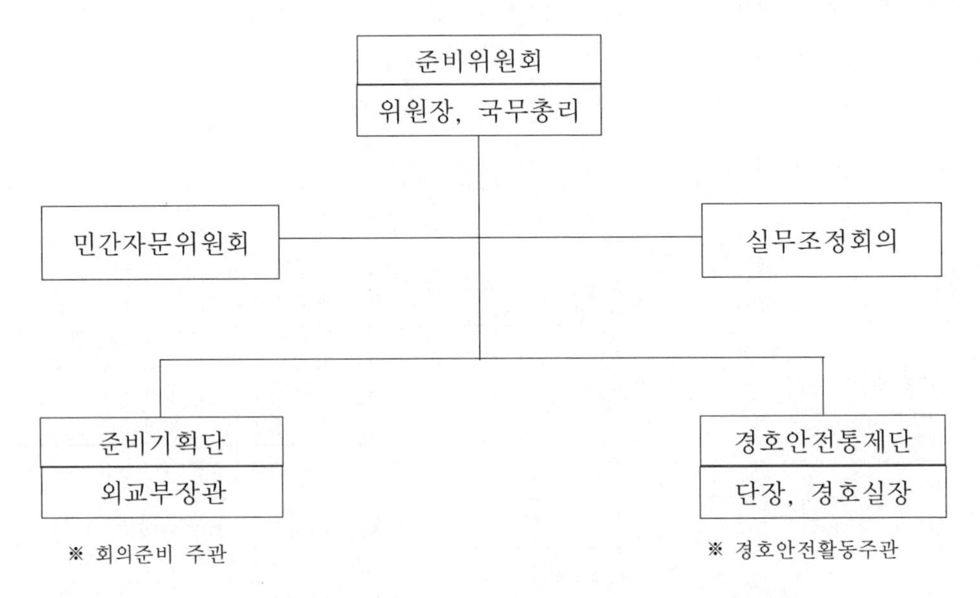

출처: 부산 APEC기획단, 2005; 32, http://www.apec2005.org/(APEC 준비단).

〈그림 3-2〉 2005년 부산 APEC 정상회의 준비기구 체계도

예상되는 테러의 안전진단에 대한 문제점 및 대응책으로는 첫째, 선진국과 같은 통합적인 대테러센터가 없는 것이다. 미국의 테러위협통합센터(TTIC), 영국은 합동 테러분석 센터(JTAC), 캐나다는 안전정보부 산하에 종합국가보안평가센터(INSAC), 호주는 보안정보부 산하 국가위협평가센터(NTAC), 싱가포르와 태국은 대테러센터와 국가정보조정센터를 각각 설립하고 있다. 그래서 대테러업무를 집중

22) 국정원, 「테러방지법 설명자료」(2003.12), pp.3-4.
23) 이황우 · 곽대경, 「부산 APEC 정상회의에 대비한 대테러 · 안전대책에 관한 연구」, 한국공안행정학회 제21호, 2005, p.296.

적으로 수행하고 있는 실정이다.[24] 위에서 본 것과 같이 우리나라는 20개의 정부 부처에서 제각기 분야별 임무를 맡고 있다. 다른 나라와 같이 통합된 대테러센터를 설립하여야 할 것이다.

둘째, 미국의 국토안보부와 같은 전문 통합부서가 없는 것이 문제점이다. 그에 따라서 우리나라에서는 대통령 직속 기구로 통합된 부서(가칭 : 대테러안전부)가 만들어져야 될 것이다.

셋째, 대테러법이 제정되어야 할 것이다. 신속한 업무를 수행하는 데 많은 제약이 발생되기 때문에 대응시기를 놓칠 가능성이 높다고 할 수 있다. 신속한 테러예방은 대테러 방지법의 안을 제정하는 것이다.

넷째, 국민들과 상호신뢰를 회복할 수 있는 대테러업무의 민영화에 따른 전담기구, 협력조직이 필요하다.

다섯째, 대테러 분야 전문가 양성이 필요하다. 테러의 유형별(개인, 집단 테러), 테러의 사상적(적색, 백색), 내용상(정권, 반정권), 또한 동기에 의한 분류 대상에 따른 분류 등에 의한 체계적 전문가 양성이 필요하다.

〈표 3-2〉 주요국의 테러경보체계

구분	주무기관	경보단계의 수	경보단계의 표시방법	이중경보 단계 유무	경보발령 시 보호시설 분류
미국	국토안보부(DHS: Department of Homeland Security)	5	색깔	무	무
호주	호주보안정보부(ASIO: Australian Security Information Organization)	4/9	언어	유	무
프랑스	내무부 경찰성 산하 대테러 조정반(UCLAT)	4	색깔	무	유
영국	합동테러분석센터(JTAC)	6	언어	무	무
독일	독일연방수사국(BKA)	5	언어	무	무
홍콩	홍콩경무청	3/6	언어	유	무

출처: 전재성, 「외국의 테러경보 발령시스템 실태 및 현황」, 세종정책토론회 보고서, 세종연구소, 2004.

24) 체재병, "국가테러리즘과 군사적 대응", 『국제정치논총』, 제44집 2호(2004), pp.57-61.

〈표 3-2〉와 같이 너무 상세하게 해서도 곤란하고 너무 단순하게 해도 문제가 된다. 즉 테러 위협에 대한 대응이 각 기관별, 지역별, 개인별로 달라야 하는 상황에서 적절히 대처하는 방법에 대해서 서로가 편차를 인식하는 데 적절한 효과를 발휘하기 어렵다. 또한 주무기관을 어떻게 선정하는가 하는 점도 문제가 되겠다. 그리고 정보수집과 국민들에 대한 홍보전략도 난해하다.[25]

4. 산 · 학 · 관 · 연의 상호협력방안

위에서 살펴본 바와 같이 9.11 테러 이후 테러리즘의 양상은 최첨단화된 대량살상무기와 과학화된 테러기법이 종교, 문화, 정치적으로 사회적 일탈의 방향으로 다양화, 복잡화되고 있다는 것을 우리는 인지하고 있다. 그에 따라 국가기관이 할 수 있는 능력은 한계가 있다고 사료된다. 그 이유로는 국가중요기관이 통제하지 않는 국제적 대기업 시설과 인적자원에 대한 테러의 대응시스템은 국가에서 경호경비를 해 주기에는 능력의 한계가 있기 때문이다. 구체적으로 생물, 생화학, 원자력 등의 최첨단화된 뉴테러리즘의 수단에 대해서는 시급히 민영화된 경호경비 관련분야와 상호 연계하여 체계적인 전략을 수립하여 단계적으로 발전시켜야 할 것이다. 대테러활동에서도 민간부분시설, 다중시설 등이 좋은 예라고 할 수 있겠다. 또한 어떤 분야에서는 공공기관의 시설보다는 민영화된 시설분야가 더욱더 과학적이고 체계적으로 되어 있다는 것은 누구나 다 알 수 있을 것이다. 그 예로 2002한일월드컵 당시 일본은 대부분 경기장의 대테러대응에 민간안전분야의 역할이 주도적으로 이루어졌다는 것이다.[26] 〈표 3-3〉과 같이 경기장의 시설물 출입관리, 수하물 및 반입 물품검사, 긴급상황 대응, 차량검문 및 차량 유도, 기타 안전과 관계된 제반 안전분야활동 등을 책임지게 하였다.[27]

---

25) 전재성, 「외국의 테러경보 발령시스템 실태 및 현황」, 세종정책토론회 보고서, 세종연구소, 2004, pp.135-140.

26) 이윤근, 「범죄예방을 위한 공경비 섹터의 민영화 방안에 관한 연구」, 한국민간경비학회 국제학술세미나, 2003, p.111.

27) 일본전국경비협회, Security Times, 2002년 10월호, Vol. 274, pp.13-14.

〈표 3-3〉 2002년 한·일 월드컵 대회의 일본지역 경기장 민간안전분야활동 현황

(단위: 명)

경기장	경비원 수	정리원 수	소 계	자원봉사자	합계
삿 포 로	870	251	1,121	696	1,817
미 야 기	851	175	1,026	474	1,500
이바라기	902	156	1,058	531	1,589
사이마타	1,031	191	1,222	834	2,056
요코하마	1,397	264	1,661	829	2,490
니 가 타	869	78	947	606	1,553
시즈오카	829	270	1,099	650	1,749
오 사 카	926	225	1,051	586	1,637
고 베	925	174	1,099	449	1,548
오 이 타	883	118	1,001	504	1,505
합 계	9,486	1,902	11,285	6,159	17,444

출처: 일본전국경비협회, Security Times, 2002년 10월호, Vol. 274, p.12.

선진국의 형태로 볼 때 일본 외에도 미국, 영국, 호주, 독일 등 여러 나라에서도 각각의 중요행사 및 회의, 국가주도의 행사에도 민영화된 경호경비 시스템을 도입하고 있는 추세이다. 미국이나 일본의 경우 민간안전분야에 대한 연구지원으로 LEAA(Law Enforcement Assistance Administration)가 「환경 설계에 의한 범죄 예방대책(CPTED: Crime Prevention Through Environmental Design)」을 국가 차원에서 연구 및 지원하고 있어 학문적인 발전뿐만 아니라 범죄예방의 실질적인 분야에 이르기까지 민간안전분야의 역할을 수행하고 있는 한 예라고 볼 수 있다. 우리나라도 국가중요시설에서는 특수경비원제도를 두어서 민영화에 대한 역할을 수행하고 있지만 위에서 살펴본 바와 같이 다양화, 복잡화, 과학화되고 있는 테러의 기법에서 대상, 범위, 수단, 주체 등의 여러 복합적인 요소에 대응하기에는 여러모로 개선·보완해야 할 것이다. 국가 안전에 미치는 시설 규모에 따라서 가, 나, 다급으로 분류하여 경호경비는 군, 경찰, 청원경찰, 특수경비원이 분담하고 있다. 그러나 인적, 물적, 환경적 요인에 대해서는 위에서 설명한 바와 같이 테러에 대응하기는 어렵다고 생각한다. 구체적 대테러 대응방안의 내용은 다음과 같다.

첫째 테러학의 학문적 영역이 구축되어야 한다. 테러학의 내용 영역에서는 이론, 실습, 기타 관련 학문영역으로 구분되어야 하고 전공영역에서는 인문사회, 사회과학, 자연과학으로 나누어져야 하며 세부전공영역으로는 테러역사, 철학, 교육학, 행정학, 법학, 사회학, 심리학, 경영학, 역학, 측정, 자료분석, 생리의학 등으로 세분화하며 학문적 이론영역을 구축할 필요가 있겠다고 사료된다.

둘째, 대테러 전문가 양성이 필요하다. 전문가 양성을 하기 위해서는 대테러 전문관련 전공자를 양성하는 것이 중요하다고 사료된다. 그에 따른 해결방법으로서는 테러관련 전공분야와 경찰 · 경호 · 경비관련자를 중심으로 인력을 양성해야 할 것이다. 대테러관련분야 및 경찰경호 · 경비의 업무가 곧 테러의 대응전략에도 밀접한 관련이 있을 것이다. 전문가를 양성하기 위하여 다음과 같은 전문영역으로 전문가를 교육해야 할 것이다. 테러 전공자들의 주요 과목으로는 테러의 기원, 테러학개론, 국제테러조직론, 테러위해 분석론, 대테러전략전술론, 테러정보 분석론, 사이버테러론, 대테러장비 운용론, 대테러경호경비론, 대테러현장실무, 대테러정책론, 대테러 안전관리이론 및 실제, 대테러법, 생물 · 생화학테러, 대테러 경영론, 대테러 실무사례 세미나 등이 있다. 위와 같이 이런 교과목을 개설하여 대테러 전공자를 대학 또는 대학원에서 체계적으로 양성해야 할 것이다. 따라서 테러학 전공과정을 대학이나 경찰 · 경호관련 학과에서 세분화한 테러학의 접근이 필요할 것이다. 그에 따른 대테러 전문과정과 전문대학원 과정을 신설하여 경찰 · 경호 · 경비 산업을 보다 효율적으로 상호 협력하여 체계적으로 대테러 전문가를 육성해야 될 것이다.

셋째, 대테러 전문가 자격증 제도를 도입해야 한다. 우리나라 자격증의 법적 근거는 자격기본법(법률 제11722호 2013년 10월 6일 일부 개정)과 자격기본법 시행령(대통령령 제24781호)에 있다. 또한 자격제도는 세 가지로 분류된다. 국가가 관리하는 국가 외 검정 불가한 자격인 국가자격증과 민간자격을 국가가 공인하여 국가자격과 같은 혜택을 받을 수 있도록 한 국가공인자격증, 법인체나 사회단체가 교육훈련을 시켜 그 자격을 인정하여 자격증을 부여하는 민간자격증으로 분류된다. 테러의 종류로는 육상 테러, 해상 테러, 공중 테러로 크게 나누지만 세분화하면 수단, 주체, 대상에 따라서 다양하게 테러가 일어나고 있다. 그에 따른 대테러의 전문 자격증 제도는 등급별 차등을 두어 선진국의 민간안전산업에서 전문 자격증이 있는 것과 같이 테러전문 자격증도 통합적으로 운영될 필요가 있을 것 같다. 우선적으로 우리나라의 민간안전분야 자격증인 경비지도사 자격증 종류도 다양화해야 할 필요가 있을 것이다. 그 예로 각 시설별 민간경비 자격증, 교통, 방범, 컴퓨터, 호송경비, 검색 등으로 세분화할 필요가 있을 것이다.[28] 이에 따라서 대테러 전문 자격증도 단계별로 1급, 2급, 3급 자격증으로 구분할 필요가 있을 것 같다.[29]

1. 직무개요 및 자격관리

〈표 3-4〉 대테러전문가 직무개요 및 자격관리

구분		내용
자격종목		한글 : 대테러 전문가(생물, 생화학, 사이버, 해상, 항공, 폭파 등) 영문 : Terrorism Specialist
직무내용		고용주나 시설주가 원하는 장소의 테러방지 및 억제업무 담당 대테러경비안전계획 수립과 지도감독
등급		차등등급제(1, 2, 3급)
자격취득요건	일반	만 20세 이상 자격기본법 제18조의 결격사유가 없는 자
	자격부여	2년제 혹은 4년제 대학의 관련분야 학과 졸업자 및 관련자격증 소지자
검정시기		매년 4월(연 1회)
검정방법		1차 서류전형 및 면접, 신체검사 2차 지정연수원 교육 후 필기, 실기고사 실시
연수교육시간		표준교육과정 총 220시간
최종합격요건		출석률 80% 이상 출석과 과제물 제출, 자체필기고사 합격(70점)

28) 박준석, 「경호학의 학문적 정립을 위한 발전방안」, 제7회 한국경호경비학회 학술세미나, 2001, pp.33-36.

29) 박준석·박대우, 「한국 민간경호경비 관련 자격제도 도입방안」, 제7회 한국경호경비학회 학술세미나, 2004, p.202.

2. 연수내용 및 교육과정

〈표 3-5〉 대테러전문가 연수내용 및 교육과정표

구분	순위	교과명	시간	교과내용	비고
필수	1	범죄대책론 민간경비론 (대테러관련 법규)	30	범죄학 범죄대책론 민간경비기초이론 민간경비 발전사 대테러법 대테러 관련법 정보수집, 분석론	
	2	테러학	50	테러학개론 국제정세분석 국제테러이론 대테러정책론 테러정보분석론 테러의 기원(운용론)	
	3	소방학	14	소방안전 방화관리 위험물취급	
	4	헌법 및 형사법	20	경비업법, 대테러법	
	5	경호무도	14	경호무도, 호신술, 체포술	실기
	6	대테러 현장실무실습	18	대테러현장실무 현장실무사례연구	실기
	7	산업, 안보보안	10	정보보호, 보안업무	
	8	응급처치 및 구급법	6	응급처치원칙 응급을 요하는 증상 기본 인명 구조법	실기
	9	대테러 장비교육	18	대테러장비운용법, 무기조작	실기
	10	대테러안전교육	10	안전교육방법 안전관리매트릭스작성법	
	11	전문영어	10	전문영어	이론 및 실기
	12	컴퓨터관련	20	산업보안 관련과목, IT관련과목	이론 및 실기
계		12개 과목	220		

〈표 3-5〉에 기재된 교과목은 한국민간경비학회 정기세미나에서 발표된 자료[30]를 재구성하여 작성하였다.

3. 대테러전문가 자격대상 요건

〈표 3-6〉 자격대상 요건

구분	자격
1급	대테러 관련분야 전공 대학원 이상 졸업자 2급 취득 후 현장경험 5년 이상 경력자
2급	대테러 관련 전공대학 이상 졸업자, 3급 취득 후 현장경험 3년 이상인 자
3급	고졸 이상 대테러 관련업체 5년 이상인 자, 전문대학 졸업(예정자로) 자격검정과목 이수자

4. 자격검정 시험과목

〈표 3-7〉 자격검정 시험과목

구분	1급	2급	3급
필수	전문영어, 컴퓨터	범죄학, 영어, 국제테러이론, 대테러정책론, 대테러법, 관련이론	범죄학, 영어, 테러학개론, 경호경비관련 이론, 대테러법, 관련이론
전공 이론	현장실무사례연구, 대테러경영기법, 테러와 관련된 국제정치이론	테러의 기원, 테러정보 분석론, 테러위해 분석론, 테러와 관련된 국제정치이론	대테러 장비 운용론, 대테러 현장 실무, 대테러 안전관리론
전공 실기	종합적 매뉴얼의 분석능력 평가	각 전공별 테러상황에 따른 보고서 작성 및 실행능력 평가	대테러 장비 운용능력 평가

30) 박준석, 뉴테러리즘의 국가적 대응전략과 민간경호경비 연계성과 발전방안, 2005년 제7회 한국민간경비학회 정기학술세미나 논문집, 2005, p.58.

위에서 살펴본 바와 같이 우수한 대테러전문가를 양성 및 확보하기 위해서는 실기와 이론을 겸비한 전문가가 필요하다. 실기를 평가한 후 합격한 자로서 단계별 이론 교육을 한 다음 자격시험을 통과하는 기준을 명확히 설정하여 전문가로 양성해야 할 것이다.

5. 자격 취득방법

〈표 3-8〉 자격 취득방법

<table>
<tr><th>구분</th><th>검정절차</th><th>합격기준</th><th>공통사항</th></tr>
<tr><td>1 급</td><td>실기, 면접</td><td rowspan="3">- 필기시험 100점 만점으로 하며, 과목당 60점 이상
- 면접시험 100점 만점에 60점 이상</td><td rowspan="3">• 선발예정인원의 범위 안에서 60점 이상을 득점한 자 중에서 고득점 순으로 합격자를 결정한다.
• 이 경우 동점자로 인하여 선발예정 인원이 초과되는 때에는 동점자 모두를 합격자로 함</td></tr>
<tr><td>2 급</td><td>필기 및 실기, 면접</td></tr>
<tr><td>3 급</td><td>필기 및 실기, 면접</td></tr>
</table>

결론적으로 대테러 전문가의 자격은 많은 분야별로 즉 폭탄테러, 항공테러, 각 분야별시설 테러, 해상 테러, 사이버 테러, 생물 · 생화학 테러 등의 자격증을 세분화해야 할 것이다. 즉 전문성을 가진 사람이 대테러 전문가로서 정보수집, 분석뿐만 아니라 대응체제에 신속히 대처할 수 있어야 한다.

셋째는 민영화된 대테러 연구소가 필요하다. 미국의 국토안보국은 연방지원금 1,200만 달러를 투자하여 메릴랜드 대학, 남가주 대학, 미네소타 대학, 텍사스A&M 대 등의 4개 대학에 대테러연구센터를 설치운영하고 있다. 이 대테러연구센터는 국제테러의 근원적인 발생원인 규명, 테러리스트단체들의 내부조직 및 운영형태의 파악, 테러사전차단방법 등을 집중적으로 연구하고 있다. 또한 국토안보국은 테러범들이 미국 본토를 공격할 수 있는 방법을 정리한 국가기획시나리오를 작성하였는데

이 시나리오는 각종 테러가 실행될 경우에 대비하여 인명피해규모와 경제적 손실의 추정치를 상세하게 분석하고 있다.[31)]

우리나라 또한 민간안전산업의 전반적인 발전방향을 제시하고 테러가 일어나는 세분화된 대응전략에 대해서 방향과 개발을 제시해야 할 것이다. 특히 대테러 매뉴얼화를 위한 국가기관의 연구소를 활성화하여 상호협조체제를 갖춘 대테러 연구소가 필요하다. 국민들의 테러에 대한 이해, 홍보할 수 있는 자료를 만들고 학계가 중심이 되어 지역, 직장, 가정에 이르기까지의 대테러 안전 대책에 대한 매뉴얼을 만들고 긴급대피 준비상황, 비상용품, 신고요령 등에 대한 대규모의 국민적 홍보방법에 대한 연구가 필요하다. 이번 부산 APEC 정상회담과 같이 일부에서는 민간 경호경비업체의 첨단 시스템장비 및 시스템을 활용하여 테러에 대응하는 것을 볼 수 있었다. 이와 같이 민·학·관·연의 협력체제와 종합적인 사회안전 시스템의 발전은 공적 업무를 담당하고 있는 정부기관에서는 효율적으로 대테러 네트워크 구축과 안전 시스템을 활용할 수 있을 것이다.

정보 수집, 정보 분석 측면에서도 공공기관의 주도적인 역할에서 민간 연구소에서 전문가 집단을 토대로 해서 과학적 검증에 의한 정보 분석 기법을 개발하여 테러리스트들의 동향, 조직, 형태, 자금의 이동 경로를 파악한다. 또한 테러리스트의 감시 시스템을 개발하여 국민들의 계몽과 홍보, 신고를 전략적으로 강화해야 한다. 테러 경보체제를 전 국민들이 단계별로 구분하여 대응할 수 있도록 국민들에게 공감대를 형성하고 테러 경보 도입 시 국민들의 불안심리를 고조시키지 않고 일상생활 속에서 쉽게 접근할 수 있는 환경적, 인적, 물적 요인에 대해서 여러 방법을 통한 즉 공청회, 전문가 면담 조사, 설문지 등 다양한 방법을 동원하여 대테러 연구소에서 전략적인 매뉴얼을 개발하여야 할 것이다.

넷째는 대테러 방지법 제정을 위한 민영화의 역할의 중요성이다. 위에서 살펴본 바와 같이 우리나라의 테러 대응 업무는 20개 정부 부처가 각기 수행하고 있어 국가 차원에서 총괄적으로 기획, 조정할 수 있는 위기관리 체제 구축 및 전담 조직이 필

31) 장석현, 국가중요시설의 대테러방안에 관한 연구, 2005년 제7회 한국민간경비학회 정기학술세미나 논문집, 2005, pp.8-9.

요하다. 즉, 주무부서의 명확한 역할이 중요하다. 각 부처의 대테러 업무를 책임질 상설기구가 없고 예방보다는 사후처리에 치중되어 있다는 점과 현재로서는 자금추적, 여행규제, 입국통제, 강제출국, 동향관찰, 감청 등의 활동이 국내법상 거의 불가능한 문제가 있기 때문이다.

국내외적으로 대테러 정책 강화욕구를 충족하기 위해서라도 법적으로 뒷받침할 수 있는 근거는 정당하다고 본다. 선진국에서는 9.11 테러 이후 테러방지 관련법이 강화되고 있다는 것은 널리 알려져 있다. 현재 우리도 여야 의원들이 국회에 발의하여 국회정보위원회에 계류 중이지만 좀 더 보강된 대테러 방지법의 제정이 필요하겠다. 예를 들면 자격제도, 대테러 전문가 양성, 시설, 전문 교육훈련, 행정적인 기구를 대폭 확대하는 내용으로 추가되어야 할 것이다. 여러 시민 단체에서 인권 침해의 논란이 있어서 대테러법 제정이 통과되는 데 논란이 있지만 이러한 역할을 산·학이나 민영화된 연구소 및 센터에서 적극적인 국민들의 계몽활동을 확대하면 지금보다는 우선적으로 상호 신뢰할 수 있는 제도적 방안에 접근하고 국민 공감대를 구축하는 데 도움이 될 것이다.

5. 결론

결론은 다음과 같다. 첫째, 국가적 대응전략에서는 선진국과 같은 통합적인 대테러 센터를 설립해야 한다. 둘째, 미국의 대통령 직속기구로 통합된 국토안보부와 같은 (가칭 : 대테러 안전부) 기구를 만들어야 한다. 셋째, 대테러법에 대한 제정이다. 넷째, 국민과 상호신뢰 회복할 수 있는 대테러 업무 민영화에 따른 협력체제를 만들어야 한다. 다섯째, 테러 경보체제가 필요하다. 여섯째, 주무부서의 총괄화가 필요하다. 일곱째, 국민안전을 보장할 수 있는 통합적 테러안전시스템 구축이 필요하다.

그에 따른 민간안전분야의 상호연계성과 발전방안으로서는 첫째, 대테러 전문가를 양성해야 한다. 둘째, 대테러 전문가 자격증 제도를 도입시켜야 한다. 셋째, 민영화된 대테러 연구소가 필요하다. 넷째, 대테러 방지법 제정을 위한 민영화 역할의 중요성이다.

이상에서 살펴본 바와 같이 우리나라의 대테러 전문가 양성을 위한 민간안전분야의 역할증대 방안에서 본 연구자는 무엇보다도 국가주도형에서 민간안전 관련 분야와 상호 협력하는 체제 또한 학계와 관련하여 상호 보완하는 산·학·관·연의 협력 체제를 구축해 나가는 것이 절실히 필요하고 위에서 제시한 바와 같이 총론적 접근보다는 대테러의 각론적 연구가 시급히 요구되는 것이 현실이다. 그러기 위해서는 테러학의 학문적 정립도 뒷받침이 되어야 할 것이다. 또한 산·학·관·연의 협력에서 민간안전 산업의 전문화, 세분화를 위해서라도 대학이나 민간안전관련 학회 및 협회에서 연구소를 설치해야 한다. 다양한 대테러 전문가를 양성하고 안전분야 관련 종사자들의 의식전환과 대테러 교육 기자재 및 교육내용을 구축해서 특정단체 권한이 아니고 인권침해를 최소화할 수 있는 다각적 검토 연구가 후속연구를 통하여 계속해서 이루어져야 할 것이라 사료된다.

테러학의 학문적 영역의 구축이 필요하다. 테러학의 학문적 범위 연구가 설정되어서 대테러전문가 양성의 체계적 연구가 필요하다. 국가기관 주도형으로 발전하기보다는 민간주도형으로 과감하게 학계와 적극적인 상호협력 방안에 정치적, 종교적, 문화적, 사회적 국제화 등으로 접근해야 할 것이다. 또 후속적인 연구에서는 범죄와 전쟁과 테러의 상호관련에 관한 학문적 연구에 대한 심층 깊은 분야별 연구가 되어 져야 한다. 범죄예방을 위한 민간안전분야의 역할이 중요하다고 생각하고 이에 따른 대테러 대응책의 역할에서의 보안, 경호, 경비 분야의 상호협력 방안도 요인별로 과학적 접근을 통한 연구가 필요하다.

참고문헌

국가정보원, 「2002년도 테러정세」(2003), pp.31-38.

국가정보원, 「테러방지법 설명자료」(2003.12), pp.3-4.

국가정보원, 월간테러정세, 2007년 2월자.

박준석, 뉴테러리즘의 국가적 대응전략과 민간경호경비 연계성과 발전방안, 제7회 한국민간경비학회 정기학술세미나 논문집, 2005, p.58.

박준석, 「경호학의 학문적 정립을 위한 발전방안」, 제7회 한국경호경비학회 학술세미나, 2001, pp.33-36.

박준석 · 박대우, 「한국 민간경호경비 관련 자격제도 도입방안」, 제7회 한국경호경비학회 학술세미나, 2004, p.202.

신의기, 각국의 테러대응책과 우리나라의 테러방지법, 대테러 학술세미나, 2006, pp.110-112.

신의기, 각국의 테러대응책과 우리나라의 테러방지법, 국가정보원, 2006, pp.115-116.

이대우, 「한국의 국가안보와 대테러대책」, 세종정책토론회 보고서, 세종연구소, 2004, p.167.

이상현, 「21세기 안보환경 특성과 테러위협」, 세종정책토론회 보고서, 세종연구소, 2004, p.28.

이윤근, 「범죄예방을 위한 공경비 섹터의 민영화 방안에 관한 연구」, 한국민간경비학회 국제학술세미나, 2003, p.111.

이황우 · 곽대경, 「부산 APEC 정상회의에 대비한 대테러 · 안전대책에 관한 연구」, 한국공안행정학회 제21호, 2005, p.296.

장석현, 국가중요시설의 대테러방안에 관한 연구, 2005년 제7회 한국민간경비학회 정기학술세미나 논문집, 2005, pp.8-10.

전재성, 「외국의 테러경보 발령시스템 실태 및 현황」, 세종정책토론회 보고서, 세종연구소, 2004, pp.135-140.

제성호, 「9.11 테러이후 미국의 대테러 대응체계 변화」, 대테러연구논총 제2호, 국가정보원, 2005, p.17.

체재병, "국가테러리즘과 군사적 대응", 「국제정치논총」 제44집 2호(2004), pp.57-61.

한국형사정책연구원, 각국의 구속제도, 1991, pp.136-138.

일본전국경비협회, Security Times, 2002년 10월호, Vol. 274, pp.12-14.

Anti-terrorism, Crime and Security Act 2001 테러법 제58조 13-18항, 제89조.

법규명령 95-1211, 91-1051, 91-1052.

A. Vercher, Terrorism in Europe: An International Comparative Legal Analysis, Oxford: Clarendon Press, 1992, pp.320-321.

John O. Brennan, "Terrorist Threat Integration Center Statement"(2003.7.8), Washington Post, January 29, 2003.

The Department of State, Fact Sheet: Bush to Create Terrorist Threat Integration Center, January 28, 2003.

The U.S Department of Homeland Security, Securing Our Homeland, 2004, p.3.

제 4 장

다중이용시설의 테러위협 확대에 따른 대응 및 개선 방안

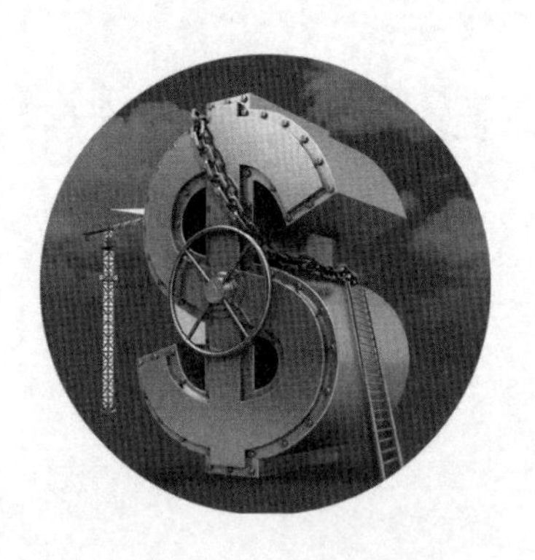

제4장 다중이용시설의 테러위협 확대에 따른 대응 및 개선 방안

1. 서론

역사적으로 오랫동안 대부분의 국가들은 '안보(Security)'란 외부의 위협에 대처하기 위해 군사적 수단으로 국가를 방위하는 것으로 인식해 왔다.

그러나 지금은 상호안보와 공동안보, 그리고 더 나아가 협력적 안보정신의 세계적 확산과 그에 바탕을 둔 포괄적인 국민의 안전과 보호를 위해 안보의 개념을 종합적으로 넓게 해석해야 할 것이다.[1]

이러한 시대에 맞추어 국내적으로는 천안함, 연평도, 구제역, DDos 테러, 해적피랍, 광우병, 조류독감 등과 남북관계의 인도적 지원과 남북 정상회담의 추진이 답보상태로 빠져 있다. 이런 가운데 남북 간의 긴장 고조는 중국, 일본, 한국 등 동북아 정세에 남북관계의 긴밀한 화해의 장이 열려 의사소통이 되어야 할 것이다.

그 예로 지난 2010년 11월 서울 강남 코엑스에서 G20 정상회담과 국제기구가 참여하는 여러 행사를 개최하였다. 올해는 대구 세계육상선수권대회 등 국제행사를 성공리에 개최하였다. 앞으로 여수 엑스포, 핵 안보 정상회담 및 국제적인 대규모 행사를 국내에서 개최할 계획이다. 이에 따른 장소가 다중이용시설에 집중되어 있다. 국제적으로 중동, 아프리카, 아시아에서 불고 있는 재스민정책에 의한 시대적 변화에 따라 동북아의 중요성이 대두되는 현 시점에서 국제적으로 우리나라의 위치와 위상은 계속해서 증대되고 있는 현실이다.

---

1) 임진택, "국가위기관리 체계 및 단계별 분석"(인하대학교 행정대학원 석사학위논문, 2009).

국가안보적으로도 남북 관계 및 아프간 추가 파병 등의 민감한 국제적인 긴장을 한시라도 늦추어서는 안될 것이다. 또한 국가중요시설 및 핵심 기반 시설뿐만 아니라 일반 국민들이 가장 많이 모이는 장소와 불특정 다수의 대상과 도구에 대한 테러기법이 아주 다양하게 이루어지고 있다. 이에 따른 국제회의장, 호텔, 고층건물, 리조트, 카지노 등의 다중이용시설에 대한 폭발물이나 화생방 테러 및 사이버 테러에 대한 위협이 국가시설 및 업무시설, 주거시설 등의 테러위협과 국민들의 안전을 제공할 의무가 있다. 특히 다중이용시설에 대한 대테러법과 소방화재에 관련된 자연재난, 인적 재난 등의 복합적인 안보에 대응하는 전반적인 제도적, 정치적 등의 발전방안이 구체적으로 제시되어야 할 것이다.

최근 초대형 건물과 지하공간의 확장, 대형다중이용시설 등의 증가로 안전 및 대테러 대응에 대한 기준강화 및 실정에 맞도록 제도적 뒷받침이 필요하다고 사료된다.

2. 국내 테러 환경 변화 및 다중이용시설 현황

1. 국내 테러 환경 변화

우리나라에서 테러가 발생한다면 북한에 의한 것이 많은 비중을 차지할 수 있다. 이러한 북한에 의한 테러는 크게 북한이 직접테러를 자행하는 방법과 여타 테러조직을 후원하는 방법으로 구분할 수 있다. 북한에 의한 직접 테러는 다시 국내에서의 테러와 해외에서의 테러로 나누어볼 수 있으며, 간접적인 방법으로는 국제테러조직을 이용하여 테러할 가능성도 있다.

국내에서는 불법체류자 근로자가 약 26만 5천8백여 명에 이르고, 위 · 변조 여권 소지혐의로 연간 5천여 명이나 적발되는 추세이며, 〈표 4-1〉에서 보듯 외국인에 의한 강력범죄율이 높아지고 있어 외국인의 테러자행 가능성도 배제할 수 없는 실정이다. 귀순자 및 탈북자가 현재 7천여 명 활동하고 있으나, 일부는 자본주의 시장원리에 의한 사회 적응에 한계를 느끼고 있는 상황에서 자생적 극단주의로 전환될 가능성을 결코 배제할 수 없을 것이다.

〈표 4-1〉 외국인 범죄 단속현황

(단위: 명)

구분	계	살인	강도	강간	절도	폭력	지능범	마약류	기타
2004년	9,103	60	157	52	825	2,424	1,965	218	3,402
2005년	9,042	42	124	62	821	1,919	3,340	152	2,582
2006년	12,657	72	107	68	971	2,483	6,229	73	2,654
2007년	14,524	54	118	114	1,213	3,369	5,685	231	3,740
2008년	20,623	85	133	114	1,343	4,940	7,472	694	5,842
2009년	23,344	103	260	126	2,001	5,322	4,792	778	9,962
2010년	22,543	83	221	156	1,741	5,885	4,487	720	9,250
2011년	26,915	103	157	308	1,766	7,830	3,549	243	12,959
2012년	24,379	87	188	355	1,682	8,408	3,187	233	10,239

출처: http://police.go.kr/portal/main/contents.do?menuNo=200195(검색일자 2014.1.26).

개인총기소지자 28만 8천 정, 화약류 취급소 1,388개소가 전국에 펼쳐져 있는 상황에서 사제폭발물 제조기술이 담긴 동영상이 전국에 확산되어 있는 상황이고, 이를 모방하여 2011년 5월 12일 서울강남고속버스터미널과 서울역에서 사제 폭탄으로 인한 사건이 있었다. 게다가 북한과 대치하고 있는 우리에겐 심각한 제2의 서해5도 교전, 천안함 폭침과 연평도 포격 등과 같은 북한도발이라는 위기요인이 항상 도사리고 있다.[2)]

2013년 경찰청 테러현황에 관한 통계자료는 〈표 4-2〉와 같다.[3)]

2) 김두현 · 안광호, "다중이용시설의 대테러 안전대책", 한국경호경비학회, 『한국경호경비학회지』, 제22호, 2009, p.39.

3) 경찰청, http://police.go.kr/portal/main/contents.do?menuNo=200194(검색일자 : 2014.1.26).

〈표 4-2〉 경찰청 테러현황

2012년 인명피해

구 분	건	사상자 계	사망	부 상
계	3,914	29,459	9,843	19,616

발생지역

구 분	계	아 · 태	중 동	유럽(구주)	미 주	아프리카
계	3,914	1,410	2,116	74	75	239

테러유형

구 분	계	납 치	방 화	암 살	무장 공격	폭 파	기 타
계	3,914	136	18	80	1,815	1,801	64

사용무기

구 분	계	중화기	총기류	폭발물	화염병	기 타
계	3,914	286	1,375	2,036	10	207

테러대상

구 분	계	중요인물	군 · 경 (관련 시설)	국가 중요 시설	외국인 (외국시설)	교통 시설	다중 이용 시설	민간인 (기타)
계	3,914	111	1,591	264	259	61	100	1,528

출처: http://police.go.kr/portal/main/contents.do?menuNo=200194(검색일자 2014.1.26).

2004년 8월 말 안사르 알 순나[4] 또한 국가정보원은 알카에다 조직원이 지난 10년 사이 두 차례에 걸쳐 한국에 들어온 일이 있다고 밝히기도 했다.[5]

국정원 대테러정보센터의 자료에 의하면 테러 대상에서도 2012년 총 3,914건에서 군 · 경 관련시설이 1,591건, 민간시설이 1,528건, 외국인시설이 259건, 중요인

4) 이 테러 단체는 안사르 알 이슬람에서 갈라져 나온 것으로 추정되는 단체로 지금까지 2004.2.1 아르빌 당사 폭탄테러로 109명의 사상자 발생. 네팔 근로자 12명을 살해, 2004.8.31 살해 장면을 비디오로 공개하는 등 무자비한 테러단체이다.

5) 한겨레, 2003년 11월 20일.

물이 111건, 교통수단이 61건, 다중이용시설이 100건, 국가중요시설이 264건으로 나타나 있다.

위에서 나온 도표와 같이 테러대상 유형별 통계에서 다중이용시설(교통시설, 민간시설, 외국인시설)의 비중이 계속해서 증가하고 있는 추세이다. 국가중요시설보다는 일반 시민이 모이는 불특정다수의 목적과 대상 수단이 민간인 다중이용시설로 계속해서 증가하고 있는 것을 알 수 있다. 이에 따라 국내에서도 다중이용시설과 관련한 법제정 및 개정을 통한 제도적으로 만들어져야 한다.

오늘날 국가 간의 협상, 특히 다수 국가 간의 협상의 증대로 인하여 국제회의가 빈번히 개최됨에 따라 회의 관행 및 절차도 표준화의 경향을 보이고 있으며, 국제회의 시 국제정세의 다양한 테러 사건들로 인하여 안전문제가 중요시되고 있다. 만일 국제적인 무장 테러단체의 테러리스트가 국내에 들어온다면 효과적으로 대처할 능력을 갖추고 있는지 명확하게 답을 내리기는 쉽지 않을 것이다.

2. 다중이용업의 정의 및 현황

1) 다중이용업의 정의 및 범위

다중이용업소의 안전관리에 관한 특별법의 제1조(목적)는 이 법은 화제 등 재난이나 그 밖의 위급한 상황으로부터 국민의 생명, 신체 및 재산을 보호하기 위하여 다중이용업소의 소방시설 및 안전시설 등의 설치, 유지 및 안전관리와 화재위험평가, 다중이용업주의 화재배상책임보험에 필요한 사항을 정함으로써 공공의 안전과 복리 증진에 이바지함을 목적으로 한다. 제2조(정의) 이 법의 사용하는 용어의 뜻은 다음과 같다. "다중이용업"이란 불특정 다수인이 이용하는 영업 중 화재 등 재난 발생 시 생명・신체・재산상의 피해가 발생할 우려가 높은 것으로서 대통령령으로 정하는 영업을 말한다.[6]

---

6) 다중이용업소의 안전관리에 관한 특별법 [시행일 : 2013.3.23] 제1조, 제2조, 제9조.

제9조(다중이용업소의 안전관리기준 등) 다중이용업주 및 다중이용업을 하려는 자는 영업장에 대통령령으로 정하는 소방시설 등, 영업장 내부 피난통로, 그 밖의 안전시설(이하 "안전시설등"이라 한다)을 안전행정부령으로 정하는 기준에 따라 설치 · 유지하여야 한다. 이 경우 대통령령으로 정하는 숙박을 제공하는 형태의 다중이용업소 영업장에는 소방시설 중 간이스프링클러설비를 안전행정부령으로 정하는 기준에 따라 설치하여야 한다.

최근 10여 년간의 사고를 보더라도 1995년 서울 삼풍백화점 붕괴, 1995년 대구 지하철 공사장 폭발, 1999년 화성 씨랜드 청소년 수련원 화재, 2003년 대구지하철 화재, 2010년 부산초고층화재사건, 2011년 서울역, 강남터미널 폭파사건 등 다양한 다중이용시설물에 대한 사고가 발생하여서 수많은 재산피해와 인명피해를 초래한다. 불특정 다수가 이용하는 다중이용시설에서 발생하는 사고는 대부분 재산적 손실이나 인명피해뿐 아니라 사회 전체의 불안감을 조성해서 막대한 사회비용을 발생시키는데, 최근 들어서는 테러 혹은 준 테러 성격의 반사회적 범죄위협이 다중이용시설에서 크게 증가하는 양상을 보이고 있어서 이에 대한 대비가 절실히 요구된다.

2) 다중이용시설의 현황

〈표 4-3〉 다중이용업 현황

구분	총계	휴게음식점		제과점		일반음식점		유흥주점	단란주점	영화상영관	비디오물감상실업
		지하 66㎝ 이상	지상 100㎡ 이상 (1층, 피난층 제외)	지하 66㎡ 이상	지상 100㎡ 이상 (1층, 피난층 제외)	지하 66㎡ 이상	지상 100㎡ 이상 (1층, 피난층 제외)				
계	178,564	4,390	2,249	119	58	15,506	38,136	29,193	14,539	331	1,286

비디오물소극장업	학원				목욕장업		게임제공업	게임시설제공업 인터넷 컴퓨터 PC방	복합유통게임제공업	노래연습장	산후조리원	권총사격장	골프연습장	안마시술소
	수용인원 300 이상	100인 이상 300인 미만			수용인원 100 이상	찜질방업								
		(1) 기숙사	(2) 학원	(3) 다중이용업소										
38	1,733	14	704	442	859	1,338	3,523	20,872	251	36,759	463	9	5,091	661

3. 대형화재 취약대상

1) 대형화재 취약대상이란?

대형건축물, 가연성 물질을 대량으로 저장취급하거나 다수의 인원이 출입, 사용하는 대상물로서 화재가 발생할 경우 많은 인명 및 재산피해가 발생할 우려가 높아 특별한 관리가 필요한 소방대상물을 말한다.

2) 선정기준

〈표 4-4〉 선정기준 표

대상별	대형대상 선정기준
유흥주점	- 지하층 또는 지상 5층 이상의 층에 설치된 바닥면적 $330m^2$ 이상으로 인명피해 및 화재의 위험도가 많은 곳(기타 층은 $500m^2$ 이상)
영화상영관	- 상영관 10개 이상 또는 관람석 500석 이상, 하층에 설치된 것
판매시설	- 시장, 백화점 및 대형할인매장 등 연면적 $10,000m^2$ 이상
숙박시설	- 5층 이상으로 객실이 50실 이상(동일한 건물 내에 다중이용업소가 있는 경우는 객실 30실 이상 대상)
병 원	- 5층 이상의 종합병원, 한방병원, 요양소로서 병상 100개 이상
공장 및 창고	- 하나의 건축물로서 연면적 $15,000m^2$ 이상 (창고시설의 경우 샌드위치 판넬조 물류 또는 냉동, 냉장창고에 한함)
위험물 저장 및 처리시설	- 지정수량 3,000배 이상의 위험물을 저장, 취급하는 사업장
복합건물	- 연면적 $30,000m^2$ 이상 (주상복합 건물로서 주택부분 면적 제외하되, 아파트 및 상가가 사용하는 계단이 동일한 경우에는 주택부분을 면적에 산입)
고층건축물	- 11층 이상(아파트 제외)
기타 건축물	- 고시원(독립방이 100실 이상이거나 지하층에 있는 것) - 기타 다중이용업소(영업장 면적 $330m^2$ 또는 룸 수 30실 이상) - 노유자, 장애인수용시설(바닥면적 $330m^2$ 이상 또는 연면적 $1,000m^2$ 이상으로 수용인원 100인 이상) - 지하상가(연면적 $1,000m^2$ 이상) - 기타 소방서장이 지정하는 곳

3) 선정방법

소방관서 자체심의 위원회를 구성하여 화재위험도 및 소방시설 분야 등 안전관리 측면에 대하여 종합적 판단으로 선정

- 위원장 : 주무과장
- 위원 : 소방위 8명 이상(예방실무 담당계장 간사)[7)]

4) 다중이용시설의 테러대응 문제점[8)]

최근 발생되는 국제 테러의 양상을 보더라도 시민들의 일상생활의 일부라 할 수 있는 다중이용시설을 대상으로 한다는 점에서 그 피해의 심각성은 매우 크고 또한 아무런 예고도 없이 불특정 다수인에게 행해진다는 점에서 다중이용시설에서의 테러 공포는 상상을 초월하고 있다. 다중이용시설의 발전 동향을 토대로 다중이용시설의 문제점을 살펴보면 다음과 같다.

첫째, 도심 밀집화와 출입통제의 어려움을 들 수 있다. 대지가 제한되고, 인접 건물에 밀집한 도심의 다중이용시설은 부지경계와 도로와의 사이에 충분한 이격거리를 확보하기가 어려워서 차량을 이용하여 도로에서 돌진하는 차량 폭발물 테러에 취약할 수 있다는 문제가 있다. 다중이용시설 측에서는 고객의 편리성을 증대시키기 위해 지하철, 버스, 승용차 등 다양한 수단을 이용하는 고객이 진출입하기 위해 많은 진출입로를 설치하고 있다. 앞에서 설명하였듯이 국내 다중이용시설에서 가장 발생할 개연성이 높은 테러 유형이 휴대용 가방에 적재한 폭발물, 혹은 인화물질을 이용한 테러라고 할 때, 진출입로에서의 감시, 통제가 매우 중요한데, 편의를 위해 증가하는 진출입로는 출입통제의 어려움을 야기한다.

둘째, 다중이용시설의 대형화 · 복합화의 문제이다. 다중이용시설을 주로 사용하는 사람은 내부 공간구조에 대한 친숙도가 떨어지는 사람이 대부분일 것으로 예측된다. 시설물에 대한 친숙도가 낮고 공간구조 자체가 복잡한 미로형태이므로 대부

---

7) 소방방재청, 소방행정자료 및 통계, 2011.1.1.

8) 이경훈, "다중이용시설의 발전동향에 따른 테러위협 대비방안", 대테러정책 연구논총 제7호, 2010, pp.202-207의 재구성.

분의 다중이용시설 이용자는 전체 시설의 평면구조를 파악하지 못하며, 따라서 비상시에 피난시간이 지체됨에 따라 많은 인명피해를 낼 위험성이 존재한다.

셋째는 초고층화 및 지중화의 문제점을 지적할 수 있다. 초고층 건축물은 냉난방 및 환기를 중앙에서 공급하는 시스템으로 되어 있으며, 이러한 중앙식 공조시스템은 발화지점에서 발생하는 연기나 유독가스를 전 건물 내로 급속히 확산시킬 수 있다.

사고 발생 시 엘리베이터를 이용하지 못하고 피난 계단을 통해 피난을 하게 되므로 지상 피난층까지 도달하는 시간이 일반 건물보다 몇 배 이상 소요되며, 많은 인원이 동시에 계단으로 몰리게 되므로 압사사고 등 큰 인명피해의 위험이 존재한다. 또한 불과 연기의 확산속도는 일반적으로 수평방향으로는 매초 0.8~1미터이므로 수평대비를 할 경우 빠른 걸음으로 보행함으로써 불과 연기로부터 대피가 가능하지만, 연기의 수직방향으로의 확산속도는 매초 3~5미터로 인간의 계단 강하속도(매초 0.25미터)의 약 12~20배 정도[9]이므로 연기를 효과적으로 배출시켜 주지 않는 한 옥내 일반계단을 통해 피난하는 것이 매우 어렵다.

또한, 지중화에 따른 문제점은 지하공간 특유의 폐쇄성으로 인해 대부분의 사람에게 심리적 부담감을 주며, 더욱이 암전을 동반하는 폭발이나 화재와 같은 테러가 발생했을 때에는 심리적 패닉현상을 일으키기 쉽다. 동시에 외부로 개방된 창문이나 출입구 등의 개구부가 제한됨에 따라 폭발이나 화재 발생 시 폭발압, 연기, 열들이 분산, 배출되지 않고 지하공간 내에 잔류하게 되므로 이로 인한 피해가 확대될 수 있다. 지하공간의 연기배출을 위해 소방시설 설치유지 및 안전관리에 관한 법률 시행령에 따라 제연설비(기계식 배연설비만을 말함)를 적용하도록 규정되어 있으나 그 성능이 효율적이지 못하여 여러 화재 사례에서 유독성 연기에 질식하여 많은 인명피해를 초래한 것을 볼 수 있다.[10]

---

9) 백민호, 초고층 건물의 방재계획, 방재연구, 제5권 3호, 2003.

10) 박형주 외, 공공지하생활공간의 피난・배연 및 유해가스 제거측면 방재성능개선을 위한 국・내외 관련 제도 연구, 대한건축학회 논문집, 제24권 5호, 2008.

3. 다중이용시설의 테러대응실태 및 발전방안

1. 다중이용시설의 대테러 관련 법령의 내용 확대 및 제정

현재 우리나라의 국가위기와 관련된 관계법령은 전면전쟁(비상대비자원, 전시자원동원법) 국지도발 및 사회혼란(향토예비군법, 민방위법), 적 침투도발(통합방위법), 재난(재난 및 안전관리 기본법), 국가핵심 기반태세 위협(개별법령, 국가위기관리 기본지침), 테러(대테러지침. 대통령훈령 제47호)로 나누어볼 수 있다(이성순, 2006: 66).

위와 같이 테러에 관련한 내용을 볼 때, 모든 내용은 대통령 훈령으로만 되어있다. 즉, 직무상 내리는 명령으로 상위법을 위반할 수 없으므로, 테러 대응에 대한 효과적인 대처를 할 수 없다는 것이 가장 큰 문제점이다. 또한 현존하는 법령은 각 기관별, 조직별, 대상별 상황에 따른 현안별로 다루어지고 있어서 관련법령들이 체계화되어 있지 못하고 무질서하게 난립되어 있다고 볼 수 있다.

먼저 경찰 대테러 활동의 개념 및 관련규정을 살펴보면 경찰 대테러활동이란 정치적 · 사회적 목적을 가지고 그것을 달성하거나 상징적 효과를 얻기 위해 인적 · 물적 요소에 위해를 가하는 행위를 사전에 예방하고 차단하는 경찰활동을 말한다. 관련법을 보면 국가대테러활동지침(대통령훈령 제256호), 국가위기관리 기본지침(대통령훈령 제124호), 국가대테러활동세부운영규칙(경찰청훈령 제456호), 국내일반테러 위기대응 실무매뉴얼(경찰청 위기관리센터), 테러 위기대응(지원) 실무매뉴얼(경찰청 위기관리센터)로 이루어져 있다.[11]

또한 법의 이원화로 인한 안전의 문제가 발생하고 있다. 안전을 위한 시설인데 통제받는 법률은 달라서 그로 인해 문제가 발생한다. 소방법을 기초로 제정된 '다중이용업소의 안전관리에 관한 특별법'은 소방시설만을 규정하고 있고 '건축법'에서 피난시설에 대한 규정을 하고 있기 때문에 이에 대한 추가 설치 및 관리가 매우 어려운 현실이다.

---

11) 경찰청테러예방교실, http://cta.police.go.kr:8080/know/know/step.jsp(검색일: 2014.1.26).

그리고 국가위기관리지침과 대테러활동지침 등은 훈령으로 제정되어 있어서 실질적으로 각 비상사태업무를 수행할 때 상위법인 법률에 근거하기 때문에 기존 법령이 그대로 적용되고 있다. 비상사태와 관련한 개념이 불명확하여 포괄적인 안보의 영역이 법률적으로 서로 상이한 상태에 있다. 또한 각종 비상사태에 대한 용어가 난립되어서 국민적 공감대를 만들어가는 데 불리한 여건에 처해져 있다. 즉 군사적 용어와 평시 재난에 대한 내용을 정비할 필요가 있다.[12)]

2008년 10월 28일 18대 국회에 제출한 테러방지 법안에 대해서 국가인권위원회, 대한변호사협회, 민주화사회를 위한 변호사 모임, 일부 시민단체에서 테러와 테러단체의 개념이 모호하기에 대테러 활동범위가 지나치게 확대될 위험성이 크다는 점, 또한 테러의 진압 등을 위해 특수부대와 군 병력이 헌법에 정한 계엄에 의하지 아니하고 동원될 수 있다는 점, 테러방지법을 명분으로 국정원의 수사권이 확대될 수 있다는 점과 외국인에 대한 감시 및 차별이 강화된다는 점, 그리고 테러대응을 위한 기존 법제기구와의 중복 및 예산의 낭비가 초래될 수 있다는 점 등을 이유로 강력하게 반대하는 입장을 밝혔다.[13)]

이와 같이 국가의 위기관리와 국민의 안전을 위해서는 국익차원에서의 통합된 국가 대테러 활동에 관한 기본 법안을 시급히 제정할 필요가 있다고 사료된다. 특히 본 주제에 의한 다중이용시설에 관련된 여러 법이 있지만 통합된 국가 대테러 활동에 관한 법령은 세분화되어 있지 않은 것이 현 시점이다. 테러가 발생하기 이전의 시점에서 예방하는 차원이 가장 중요하다고 생각한다. 테러가 일어난 후에 대응과 복구 측면은 경제적 손실과 정치적으로 국가와 국민에게 치명적인 손실을 볼 수 있을 것이다. 이에 따라 전체적인 틀에서 반대하는 입장을 서로 대화와 이해를 통해서 국가와 국민을 우선으로 하는 관련법령이 꼭 제정되어야 할 것이다.

---

12) 김종만, “한국의 비상대비체제 발전방안에 관한 연구”, 한국외국어대학교 정치행정언론대학원 석사학위논문, 2009, pp.22-27.

13) 조성제, 국민의 기본권 보장과 국가안보를 위한 방안으로써 테러방지법 재정에 관한 연구, 세계헌법연구 제15권 1호.

2. 대테러 정보조직 체계화 및 정립

대테러활동은 테러 관련 정보의 수집, 테러혐의자의 관리, 테러에 이용될 수 있는 위험물질의 안전관리, 시설 · 장비의 보호, 국제행사 안전 확보, 테러위협에의 대응 및 무력진압 등 테러예방과 대응에 관한 제반 활동이라고 말할 수 있다.

테러예방을 위한 대테러업무의 핵심은 정보이다. 따라서 테러예방을 효과적으로 수행하려면 국가의 정보수집역량을 강화시켜야 한다. 이를 위해서 테러정보의 통합관리 시스템이 구축되어야 한다. 각급 부분 정보기관이니 행정집행기관이 지득한 정보사항 중 테러관련 정보가 한곳으로 집합되어 정확하게 종합분석될 수 있도록 시스템을 구축해야 한다. 즉, 테러에 대응하는 데 가장 중요한 것은 테러 대응책을 구축하는 실무적이고 총괄적인 수행을 할 수 있는 조정기관이 필요하다는 것이다. 현재 국회에 상정되고 있는 법안에 대테러센터가 그 기능을 맡고 있는데, 세부 기능으로 테러관련 국내외 정보의 수집 · 분석 · 작성 및 배포, 테러에 대한 대응대책 강구, 테러징후의 탐지 및 경보, 대책회의 · 상임위원회의 회의 및 운영에 필요한 사무의 처리, 외국 정보기관과의 테러관련 정보협력, 그 밖에 대책회의 · 상임위원회에서 심의 · 의결한 사항 등을 명시하고 있다.

이를 위해서 대테러센터와 같은 실무를 총괄할 수 있는 조직을 구축하여 국내외에서 국가의 안전이나 국민의 생명과 재산을 침해할 수 있는 테러의 위협 또는 그 징후 등을 통합 관리할 수 있는 체계를 유지하여야 한다.

또한, 테러위험인물에 대한 정보차원의 확인활동 기능을 부여해야 할 것이다. 수사기관은 물론 정보기관의 직원도 테러단체의 구성원으로 의심할 만한 상당한 이유가 있는 자에 대하여 출입국 · 금융거래 및 통신이용 등 관련 정보를 수집 · 조사 · 수사할 수 있도록 해야 한다.

다만 권한의 남용으로 인한 인권침해 소지를 최소화하기 위해 출입국 · 금융거래 및 통신이용 관련 정보의 수집 · 조사에 있어서는 「출입국관리법」, 「특정금융거래정보의 보고 및 이용 등에 관한 법률」, 「통신비밀보호법」의 규정에 따르도록 해야 할 것으로 생각된다. 통신비밀보호법을 개정하여 테러혐의자에 대한 통신제한조치도 가능하도록 해야 한다.

또한, 검찰, 변호사협회에서 반대하고 있는 수사권에 대한 내용은 테러정보 수집에서의 예방 대비 차원의 수사의 권한은 부여할 필요가 있겠다.

특히 국가중요시설과 많은 사람이 이용하는 시설 및 장비에 대한 테러예방대책과 테러의 수단으로 이용될 수 있는 폭발물·총기류·화생방물질 등에 대한 안전관리 대책은 너무나 그 범위가 막연하고 다양하기 때문에 각급 기관별 임무와 기능을 명확하게 정립하여 사각지대가 발생하지 않도록 해야 한다. 이에 따라서 통합적으로 정보를 수집하고 분석하며 평가하는 등 정보에 관련된 모든 부분을 국가기관 중에서 국가정보원이 통합하여 정보를 효율적으로 예방, 대응, 복구 및 사후처리를 효과적으로 처리할 수 있을 것이다. 즉, 국가 간, 정부기관과의 상호협력으로 정부의 효율적인 예산과 구조적인 기능을 극대화할 수 있을 것이라고 사료된다.

3. 다중이용시설의 테러 대응 부재에 의한 사례

다중이용시설은 불특정다수가 출입을 하기 때문에 신원을 파악한다는 것은 사실상 불가능하며, 특정장소의 의심스러운 물품 확인도 쉽지 않다. 다중이용시설에 대한 이용도는 과거에 비하여 급속도로 높아진 상태이기 때문에 테러의 주요 목표물로 활용될 가능성 또한 증가되었다.

이에 따라 테러 등 대비태세 확립으로 안전도 확보를 위하서는 기계적 감시시스템의 강화와 활용뿐만 아니라 인적 안전요원의 전문성 강화와 근무에 대한 책임감을 높여 취약지역에 대한 감시와 관리를 철저히 할 수 있게 해야 한다.

이러한 다중이용시설 공간에 대한 관리·감독·관찰의 소홀에서 오는 사고 발생의 유사 사례는 국내에서도 적지 않게 발생하였다. 2011년 10월 17일 서울 송파구 마천동의 한 아파트 지하주차장에서 노숙자가 차량에 깔려 압사한 경우나 신호설비 장애로부터 시작된 KTX광명역 탈선사고, 레일 유지보수 미흡으로 인한 전동차 죽전역 탈선사고 등 시설로 인한 사고[14], 또한 부산 지하철의 회로 차단기에서 발생한 불꽃으로 인해 7개 구간에서 1시간여 동안 운행이 정지되는 등의 사고, 최근 국외의

---

14) http://www.constimes.co.kr/news/articleView.html?idxno=58633(검색일자: 2014.1.26).

주요 테러 사건 내용을 살펴보면 2005년 런던에서 발생한 지하철 테러사건, 2004년 190여 명이 희생된 스페인의 열차 폭탄사건, 2008년 인도 뭄바이 시내에서 일어난 폭탄 테러와 무장대원 10명의 총격, 2010년 인도 뉴델리의 모스크에서 오토바이를 탄 무장대원의 관광버스 총격, 2011년 뭄바이 도심 3곳에서 일어난 동시다발 테러 등[15] 이러한 예로 볼 때 사전에 다중이용시설의 예방, 점검, 복구 단계의 철저한 예산확보 및 관리 감독이 중요하다.[16]

다중이용시설에서 테러가 일어날 경우 환경의 특수성 때문에 현장시설 정보가 부족하여 효과적인 현장대응이 어려울 수 있다. 그러나 현재 대부분의 다중이용시설에는 대테러 발생 시 행동요령과 대응 절차에 대한 표준 매뉴얼이 없는 상황이다. 또한 다중이용시설의 관리담당자와 관련부서 담당자와의 협조체계가 잘 갖춰져 있지 않은 실정이다. 따라서 다중이용시설에 대한 테러발생 가능성 및 피해를 감소시킬 수 있도록 사전에 초기대응계획, 행동요령, 표준행동절차 등을 의무적으로 작성하도록 하고 이러한 내용들을 메뉴얼화하여 사전에 제공하여야 한다.

대테러 관련 인력의 활용, 대테러 기관의 업무, 테러유형별 대응요령 그리고 국민들의 대테러 행동지침에 대한 매뉴얼의 구체적인 보강 등 국가와 국민을 보호하는 대테러 매뉴얼에 대해 체계적으로 검토하여 세부적이고 실질적인 표준화된 매뉴얼을 개발하고, 다중이용시설의 테러 취약지역의 감시와 순찰을 강화하기 위해 기존의 문제점을 파악하여 개선함으로써 테러 취약요소를 최소화해야 할 것이다.

4. 질적 향상을 위한 민간경비의 역할과 발전방안

대테러활동에서도 민간부분시설, 다중시설 등이 좋은 예라고 할 수 있겠다. 또한 어떤 분야에서는 공공기관의 시설보다는 민영화된 시설분야가 더욱더 과학적이고 체계적으로 되어 있다는 것은 누구나 다 알 수 있을 것이다. 그 예로 2002한일월드컵 당시 일본은 대부분 경기장의 대테러대응에 민간경비의 역할이 주도적으로 이루어졌다고 한다.[17]

---

15) http://www.seoul.co.kr/news/newsView.php?id=20110715022018(검색일자: 2014.1.26).
16) http://www.ytn.co.kr/_ln/0115_201111010038262304(검색일자: 2014.1.26).

선진국의 형태로 볼 때 일본 외에도 미국, 영국, 호주, 독일 등 여러 나라에서도 각각의 중요행사 및 회의, 국가주도의 행사에도 민영화된 경호경비 시스템을 도입하고 있는 추세다. 미국이나 일본의 경우 민간경비에 대한 연구지원으로 LEAA(Law Enforcement Assistance Administration)가 「환경 설계에 의한 범죄예방대책(CPTED : Crime Prevention Through Environmental Design)」을 국가차원에서 연구 및 지원하고 있어 학문적인 발전뿐만 아니라 범죄예방의 실질적인 분야에 이르기까지 민간경비의 역할을 수행하고 있는 한 예라고 볼 수 있다. 우리나라도 국가중요시설에서는 특수경비원 제도를 두어서 민영화에 대한 역할을 수행하고 있지만 위에서 살펴본 바와 같이 다양화, 복잡화, 과학화되고 있는 테러의 기법에서 대상, 범위, 수단, 주체 등의 여러 복합적인 요소에 대응하기에는 여러모로 볼 때 개선·보완해야 할 것이다. 국가 안전에 미치는 시설 규모에 따라서 가, 나, 다급으로 분류하여 경호경비는 군, 경찰, 청원경찰, 특수경비원이 분담하고 있다. 그러나 인적, 물적, 환경적 요인에 대해서는 위에서 설명한 바와 같이 테러에 대응하기는 어렵다고 생각한다. 구체적 대테러 대응방안의 내용은 다음과 같다.

첫째, 대테러 전문가 양성이 필요하다. 전문가 양성을 하기 위해서는 대테러 전문 관련 전공자를 양성하는 것이 중요하다고 사료된다. 그에 따른 해결방법으로서는 경호경비 관련학과에서 대테러 전공자를 중심으로 인력을 양성해야 할 것이다. 경호경비의 업무가 곧 테러의 대응전략에도 밀접한 관련이 있을 것이다. 전문가를 양성하기 위하여 다음과 같은 전문영역으로 전문가를 교육해야 할 것이다.

테러 전공자들의 주요 과목으로는 테러의 기원, 테러학개론, 국제테러조직론, 테러위해 분석론, 대테러전략전술론, 테러정보 분석론, 사이버테러론, 대테러장비 운용론, 대테러경호경비론, 대테러현장실무, 대테러정책론, 대테러 안전관리이론 및 실제, 대테러법, 생물·생화학테러, 대테러 경영론, 대테러 실무사례 세미나 등이 있다. 위와 같이 이런 교과목을 개설하여 대테러 전공자를 대학 또는 대학원에서 체계적으로 양성해야 될 것이다.

17) 이윤근, 「범죄예방을 위한 공경비 섹터의 민영화 방안에 관한 연구」, 한국민간경비학회 국제학술세미나, 2003, p.111.

따라서 대학에서나 경호관련 학과에서 테러학 전공과정에 대한 세분화된 접근이 필요할 것이다. 그에 따른 대테러 전문과정과 전문대학원 과정을 신설하여 경호경비 산업을 보다 효율적으로 상호 협력하여 체계적으로 대테러 전문가를 육성해야 될 것이다.

둘째, 대테러 전문가 자격증 제도를 도입해야 한다. 테러의 종류로는 육상 테러, 해상 테러, 공중 테러로 크게 나누지만 세분화하면 수단, 주체, 대상에 따라서 다양하게 테러가 일어나고 있다. 그에 따른 대테러의 전문 자격증 제도로는 등급별 차등을 두어 선진국에서 민간경비 안전산업에서 전문 자격증이 있는 것과 같이 테러전문 자격증도 함께 통합적으로 운영될 필요가 있을 것 같다. 우선적으로 우리나라의 민간경비 자격증인 경비지도사 자격증 종류도 다양화해야 할 필요가 있을 것이다. 그 예로 다중이용시설의 민간경비 자격증, 교통, 방범, 컴퓨터, 교정, 호송경비, 검색 등으로 세분화할 필요가 있을 것이다.[18] 이에 따라서 대테러 전문 자격증도 단계별로 1급, 2급, 3급 자격증으로 구분하여 전문화된 체계적인 자격증 도입제도가 시급히 이루어져야 한다.[19]

4. 결론

위에서 살펴본 바와 같이 다중이용시설의 테러대응은 계속해서 동시다발적으로 테러가 일어날 수 있다. 예방, 대비, 대응, 복구, 사후처리, 보상 등의 전략적인 대응방안에 의한 구체적인 법적, 제도적, 정책적으로 뒷받침되어져야 할 것이라고 사료된다. 그리고 테러발생을 예방하고 다중이용시설의 안전을 확보하기 위하여, 시설이 열악하거나 테러발생가능성이 높은 민간 다중이용시설에 대한 정부의 예산지원, 외부 전문기관에 의한 정기적인 안전점검 의무화, 시설 안전관리 및 보수 관련

18) 박준석, 「경호학의 학문적 정립을 위한 발전방안」, 제7회 한국경호경비학회 학술세미나, 2001, pp.33-36.

19) 박준석 · 박대우, 「한국 민간경호경비 관련 자격제도 도입방안」, 제7회 한국경호경비학회 학술세미나, 2004, p.202.

예산의 확보, 전문 인력 증원 및 전문성 교육, 테러방지를 위한 관련 법 규정의 강화, 대테러 매뉴얼의 체계화 및 시스템 구축 등 제도적 개선방안도 강구해야 한다. 그 예로 국토교통부의 "건축물 테러예방 설계가이드라인"의 목적은 테러 및 테러에 준하는 반사회적인 범죄를 예방하고 테러가 발생할 때 피해를 최소화할 수 있는 건축물에 대한 테러예방 설계를 유도하는 것을 목적으로 한다. 적용대상은 〈건축법시행령〉 별표 1에 따른 문화 및 집회시설 (동・식물원은 제외한다), 판매시설, 운수시설(공항시설은 제외한다), 의료시설 중 종합병원, 업무시설, 숙박시설 중 관광숙박시설로서 같은 건축물에 해당용도로 쓰이는 바닥면적의 합계가 2만 제곱미터 이상인 건축물이다. 〈건축법시행령〉 제2조제15호에 따른 50층 이상 또는 건축물의 높이가 200m 이상인 초고층 건축물이다. 이와 같이 다중이용시설 테러 예방에 대한 건축물 설계에 대한 법령이 추가적으로 도입되어 제정되어야 한다고 사료된다.

초고층 및 지하연계 복합건축물 재난관리에 관한 특별법이 2012년 3월 9일 법령으로 시행되었다. 이 법의 목적은 초고층 및 지하연계 복합건축물과 그 주변지역의 재난관리를 위하여 재난의 예방・대비・대응 및 지원 등에 필요한 사항을 정하여 재난관리체제를 확립함으로써 국민의 생명, 신체, 재산을 보호하고 공공의 안전에 이바지함을 목적으로 한다(제1조). 적용대상으로는 초고층 건축물, 지하연계 복합건축물, 그 밖에 제1호 제2호에 준하여 재난관리가 필요한 것으로 대통령령으로 정하는 건축물 및 시설물이다(제3조). 제7조(사전재난영향성검토협의 내용) 제7항, 제9조(재난예방 및 피해경감계획의 수립, 시행 등) 제3항 각각 테러에 대한 계획과 도입훈련 내용이 정해져 있다. 제17조(종합재난관리체제의 구축) 제2항 재난, 테러 및 안전정보관리 체제가 정해져 있다.

이와 같이 초고층 및 지하연계 복합건축물 재난관리에 관한 특별법을 제정하고 다른 시행령도 구체적으로 도입되어야 할 것이다. 또한 설계단계부터의 CPTED를 도입하여 건축설계단계부터 범죄예방 및 재난, 재해에 사전예방을 할 수 있는 테러 예방 설계를 도입시켜야 할 것이다.

테러의 예방과 대응은 국가와 국민 기업이 함께 풀어나갈 과제인 것이다. 누구의 책임이 아니다. 그러므로 국가는 별도의 예산을 확보하여 적극 지원하고 기업은 사후 대응 차원이 아닌 사전 예방차원에서 기업의 이익만 생각하지 말고 안전을 위한 시설물의 관리와 투자가 필요하다. 그리고 그 시설물을 이용하는 국민은 주인의식을 갖고 의심스러운 사람과 물건에 대한 투철한 신고와 보안요원과 현장통제 요원들의 통제에 적극 협조해야 할 것이다.

그에 따른 민간경비의 상호연계성과 발전방안으로서는 첫째, 대테러 전문가를 양성해야 한다. 둘째, 대테러 전문가 자격증 제도를 도입시켜야 한다. 셋째, 민영화된 대테러 연구소가 필요하다. 넷째, 대테러 방지법 제정을 위한 민영화 역할의 중요성이다.

이에 따른 우리나라의 대테러 전문가 양성을 위한 민간경비의 역할증대 방안에서 본 연구자는 무엇보다도 국가주도형에서 민간경비 관련 분야와 상호 협력하는 체제 또한 학계와 관련하여 상호 보완하는 산 · 학 · 관의 협력 체제를 구축해 나가는 것이 절실히 필요하고 위에서 제시한 바와 같이 총론적 접근보다는 대테러의 각론적 연구가 시급히 요구되는 것이 현실이다. 그러기 위해서는 테러학의 학문적 정립도 뒷받침되어야 할 것이다.

현재의 민간경비 시스템의 양적 팽창이 아닌 질적 민간경비원들의 자질 개선 및 선발과정 또 보수체제의 삶의 질을 향상시킬 수 있는 민간보안요원들의 역할도 민간경비 법령으로 개정하여 다중이용시설의 테러예방의 전문가로써 체계적인 양성이 정책적으로 도입되어야 될 것이다.

다중이용시설의 테러대응에 대한 전문기관 설립과 대학에서의 테러 전공자를 양성하여 일반인대상으로 대테러 교육을 실시하고 관련국가자격증을 만들어 체계적인 전문 인력양성이 필요하다. 다중이용시설의 대테러 교재개발이 체계적으로 연구되어져야 하고 일반국민들의 적극적인 홍보자료 교육이 필요하다. 또한, 중앙정부, 지방정부의 테러대응 교육센터를 개설 운영하여 주민을 대상으로 대테러교육을 시키고 테러의심 행위발생시 신고를 통한 테러관련 정보를 조기에 수집하는 방법을 사용하면 전 국민이 테러 감시자가 되어 테러발생 징후를 사전에 예방하고 대응하는 정기적 교육이 정착화되어야 한다.

끝으로 국회에서 여야 관계없이 정치적, 경제적, 문화적 차이를 대범하게 큰 틀에서 국가와 국민의 안전을 위한 대테러 활동에 대하여 국가 기본 법안이 필히 제정되도록 산, 학관이 상호 협력하여 보장을 위한 법령이 꼭 통과되도록 노력해야 한다고 사료된다.

참 고 문 헌

김두현 · 안광호, “다중이용시설의 대테러 안전대책”, 한국경호경비학회, 「한국경호경비학회지」, 제22호, 2009, p.39.

김종만, “한국의 비상대비체제 발전방안에 관한 연구”, 한국외국어대학교 정치행정언론대학원 석사학위논문, 2009, pp.25-27.

박준석, 「경호학의 학문적 정립을 위한 발전방안」, 제7회 한국경호경비학회 학술세미나, 2001, pp.33-36.

박준석 · 박대우, 「한국 민간경호경비 관련 자격제도 도입방안」, 제7회 한국경호경비학회 학술세미나, 2004, p.202.

박형주, 공공지하생활공간의 피난 · 배연 및 유해가스 제거측면 방재성능개선을 위한 국 · 내외 관련 제도 연구, 대한건축학회 논문집, 제24권 5호, 2008.

백민호, 초고층 건물의 방재계획, 방재연구, 제5권 3호, 2003.

소방방재청, 소방행정자료 및 통계, 2011.1.1.

이경훈, “다중이용시설의 발전동향에 따른 테러위협 대비방안”, 대테러정책 연구논총 제7호, 2010, pp.202-207의 재구성.

이윤근, 「범죄예방을 위한 공경비 섹터의 민영화 방안에 관한 연구」, 한국민간경비학회 국제학술세미나, 2003, p.111.

임진택, “국가위기관리 체계 및 단계별 분석”, 인하대학교 행정대학원 석사학위논문, 2009.

조성제, 국민의 기본권 보장과 국가안보를 위한 방안으로써 테러방지법 재정에 관한 연구, 세계헌법연구 제15권 1호.

다중이용업소의 안전관리에 관한 특별법 [시행일: 2013.3.23] 제1조, 제2조, 제9조.

한겨레신문, 2003년 11월 20일자.

경찰청, http://police.go.kr/portal/main/contents.do?menuNo=200194(검색일자: 2014.1.26).

경찰청테러예방교실, http://cta.police.go.kr:8080/know/know/step.jsp(검색일: 2014.1.26).

http://police.go.kr/portal/main/contents.do?menuNo=200195(검색일자: 2014.1.26).

http://police.go.kr/portal/main/contents.do?menuNo=200194(검색일자: 2014.1.26).

http://www.ytn.co.kr/_ln/0115_201111010038262304(검색일자: 2014.1.26)

http://www.seoul.co.kr/news/newsView.php?id=20110715022018(검색일자: 2014.1.26).

http://www.constimes.co.kr/news/articleView.html?idxno=58633(검색일자: 2014.1.26).

제 5 장

해외진출기업 테러위협 및 보호방안

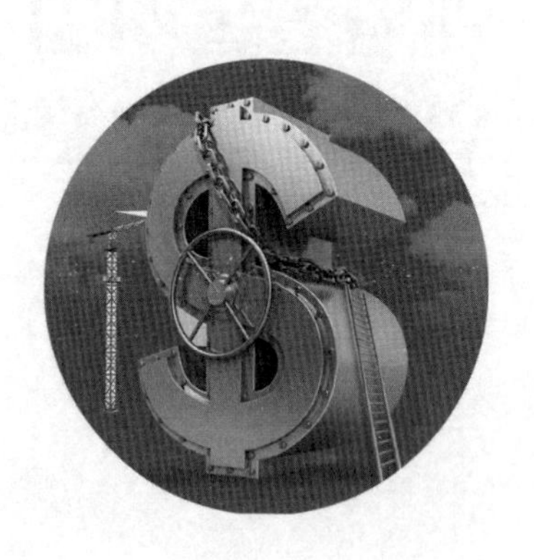

제5장 해외진출기업 테러위협 및 보호방안

1. 서론

2001년 납치한 민간 항공기를 뉴욕 무역센터 등에 충돌시켜 3,052명의 희생자와 약 90조 원의 재산피해를 가져온 9.11 테러, 2008년 중화기로 무장한 파키스탄 출신 테러범들이 인도 최대도시 뭄바이에서 시민과 외국인에게 무차별 공격을 가해 172명의 목숨을 앗아간 사건 등이 최근 테러 양상을 잘 보여주고 있다.

UN을 비롯한 국제사회는 이러한 테러위협 양상에 대해 기존의 대응체계와 수단으로는 한계가 있다고 보고 진전된 대책을 마련해 오고 있는데, 특히 테러예방과 대응을 위한 법적, 제도적 장치가 망라된 법제정을 통해 해결책을 모색하려는 추세를 보이고 있다.

21세기 뉴테러리즘은 핵, 화학, 생물학, 방사능물질을 이용한 대규모 폭력성의 슈퍼테러리즘에서 사이버 공간을 이용한 사이버 테러리즘과 극단적 자살테러라는 새로운 유형을 보여주고 있다. 최소한의 도덕적 정당성마저도 포기하고 있다. 세계 최강의 미국도 테러 대응전략은 부족하다는 것이 현실이다. 그 결과 9.11 이후에 변화를 가져왔다. 그 예로 반테러 관련법제와 기구의 정비, 대테러대응센터, 대응기법을 계속해서 연구하고 있는 실정이다(박준석, 2005).

특히 2001년 9.11 테러 이후에 미국의 국가조사위원회는 9.11 당시 조직의 단일 지휘체제의 부재, 정보공유의 실패, 취약성이 노출된 정보기관 개혁 권고안을 반영하려 2004년 12월 정보개혁 및 테러예방법을 통과시켰다. 지난 17대 국회에서 대테러 법안이 폐기됨으로써 18대 국회에서 대테러 법안을 통과해야 하는 중요한 시점에서 뉴테러리즘의 대응방안과 전략에 대한 연구는 중요하다고 사료된다.

현 사회에서는 정보화 · 세계화시대의 흐름에서 테러, 사이버테러, 국내외적 범죄와 자연적, 인위적, 환경적 재난 재해 등으로 국가안보와 국민을 위협하는 새로운 위험들이 증가되고 있는 것이 현실이다.

국가정보원은 해외진출기업의 테러 피해를 예방하는 차원에서 지난 2월 외교부. 국토교통부와 공동으로 아프리카, 중동의 우리 기업체들을 대상으로 안전관리 실태를 점검한 결과, 일부 사업장이 테러대비에 대한 문제점이 있었다고 밝혔다. 심지어 일부 사업장은 울타리. CCTV 등 기본적인 안전장치조차 갖추지 않았고 일부 근로자, 교민들은 테러위험에 대한 경각심이 부족한데다 유사시 행동요령도 잘 숙지하지 못하고 있었다고 국정원은 지적했다(연합뉴스, 2007).

위 사례와 같이 해외진출기업들의 테러위협국가로의 진출에 있어 여러 장애요인이 있다는 것을 알 수 있었다. 따라서 해외진출기업이 증가하고 있는 시점에서 테러의 위협에 대한 요소 및 실태를 분석하여 해외진출기업의 대응 및 보호방안을 효율적으로 접근하고자 한다. 본 연구의 절차는 현재 해외진출 기업의 현황과 뉴테러리즘의 동향, 기업의 피해분석을 통하여 해외진출기업의 대응방안과 보호방안에 대해 연구하였다.

2. 해외진출기업 실태 및 분석

1. 테러발생 증가 원인과 해외진출 기업 현황

2007년 테러정세(2007) 동향보고 자료에 의하면 전 세계적으로 3,435건의 테러가 발생하였다. 국제테러사건이 증가하는 이유는 알 카에다의 이라크 · 아프간 지역에서 북 아프리카 지역으로 세력을 확장하고 있기 때문이다. 또한 터키 · 인도 · 네팔 · 과테말라 · 파키스탄 등 분리주의 테러단체들이 활동 중인 국가에서 대선 · 총선 등 주요 정치행사가 진행되면서 반정부테러가 빈발하였을 뿐만 아니라 나이지리아 · 소말리아 · 콜롬비아 등, 정치 · 경제 상황이 불안정한 국가에서 무장단체들의 정부 · 기업체 대상 폭탄테러 및 납치 등의 공격이 증가하였기 때문인 것으로 분석했다.

〈표 5-1〉 테러발생지역의 현황

지역 / 연도	계	아 · 태 (39%)	중 동 (43%)	유 럽 (6%)	미 주 (1%)	아프리카 (11%)
2007년	3,435	1,353	1,468	189	49	379
2006년	2,885	922	1,656	157	35	115
증 감	+550	+431	−188	+32	+14	+216

〈표 5-1〉과 같이 발생지역은 중동지역이 43%로 가장 높게 나타났고, 아 · 태지역, 아프리카 지역 순으로 나타났다. 이 표에서 알 수 있는 바와 같이 중동지역에서 아프리카 지역으로 이동하는 것을 알 수 있다. 이제는 아 · 태지역과 아프리카 지역에서의 테러 발생이 증가하고 있다.

〈표 5-2〉 테러유형별 현황

유형 / 연도	폭 파 (48.2%)	무장공격 (44%)	암 살 (2.4%)	인질납치 (4.6%)	방화, 약탈 (0.3%)	교통수단 납치 (0.45%)	기 타 (0.3%)
2007년 (3,435건)	1,654	1,513	82	160	12	3	11
2006년 (2,885건)	1,566	1,031	115	104	24	1	44
증 감	+88	+482	−33	+56	−12	+2	−33

위 표에서 확인한 바와 같이, 폭파 48.2%, 무장공격 44% 순으로 나타났다. 증감추이 순으로는 무장공격과 폭파 순으로 되어 있다. 이와 같이 무장공격 테러의 경향

이 변하고 있다는 것을 알 수 있다.

〈표 5-3〉 공격별 수단

수단 / 연도	폭발물 (48.3%)	총기류 (25.2%)	중화기 (22.2%)	도검류 (0.2%)	화염병 소이탄 (0.2%)	우편폭탄 (0.3%)	독극물 (0)	기 타 (3.6%)
2007년 (3,435건)	1,659	866	763	7	7	100	0	123
2006년 (2,885건)	1,595	656	434	15	10	0	1	174
증 감	+64	+210	+329	−8	−3	+10	−1	−51

위 표와 같이, 수단으로는 폭발물, 총기류, 중화기 순으로 나타났다. 증감 추이로는 중화기, 총기류, 폭발물 순으로 나타났다. 이것으로 볼 때, 테러의 수단이 소수가 아닌 집단을 목적으로 발생하고 있다는 것을 알 수 있다.

〈표 5-4〉 테러대상

대상 / 연도	중요인물 (6.3%)	군 · 경 (관련시설) (58.1%)	국가 중요시설 (3.3%)	외국인 외국시설 (4.4%)	교통시설 (2.6%)	다중 이용시설 (8.3%)	민간인 (17%)
2007년 (3,435건)	216	1,993	115	152	90	284	585
2006년 (2,885건)	185	1,474	93	130	63	221	719
증 감	+31	+519	+22	+22	+27	+63	+134

위 표와 같이 군 · 경 관련 시설과 민간인 순으로 나타났다. 증감 추이 순으로도 군 · 경 관련 시설과 민간인과 다중이용시설 순으로 나타났음을 알 수 있다. 이 내용

으로 볼 때, 테러 대상이 불특정 다수를 통해서 테러가 자행되는 것을 알 수 있다. 이 성향은 뉴테러리즘의 특징으로 볼 수 있다.

〈표 5-5〉 테러성향 및 조직

구분 \ 단체	이슬람 원리주의 (72.6%)	민족주의 (15.3%)	극좌 (3.4%)	극우 (0.4%)	기타 (10.9%)	총계
비율	72.6	19	3.8	0.4	4.2	-
건수	2,495	653	130	13	144	3,435
조직	22	28	10	1	미상	61

위 표에서는 이슬람 원리주의와 민족주의 순으로 나타났다.

따라서 우리 국내 기업은 테러위협국가의 진출기업으로 2001년에는 3,707개의 기업체가, 2003년 5,548개, 2005년 7,699개, 2007년 9,568개로 매년 지속적으로 증가하고 있으며 진출지역과 규모가 확대되고 있다. 지역별로는 아시아 지역이 79%로 대다수를 차지하고 있으며, 북미지역 7%, 구주 6%, 중남미 4%, 중동 4% 순으로 나타났다. 업종별로는 제조업 59%, 무역업 11%를 중심으로 서비스업 8%, 운수업 6%, 건설업 4% 순으로 나타났다. 특히 이라크·아프간 등 25개 테러위험국가로 진출한 기업은 2001년 662개에서 2007년 1,843개로 2.8배나 급증하였다.

2. 해외기업 테러피해 분석

우리 기업·근로자를 대상으로 테러피해 분석에 대한 자료를 보면 70년대 테러발생건수는 8건, 80년대 6건, 90년대 16건, 00년 이후 68건으로 나타났다. 지역별 테러 발생현황으로는 중동이 40%, 아·태 24%, 아프리카 20%, 유럽 13%, 미주 3%로 나타났고, 테러 유형별로는 무장공격 41%, 납치 34%, 폭파 22%, 기타 3%로 나타났다. 국정원은 해외 위험지역에 진출한 우리 기업의 테러방지를 위해 07년 10월 산업통상부(현 산업통상자원부)·건설교통부(현 국토교통부)·외교통상부(현 외교부)

와 합동으로 '해외진출기업 안전지원단'을 발족, 범정부 차원의 안전 지원업무를 수행하고 있다.

조직 체계로써는 테러정보통합센터 산하에 정부합동 해외진출기업 안전지원단 기구로 조직되어 있으며, 협조체제로 외교부, 산업통상부, 국토교통부와 협조를 수행하고 있다. 임무와 기능으로는 해외진출 기업에 대한 범정부 차원의 대테러 · 안전대책 지원, 정부 내 유관기관의 해외진출 기업 안전대책 협의 · 조정과 해외위험지역 진출기업 안전 활동 실태 점검 및 위험도 평가 지원, 위험지역 진출 기업에의 사전 테러 · 안전 정보 제공 및 교육지원, 기타 기업체 테러예방활동 관련 대테러 · 안전 컨설팅의 기능을 가지고 있다.

해외진출기업 안전지원단에 의한 해외사업장 점검 결과(14개국 28개 업체), 자체 경비 또는 주재국의 경비지원을 받고 있으나 일부는 주재국 공권력이 미치지 않는 오지에 위치, 테러위협에 노출되어 있는 실정이라는 것을 알 수 있다. 따라서 해외기업 테러피해 점검결과에 따른 해외진출 기업의 문제점은 다음과 같이 볼 수 있다.

첫째, 테러정보가 부족하고, 테러피해에 대한 위기의식이 희박하다.
둘째, CCTV, 울타리 등 대테러 장비 · 시설투자가 부족하다.
셋째, 자체 대비계획도 상황별 대처요령 등이 형식적으로 수립되어 있다.

또한, 중동진출업체의 테러대비 설문조사 내용 및 분석은 12개국 진출 36개 업체, 58개 사업장에서 E-mail을 통한 설문조사를 실시하였다. 그 결과, 국가별 진출 현황(58개)으로는 UAE 17개, 카타르 7개, 이란 7개, 사우디 7개, 리비아 5개, 쿠웨이트 4개, 이집트 · 이스라엘 · 이라크 · 요르단 · 오만 2개, 바레인 1개 기업으로 나타났다. 유형별로는 건설 67%, 무역 24%, 제조 9%로 나타났다.

설문결과 항목별 분석으로 폭탄차량 장애물(바리케이드, 차단기, 방지턱, 기타)에 대한 결과는 미비 52%, 불량 29%, 보통 12%, 양호 7%로 나타났다. 사무실 안전시설(대피로, 방범창, 철판문 등)로는 미비 16%, 불량 38%, 보통 32%, 양호 14%로 나타났다.

안전요원 및 보유 장비(무전기, 가스총 등)로는 미비 16%, 불량 43%, 보통 29%,

양호 12%로 나타났다. 내 외곽 경비시설(CCTV 등 감시 장비, 외곽울타리)로는 미비 27%, 불량 60%, 보통 9%, 양호 4%로 나타났다. 출입통제 여부(출입증 발급, 검색 실시)로는 미비 34%, 불량 10%, 보통 4%, 양호 52%로 나타났다.

위에서 살펴본 바와 같이 해외진출기업들은 대테러 장비, 시설이 부족하고, 사무실의 안정성이 부족하다고 나타났다. 테러위협 정도 및 체감도 평가에서 항목별 분석으로 볼 때 테러위험요소가 없음 38%, 보통 31%, 낮음 28%, 높음 3%로 나타났으며, 체감도 분석결과는 없음 83%, 낮음 9%, 높음 5%, 보통 3% 순으로 나타났다.

해외진출기업들의 테러의 위험요소와 체감도가 낮고, 정보부족과 테러의 가능성을 심각하게 인식하지 못하고 있다는 것으로 나타난 것을 알 수 있다. 결과적으로 국가기관에서 해외 진출기업의 테러 대응에 대한 설문조사에서 나타난 바와 같이, 단기적인 수익에만 집중되어 있어서 장기적인 기업의 이미지와 지역 간의 상호 협력을 통한 테러대응의 직·간접적인 대응에 대해서는 부족하다고 할 수 있다.

3. 해외진출기업 테러대응 및 보호방안

1. 해외진출기업에서의 테러보호 기본시설 확충

해외진출기업 안전지원단의 해외사업장 점검결과에 의하면 CCTV, 울타리 등 대테러 장비, 신변보호 장비 및 시설이 부족하고, 기본적인 시설이 구비되어 있지 않다는 것이 지적된 바와 같이 자체 대테러 장비의 구비가 극히 저조하다고 평가할 수 있겠다. 이에 따라 해외진출기업에 대한 대테러장비 시설을 갖춘 시설을 임대하도록 권유하고, 자체적으로 기본시설, 장비를 구비하도록 지속적으로 지원과 확보가 필요하다고 할 수 있겠다.

구체적으로 CCTV 및 각종 전자보안 시스템을 설치, 감시, 감지하는 시스템을 구축해야 할 것이다. 또한 조명시설, 보안요원의 배치, 강화문, 방탄소재로 된 창문, 철망으로 된 문과 창문, 주거지·사무실 주변의 각종 감지장치, 방탄차량, 전기 충격기, 순찰·보안요원들의 안전장비 착용이 구축되어야 한다. 따라서 국정원과 산업통상부, 국토교통부와 협조하고 KOTRA, 대한상공회의소, 무역협회, 대사관 등과 긴밀히 협조하여 해외진출기업에 대해서 테러보호와 시설확충이 단계적으로 실시되어야 할 것이라고 사료된다.

2. 최고경영자(CEO)의 인식전환 필요

테러에 대한 대책마련에 있어서 가장 중요한 사항은 기업의 테러대응에 대한 인식전환이다. 특히 최고경영자의 대테러보안 대책강구 필요성에 대한 인식이 매우 중요하다(Juval AVIV; 2004, 231). 기업의 경영자들은 테러의 위험성에 대해서 인지하고는 있지만 막상 테러에 대한 투자에 관해서는 부정적으로 생각하고 있다. 왜냐하면 막대한 예산에 대한 부담을 갖고 있기 때문이다. 기업의 이미지 제고를 위해서는 고객들의 심리적 안정과 장기적인 투자로 대비할 때 실제적인 투자라고 할 수 있겠다.

지난 2001년 9.11 테러사건의 직접적인 경제손실의 비용은 총액이 196.3억 달러로 나타났다. 세부사항으로 초기 대응비용이 25.5억 달러, 손실보상 비용으로 48.1억 달러, 하구구조 재건 및 개선비용 55.7억 달러, 경제 활성화 비용 55.4억 달러, 미집행 비용 11.6억 달러로 나타났다. 또한 테러사건에 의한 간접적 경제적 피해 및 손실비용은 총액이 684.5억 달러로 나타났으며, 세부사항으로는 세계 항공산업 손실비용 150억 달러, 뉴욕시 손실비용 34.5억 달러, 세계 보험산업 손실비용 500억 달러로 나타났고, 실직자 20만 명이 발생된 것으로 나타났다(세종연구소, 2004). 이와 같이 테러의 직·간접적인 피해로 인한 비용은 천문학적이라고 할 수 있겠다. 무엇보다도 테러에 대한 예방이 중요하다는 사례로 볼 수 있다.

단기간의 기업 투자이익을 생각하는 것이 아니라 장기적인 기업의 이익을 생각하여 테러대응을 위한 투자와 시간이 절실히 요구된다. 즉, 기업의 경영자들의 테러에 대응하는 인식을 전환하여 대테러 전문가의 채용과 신입 직무교육의 의무화 등은 구체적인 실무경영으로 반영해야 할 것이다.

3. 기업의 대테러 대책 시스템 제도화

안전지원단은 해외진출기업 테러예방활동을 체계적으로 수행하기 위해 삼성·

LG 등 13개 기업과 KOTRA 등 5개 기관이 참여한 '해외진출기업 대테러 협의체'를 발족하여 민・관 협력 네트워크를 구축한 데 이어 삼성・포스코 등의 요청으로 테러대응 매뉴얼 및 안전환경 진단을 지원(4회)하고, '해외건설협회' 홈페이지에 테러・안전정보를 지속 게재하였으며, 이라크 등 위험지역 진출업체 현지파견자 대상 대테러 교육(15회)을 실시, 신변보호 활동을 강화하였다(국정원, 2007).

대테러활동은 테러 관련 정보의 수집, 테러혐의자의 관리, 테러에 이용될 수 있는 위험물질의 안전관리, 시설・장비의 보호, 국제행사 안전 확보, 테러위협에의 대응 및 무력진압 등 테러예방과 대응에 관한 제반 활동이라고 말할 수 있다. 테러에 대응하는 데 가장 중요한 것은 테러 대응책을 구축하는 것이다. 실무적・총괄적으로 수행할 수 있는 조정기관이 필요하다. 현재 국회에 상정되고 있는 법안에 대테러센터가 그 기능을 맡고 있는데, 세부기능으로 테러관련 국내외 정보의 수집・분석・작성 및 배포, 테러에 대한 대응대책 강구, 테러징후의 탐지 및 경보, 대책회의・상임위원회의 회의 및 운영에 필요한 사무의 처리, 외국 정보기관과의 테러관련 정보협력, 그 밖에 대책회의・상임위원회에서 심의・의결한 사항 등을 명시하고 있다. 추가적으로 해외기업의 테러위협에 대한 업무의 대비・대응에 대한 내용을 세부적으로 시스템을 법제화하여 제도화할 필요가 있겠다.

따라서 해외기업에 진출하고자 하는 기업들은 법적으로 명시된 사항을 충족했을 때 해외에 진출할 수 있도록 법적인 의무화가 절실히 필요하다. 기존의 대테러센터 내의 해외진출기업 안전지원단의 기능과 영역을 확대하여 대테러 시스템을 구축할 필요가 있겠다.

4. 국제적 협약 공조 및 국가기관과의 상호협조

테러리즘이 국제화됨에 따라, 대테러리즘 협력이 국가 간 국제협력체제로 대응해야 함은 당연하다. 따라서 국제적인 협력에도 일정한 조건이 필요하게 되었다. 테러리즘에 대응함에 있어서 국가 간의 공동이해가 존재한다는 전제하에 협력의 목표는 이해의 조화를 창출하는 것이 아니라 각국이 타국으로부터 기대하는 최소한의 행위수준에 대한 동의에 있다. 협력은 한 국가가 타국을 이롭게 하기 위해 때로는 자국의 정책을 기꺼이 변경해야 함을 의미한다. 어떤 주제에 대한 국가 간의 합의는 통상 그 분야의 국제법 발전에 선행한다. 국제법은 엄격한 국제질서를 만들어내지는 못한다. 따라서 각종 국제협약은 약속이며, 제도보다 규범적인 성격이 강하며 언제든 자국의 이익에 따라 지킬 수도 파기할 수도 있는 것이다(문광건, 2003).

즉, 국제 테러리즘을 예방하거나 대응하기 위해서는 국제사회의 협력이 기반이 되어야 한다는 것은 말할 것도 없이 중요한 사항이다. 이런 이유로 국제사회는 테러리즘을 막기 위해 법적 그리고 정책적으로 노력해 오고 있다(이강일, 2002). 이와 같이 우리나라는 국제적 공조체제를 더욱 긴밀히 할 필요가 있다. 미국, 일본, 중국, 러시아 특히 중동 · 아프리카 지역 테러 취약 국가와 상호 테러관련 정보 · 연구를 교류하고 합동 대테러훈련을 실시, 특수 장비 연구개발 등 협력을 단계적으로 강화하는 한편 국내유관기관 담당요원, 외국 대테러 전담요원, 민간 대테러 전문가 등이 참가하는 '대테러 세미나'를 정기적으로 개최하여 국내외 유관기관 간의 정보협력을 강화할 필요가 있을 것이다.

따라서 현재 각 나라의 테러담당기관과 정부기관의 협조를 받고, 수사기관과의 공조체계가 필요하다고 사료된다. KOTRA의 조사에 의하면 정부지원 요망사항 상위 5개는 투자정보, 제공, 금융지원, 기 진출 애로사항 전달, 상설 투자자문센터 운영, 바이어 정보 제공으로 정보제공과 관련된 요망사항이 다수로 나타났다(KOTRA, 2007). 각 나라별 외자유지정책과 국제협약의 내용을 사전에 조사하여 산업통상자원부와 KOTRA, 대한상공회의소, 중소기업청, 외교부, 국토교통부 등의 정부기관과의 공조 · 협약을 통해서 우리 기업들이 보다 개방적이고 효율적으로 해외진출사업을 추진할 수 있도록 정보가 제공되어야 할 것이다. 정부가 제공하는 정보의 질적 측면도 고려해야 한다. 미국에서도 우리 기업의 독자적인 능력으로 진출하는 것 보다는 현지 유력 기업과의 전략적 제휴가 필요하다(박승찬, 2007).

이와 같이 국내 기업이 해외에 진출하기 위해서는 무엇보다도 국가기관의 상호협조가 필요하다. 더구나 테러위협국가로의 진출을 위해서는 국제적 공조협약 및 국가정보기관 간의 상호교류가 우선적으로 확립되어야 한다고 생각한다.

5. 학계 및 민간보안업체의 상호협력

미국의 국토안보부(Department of Homeland Security)는 연방지원금 1,200만 달러를 투자하여 메릴랜드대학(University of Maryland)에 '테러연구센터'를 설립하였다. 동 연구센터는 국제테러의 근원적 발생원인 규명, 테러리스트 단체들의 내부조직 및 운영형태 파악, 테러 사전 차단방법 등을 집중적으로 연구할 예정이다. 현재 국토안보부는 남가주대학(University of Southern California), 미네소타대학(University of Minnesota), 텍사스A&M대학(Texas A&M University) 등의 대학에도 '테러관련 연구센터'를 운영 중에 있다(경찰청외사관리실, 2005).

미시간대학(University of Michigan)은 현재 5년 동안 천만 달러의 자금을 미국 국토안보부와 미국 환경보호기관으로부터 지원받아 생물학적인 테러 위험에 대한 연구를 하고 있다. 이곳의 주요 목표는 첫째, 기술적인 임무로서 이는 계획적인 생물학적 힘의 사용을 제거할 수 있는 정보와 도구, 모델을 계발하는 것이다. 둘째, 지식관리 임무로서 이는 생물학적인 위험 사정에 관하여 대학, 전문가, 지역사회 사이에 정보 네트워크를 구축하는 것이다.[1)]

또한 국내의 국가기관과 민간보안업체의 상호협력 사례로는 서울 삼성동 코엑스 무역센터의 민간보안업체를 예로 들 수 있다. 삼성동 코엑스 무역센터는 하루 평균 15만 명의 유동인구가 왕래하는 국내 최대 시설물 중 하나이다. 이곳에서는 민간보안업체와 경찰의 공조체제로 운영하여 효율적으로 범죄테러 발생을 사전에 차단하는 효과를 얻고 있다(내일신문, 2008).

이와 같은 사례로 볼 때 국가기관과 학계, 보안업체 간의 교류를 통하여 국가에서는 테러에 대한 정보를 공급받고, 학계에서는 연구의 비용을 지원받으며, 보안업체와 상호보완적인 테러보호 대책을 수립해 나가야 할 것이다. 특히 현재 해외진출기업에서도 민간보안업체와의 상호협력을 통하여 보다 효율적으로 범죄와 테러대응을 하기 위해 아웃소싱과 컨설팅을 통하여 협력을 모색할 필요가 있을 것이다.

1) 미국 국토안보부 홈페이지, http://www.dhs.gor(2014.2.3 검색).

또한 학계에서도 해외진출기업의 테러대응에 관한 연구는 대테러 분야의 국가기관과의 상호협력을 통하여 인질납치, 폭탄공격, 대량살상무기, 생화학무기, 테러리스트 동향에 대한 연구를 활성화시켜 나가야 한다고 사료된다. 산·학·관이 보다 효율적으로 테러에 대응하기 위해서는 우선적으로 대테러 연구소, 대테러협회, 학회, 표준화된 교재, 분야별 테러대응 매뉴얼 개발 등이 시급히 만들어져야 한다고 생각한다.

6. 대테러법 제정 필요

1997년 1월 1일에 개정된 대통령훈령 47호가 개정되어 지금까지 한국의 대테러 업무 수행의 근간이 되고 있는 실정이다. 그런데 이 국가 대테러활동지침은 정부기관 각 처부 및 유관기관의 임무수행 시 협조·확인하고 지원해야 할 역할분담을 명시한 행정지침에 불과한 것으로 법적인 구속력이나 테러리스트에 대한 직접적인 구속력이나, 테러리즘에 대한 명확한 범위와 규제에 대한 강제조항이 없다. 이러한 기준법의 부재는 각종 테러정보의 분석이나 공유, 관리 등의 중요한 기능을 소홀하게 만들고, 관련기관과의 명확한 역할분담이나 책임소재의 규명이 모호하여 테러업무에 대해 미온적이고 수동적인 자세를 보일 수 있으며, 테러리즘에 대한 전문 인력 양성이나 기관과의 협력에도 지장을 주고, 도시화된 환경 속에서 각종 테러리즘에 적합한 환경이 무분별하게 만들어지고, 총기류의 무단유통이나 기타 테러형 범죄에 대한 처벌규정을 기존 법률에서 찾지 못할 수도 있다. 더구나 국내에서도 일정한 법률을 만들지 못하면서 국제테러리즘에 대응할 수 있는 국제협약에 가입하고 국제테러리즘에 대하여 공동조사나 공동대응을 한다는 것은 상당히 혼란스러울 수 있다.

테러예방, 대비가 대응, 사후처리보다 중요하다는 것이다. 그런데 대통령훈령이 상위법보다 법적 조직체계가 아니므로, 테러방지법은 꼭 필요하다고 사료된다. 총괄조정할 부서가 사전예방 정보로써 세부사항을 협조, 지원체제가 아닌 합동기구로서 기능, 제도가 필요하다고 할 수 있다.

훈령에서의 각 정부기능은 각각 힘의 분산, 조정임무기능 충돌, 여러 분야로 나뉘어 있어 획일성과 통합기능이 부족하다. 또한 민간분야영역(기업, 시설)에 대한 내용이 없다는 것을 알 수 있다. 특히 다중이용시설, 민간관련분야는 국민 재산과 안전에 꼭 필요한 부분이라 할 수 있다.

21세기 안보환경과 정보활동의 방향에서의 국가정보는 국가안보의 목표달성을 하기 위한 하나의 수단이다. 목표를 충실히 달성하기 위해 국가정보체계는 안보위협과 환경의 변화에 신축성 있게 대응해야 할 것이다. 훈령보다 법령으로 제정되어서 권력남용이 아니라 법률적 조치, 처벌을 만들어 테러대응, 대비, 예방 차원에서 고려할 필요가 있겠다. 또한 생물, 생화학, 대량살상무기의 대응체계에 대해서도 단계적(단기, 중기, 장기) 계획에 의한 종합 국가 행정기구에서 점검의 상태가 아닌 의무화시켜서 국민의 재산과 안녕을 보장해 주면서 국가의 이익을 모색할 필요가 있겠다고 사료된다.

뉴테러리즘의 시대 속에서 테러의 예방은 국익과 국민의 안전을 위해서 해외시장에 대한 국내 기업의 진출은 우리나라의 국제 영향력 강화와 위상을 높이고, 선진국으로 발돋움할 수 있는 중요한 기회로써 자국의 정치적・경제적・사회적 안정을 도모하면서 국외적으로 자국기업과 해외 거주자와 기업들의 보호차원에서 법령으로 제정하여 세계적인 강국으로 도약할 수 있는 계기가 될 것이다.

7. 테러대응을 위한 학문적 정립과 전문가 양성 및 배치

기업테러를 방지하기 위해서는 총체적으로 테러에 관련된 학문적 영역이 구축되어야 하며, 세분화된 전문 자격증과 전문가의 양성도 절실히 필요하다. 미국에서는 다양한 학문을 협력 지원하여 미래의 대테러 요원의 양성을 위한 인재를 구성하고 있다. 최근 National Security Language Initiative를 통해 외국어 교육을 유소년기에서부터 정식학교 그리고 직장인에게까지 확장시키는 것을 지원하고, 나아가 전 세계 협력자들과의 학술적・비정부적 포럼을 통해 대테러 임무에 있어서 중요쟁점들을 토의하고 지식을 확장할 것이라고 한다. 연방, 주・지역정부에서부터 지역공동체와 시민개개인에 이르는 민간부분에 이르기까지 국가의 모든 요소가 준비성의 문화(Culture of Preparedness)를 창조하고 공유할 것이며 모든 재난과 재해에 적용되는 '준비성의 문화'는 자연스럽게 형성되었든, 인위적으로 형성되었든 4가지 원칙에 의거한다. 첫째, 미래에 재앙이 다가올 것이며 그것에 준비된 국가를 만드는 것은 지속적인 도전이라는 공동의 인식, 둘째, 사회 전 계층의 책임감과 동기부여의 중요성, 셋째, 시민과 공동체의 준비성의 역할, 넷째, 정부와 민간부분 각 단계의 역할 공조체계, 공동의 목표, 그리고 책임의 분배라는 기초에 지워지는 준비성의 문화는 자국을 수호하기 위한 광범위한 노력이 가장 중요하고 지속적인 변화가 될 것이라는 것이다(U.S Department of State, 2006).

우리나라에서도 효율적인 학문적 영역의 구축과 전문가 양성에 대한 내용을 다음과 같이 설명하고자 한다. 첫째, 테러학의 학문적 영역이 구축되어야 한다. 테러학의 내용영역에서는 이론, 실습, 기타 관련 학문영역으로 구분되어야 하고 전공영역에서는 인문사회, 사회과학, 자연과학으로 나누어져야 하며 세부 전공영역으로는 테러역사, 철학, 정치학, 교육학, 행정학, 법학, 사회학, 심리학, 경영학, 역학, 측정, 자료 분석, 생리 의학 등으로 세분화하며 학문적 이론영역과 실기영역을 구축할 필요가 있다.

둘째는 대테러 전문가 양성이 필요하다. 전문가 양성을 위해서는 대테러 전문 관련 전공자를 양성하는 것이 중요하다고 사료된다. 그에 따른 해결방법으로는 테러 관련 전공분야와 관련자를 중심으로 인력을 양성해야 할 것이다. 전문가를 양성하기 위하여 다음과 같은 전문영역의 교육훈련은 다음과 같다. 테러 전공자들의 주요 과목으로는 테러의 기원, 테러학개론, 국제테러조직론, 테러위해 분석론, 대테러 전략전술론, 대테러 정보수집론, 종교철학, 지역조사, 언어학, 테러정보분석론, 범죄학, 사이버테러론, 대테러 장비 운용론, 대테러 경호경비론, 대테러 현장실무, 대테러 정책론, 정치학, 대테러 안전관리 이론 및 실제, 대 테러법, 생물 · 생화학테러, 대테러 경영론, 대테러 실무사례 세미나 등이 있다. 위와 같이 이런 교과목을 개설해 대테러 전공자를 대학 또는 대학원에서 체계적으로 양성해야 될 것이다.

셋째는 대테러 전문가 자격증 제도를 도입해야 한다. 테러의 종류로는 육상 테러, 해상 테러, 공중 테러로 크게 나누지만 세분화하면 수단, 주체, 대상에 따라서 다양하게 테러가 일어나고 있다. 그에 따른 대테러의 전문 자격증 제도로는 등급별로 차

등을 두어 선진국의 민간안전 산업에서 전문 자격증이 있는 것과 같이 테러전문 자격증도 함께 통합적으로 운영될 필요가 있을 것 같다(박준석, 2001). 기업테러안전의 전문가 양성을 위해서는 현재 대한상공회의소에서 실시하고 있는 국가기술자격검정에서 국가기술자격, 국가자격, 국가공인민간자격, 민간자격 등의 여러 분야로 실시하고 있는데 여기에 해외기업테러안전전문가의 자격을 도입하는 것도 고려해 볼 필요가 있을 것이다. 왜냐하면 해외기업진출에 관련된 국내기업의 협조기관 중에서 대한상공회의소에서 관련자격증을 발급하고 있기 때문에 큰 차원에서는 국가정보원 및 국가기관에서 주도하여 민간자격까지 확대를 위해서는 기존의 자격증주무부처의 대한상공회의소의 자격증도 확대할 필요가 있고 국가기관과 상호 협조하여 자격제도의 도입도 필요하다고 사료된다. 전문가가 양성되면 대테러 전문가의 활용 차원에서 테러위협국가의 대사관이나 영사관에 테러안전 전문가를 추가적으로 배치할 필요가 있겠다. 왜냐하면 테러리스트들의 동향을 관찰하고, 테러대응조직을 체계적으로 관리하고, 정보를 수집하고 분석하여 기업 규모에 따라 지속적으로 자체 경비원을 배치시키고, 근로자와 상주인과의 정보를 항시 유지토록 할수 있다. 또한 정보수집과 분석에서 핫 라인을 구축하여 보다 신속하게 대비・대응・복구할 수 있기 때문에 테러안전 전문가를 배치하는 것이 시급한 과제이며 해외 기업들의 테러발생에 대해서 효율적으로 대응할 수 있을 것이다.

8. 문화, 스포츠, 교육의 상호교류 및 방문

국내기업과 정부기관에서는 단기간의 투자 이익에만 국한할 것이 아니라 장기적으로 문화와 스포츠, 교육 등에서 상호교류 및 친선교류 방문이 필요하다고 사료된다. 특히 57개국 15억 이슬람 인구를 가진 거대시장인 중동지역과 아프리카를 비롯한 전 세계적으로 이슬람의 인구가 분포되어 있다. 특히 우리나라와의 문화차이가 많다. 그것을 극복하기 위해서는 현지 나라의 지도자, 족장 및 가족 및 영향력 있는 인사들과의 유대관계가 중요하다고 사료된다. 특히 현지 기업들은 이러한 중요인사들, NGO, 진출업체, 현지 유력인사들이 각종 단체에 대한 우리나라의 방문과 상호교류를 통해서 친밀관계를 유지하는 프로그램(현지 주민대상 기술, 취업교육, 고용

확대, 봉사활동 강화)을 다양화 · 체계화하여 우리나라의 문화와 정신을 이해시키는 데 노력하고 권장하여야 한다. 그 예로 중동지방과 아시아 및 아프리카 지역에서 우리나라의 중동문화권을 연계하기 위하여 KOICA의 활동영역을 더욱 확대하고 KOTRA, 중소기업청, 무역협회, 대한상공회의소에서도 봉사, 교류 및 참여를 통한 적극적인 자세로 접근할 필요가 있겠다. 또한 국내의 중동 문화원과 연계하여 외국인 거주시설 마련과 중동 전문 레저, 스포츠 및 관광전문가 교육을 비롯하여 해외 홍보원내 중동부서 설치 및 전문가를 유치하여야 하며, 일시적인 체계가 아니라 중동권 외국인에 대한 지속적인 교육, 한국 문화 및 언어 교육들이 필수적으로 이루어져야 할 것이다.

4. 결론

해외 진출 기업 테러위협 및 보호 방안에서 해외진출기업에서의 테러보호 기본시설 확충, 최고경영자(CEO)의 인식전환 필요, 기업의 대테러 대책 시스템 제도화, 국제적 협약 공조 및 국가기관과의 상호협조, 학계 및 민간보안업체의 상호협력, 대테러법 제정 필요, 테러대응을 위한 학문적 정립과 전문가 양성 및 배치, 문화, 스포츠, 교육의 상호교류 및 방문에 대한 내용을 살펴보았다. 여기서 무엇보다도 중요한 것은, 17대 국회에서 테러 법안이 폐기되었는데, 19대 때는 이 법안이 통과되어야 할 것이다. 왜냐하면 개괄적인 의미에서 대테러 법안에서 제정될 때 각론에서 해외 진출 기업의 보호와 테러대응의 방안이 체계적이고 구체적이며, 명확하게 이루어질 수 있기 때문이다. 지금의 대통령훈령 제47호 '국가대테러활동지침'에서는 법적 효력이 하위법에 의해서는 국가기관별 책임과 임무를 명확하게 확립하기 위해서라도 상위법인 대테러법이 제정되어야 한다. 현재의 훈령만으로는 해외진출 기업에 대한 법적 효력은 부족하다.

현 시점에서 해외진출기업을 향한 테러위협에 대한 세부적 보호 방안으로는 국가정보원(대테러통합센터)이 중심이 되어 유관기관인 KOTRA, 대한상공회의소, 무역협회, 국제교류협력단 및 대사관 · 영사관, 군 · 경찰 등과의 통합관리시스템을 지금

보다 좀 더 확대하여 체계적 · 조직적으로 대응해야 할 것이다.

또한 보호 방안으로 현재 중동이나 아프리카 등 테러 위협 국가들을 중심으로 테러 · 보안전문가들을 상시 근무하게 하여, 테러의 예방과 대응 및 복구를 위해 전문가들을 양성하고 배치해야 할 것이다. 이에 따라서, 대테러 연구소와, 협회, 학회를 만들어 학문적 영역을 구축하여 자격증과 민간전문가를 양성하는 것도 시급한 과제이며, 또한 민간보안업체와 상호 협력하여 효율적인 해외진출기업의 테러 보호방안을 모색할 수 있을 것이다. 또한 테러 위협 국가들과의 문화교류를 확대하여 우리문화의 이해와 교육의 교류를 통한 친근감을 위해 국가기관과 기업에서도 부단한 노력이 필요하다.

참고문헌

국가정보원, 2007년 테러정세, 2007.

경찰청외사관리실, 국제범죄, 2005.3. p.8.

문광건, 뉴테러리즘의 오늘과 내일(서울: KIDA출판부, 2003).

박승찬, 한 · 중 FTA 추진관련 중국 정부조달시장 및 진출전략 연구, 2007.

박준석, 뉴테러리즘개론, 백산출판사, 2006.

이강일, 테러리즘에 대한 국제 사회적 대응 방안과 그 문제점, 한국테러리즘 연구소, 2002, p.1.

KOTRA, "06 중국투자기업 그랜드서베이", 2007.

Aviv, Juval(2004), Staying Safe, New York: Harper Resource.

U.S Department of State, National Strategy for Combation Terrorism(Washington: DoS, September, 2006), p.21.

미국 국토안보부 홈페이지, http://www.dhs.gor(2014.02.03 검색).

내일신문, 2008년 3월 5일자.

연합뉴스, "작년부터 테러피해 우려 부각", 2007.

제 6 장

테러대응을 위한 정보활동에 대한 고찰

제6장 테러대응을 위한 정보활동에 대한 고찰

1. 서론

테러와 관련된 정보(intelligence)와 그 활용에 대해서 일반적으로 받아들여지는 정설은 대부분의 경우 테러공격을 예방하는 데 필요한 정보들로서 국가 정보기관에 이미 충분히 존재하기 때문에, 활용하고자 하는 정보가 부족한 것이 문제가 아니라는 것이다. 오히려 이처럼 수집가능하나 분산되어 있는 정보들을 하나의 해석가능한 정보로 연결(connecting the dots)하는 전문가들의 효과적인 분석이 미흡한 것이 문제라는 것이다. 이러한 관점은 9.11 이후 현재까지 진행되고 있는 테러와의 전쟁을 치르고 있는 미국의 학계 및 현장 전문가들 사이에서 테러 대응에서의 정보활동을 바라보는 주요한 관점의 하나라고 할 수 있다(Sawyer, 2003; Hitz & Weiss, 2004). 그러나 이러한 최근의 정설에 대한 비판적인 관점 역시 존재한다(Dahl, 2011). 특히 최근 미국에서 실패한 테러공모사건들에 대해 그 원인을 분석한 Dahl(2011: 622)에 따르면 대부분의 실패한 테러공모사건들, 즉 정부기관이나 치안기관 등에 의해서 사전에 발견되어 테러 공격시도가 미수에 그친 사건들은 고도의 분석능력을 가진 정보분석가가 불분명하고 확실하지 않은 미묘한 정보의 실마리들을 찾아 서로 연결하는 과정에서 그러한 공모를 밝힌 것이 아니라고 한다. 오히려 특정 테러집단이 실행하는 테러공모에 대한 아주 정확한 정보가 정보기관이나 법집행기관들에 의해 획득되었을 때, 테러사건이 불발에 그치게 되었다고 보고하였다. 그리고 정보기관과 법집행기관들이 획득한 이와 같은 정확한 정보는 특정한 스파이 개인의 비밀정보수집활동 등을 통해 직접 얻기보다는 대부분의 경우 집단수준에서 수행되는 정보기관의 통상적 정보수집활동과 법집행 기관의 일상적인 치안활동에 의해 수집되고 획득되었다는 것을 발견하였다. 이러한 연구결과가 중요하게 시사하는 점은 통상적인 정보활동이나 치안활동을 통해 대중들로부터 얻어지는 정보들이 하나의 중요하고 효과적인 대테러 활동을 위한 자원이 될 수 있다는 점이다.

위에 제시한 Dahl(2011)의 시사점을 참고하여 정보기관이나 법집행기관의 통상적인 업무수행에서 테러대응을 위한 정보활동을 극대화하는 방안을 제시하고자 한다. 이러한 대테러 정보수집활동은 일반대중 속에서 테러대응을 위한 정보를 찾아내고, 통상적인 법집행 활동인 치안활동이나 외국인 관리활동 등을 수행하는 과정에서 테러대응을 위한 중요한 정보를 발견하고 테러사건의 발생을 미연에 방지하는데 유용한 정보들을 활용하는 것을 지향한다. 이러한 정보활동은 테러대응을 위한 별도의 정보활동을 요구하지 않음으로써 비용을 절감하는 효과가 있으며 기존의 통상적인 정보활동과 법집행 활동을 활용함으로 인해 테러대응뿐 아니라 테러 이외의 범죄예방이나 국가안보의 다른 부문에도 긍정적인 파급효과를 미칠 수 있다. 한편 이러한 정보활동은 경찰이나 국세청, 또는 출입국관리국이나 보호관찰과 같은 일반적 법집행 기관과 함께 보조를 맞춘 대테러 정보활동이 진행되어야 할 부분일 것이다. 이러한 다른 법집행 기관들과의 통합적 정보활동에서 국가정보기관은 컨트롤타워로서의 기능을 수행할 수 있다.

2. 정보개념의 변화

최근 들어 정보개념의 변화가 나타나고 있다. 이는 사소하고 중요하지 않아 보이는 잡다한 정보들을 수집하고 다루어야 하는 대테러분야에서 특히 그러하다. 기존의 정보(intelligence) 개념은 비밀스런 출처를 통해 수집되고 분석된 대상들만을 지칭해 왔다. 하지만 최근 들어서는 일반인이 알고 있거나 쉽게 알 수 있는 여러 공개출처로부터 획득된 정보를 기존의 정보개념에 함께 포함하여 보다 다양한 출처에서 수집되고 분석되는 대상을 정보라고 개념 짓는 것으로 확장되고 있다. 종전의 미국의 전통적인 정보(intelligence)에 대한 정의와 현재 미국에서 사용되고 있는 새로운 정보에 대한 개념 사용의 확대를 비교해 보면 이와 같은 변화가 더욱 분명하다. 즉, 기존의 정보에 대한 개념은 모든 사용가능한 분석의 과정을 거쳐서 조합되고 정제된 형태의 '완료된 형태의 정보(finished intelligence)'로 주로 비밀스런 출처를 통해 수집되고 분석된 대상들이며 의사결정의 최고 단위에 있는 정책결정자들에게 조언과 선택사항들을 제시할 수 있는 정보의 의미로 사용되었다. 즉, "급박히 또는 당장은 아니어도 잠재적으로 계획이 필요할 것으로 여겨지는 작전지역 또는 다른 국가들의 다양한 측면의 관심사들에 대한 가능한 모든 정보들을 수집, 평가, 분석, 통합, 그리고 해석의 모든 과정을 거쳐 생산되는 결과물이다"라는 것이다.[1] 이러한 정의는 대체로 비밀스런 출처를 통해 수집되고 분석된 결과물들에 대해서 제한적으로 적용된 정보의 개념이다(Davies, 2002: 62-67).

하지만 이와 같은 미국에서 주로 사용되었던 전통적인 정보의 개념은 최근 들어 변화하고 있다. 이러한 정보에 대한 새로운 개념정의는 전통적으로 정보를 수집하고 있는 국가기관들의 역할에서의 한계에 대해 지적을 하면서 모든 다양한 수준의 정보수집의 필요성과 당위성을 주장한다. 전통적 개념의 정보는 수집・분석되어 정책결정자들에게 전달되는 과정까지 모두 비밀스러운 과정에 의해서 수행되어 왔기 때문에 각 정보기관과 법집행기관들 간의 정보 공유가 거의 이루어지지 않음으로써 정보의 사이클(intelligence cycle) 자체에 문제가 발생한다는 점과 일반대중으로부터 일상적으로 수집할 수 있는 중요한 정보들이 흔히 간과될 수 있다는 문제점 등을 지적하고, 이제는 정보수집과 사용의 새로운 패러다임이 시작되어야 한다는 것을 미국의 국방기관 및 다수의 정보기관들이 인식해야 한다는 것을 주장한다. 따라서 이러한 새로운 개념의 정보는 그 수집과 분석에서 비밀출처뿐만 아니라 공개출처 정보와 통상적인 법집행활동이나 정보활동으로부터 획득된 잡다한 정보들을 포함하며 여러 수준의 분석 결과물들을 포함한다. 또한 이러한 정보는 반드시 정책 결정자를 위한 보고물만을 의미하지 않으며 다양한 수준의 정보기관이나 법집행기관의

---

1) 미국군대용어사전(Directory of United States Military Terms for Joint Usage)에서 정의하고 있는 내용.

실무자들을 위한 참고자료를 포함한다.

이 논문의 주요논점의 전개는 이러한 최근의 변화된 정보의 개념을 적극 수용한다. 통상적인 정보활동이나 법집행 활동을 적극 활용한 다양한 공개, 비공개 정보수집활동을 포함하며 다양한 형태의 정보 결과물을 상정한다. 특히 대테러 분야에서는 최근의 시대적 변화양상을 반영하여 이러한 새로운 정보의 개념이 더 적합할 것이다.

3. 지역사회에서의 정보활동

1. 이주자 밀집지역과 정보활동

2000년대 들어 국내의 외국인 거주자들의 수가 빠르게 증가하고 있다. 이들 이민자들을 포함한 이주자들의 증가를 이끌어온 가장 중요한 요인들은 외국인노동자들의 유입, 국내 교육기관의 유학생 증가와 내국인들과의 결혼을 통한 입국 등이다. 그리고 탈북자들의 경우 정치적, 경제적 이유로 그 수가 증가하고 있다. 이들 탈북자와 조선족을 포함한 외국계 이주자들은 주로 안산 단원지역과 서울 구로 등과 같은 특정 지역에 집중적으로 모여 사는 경향이 있다. 이들은 이러한 밀집 거주지역과 노동지역들을 중심으로 자신들만의 배타적인 밀집지역을 형성하고 있다. 문제는 이러한 밀집지역들이 문화적, 언어적, 인종적 배타성 때문에 국가의 공권력이 미치지 못한다는 점이다. 사실상 경찰의 공권력이나 정보기관의 정보수집활동이 거의 행사되지 못하며 따라서, 밀집지역 내에서 누가 통제력을 행사하고 그 안에서 무슨 일이 일어나고 있는지 정확히 파악되지 않는다는 문제점을 드러낸다. 이는 우리 영토 내에 통제되지 않는 지역이 존재한다는 것으로 국가안보의 심각한 공백을 초래할 수 있다.

미국 등의 사례를 참조하면 이러한 외국 이주자들의 밀집지역은 테러위협의 주요한 출처이자 동시에 테러관련 정보수집의 주요한 출처이다. 미국 정부는 9.11 이후 이주자들의 밀집지역, 특히 무슬림과 연계를 갖고 있는 아랍과 아시아의 공동체를 테러리즘의 잠재적 배양지로 주시하고 있으며 이에 대해 지속적인 정보활동을 해오고 있다. 2001년 11월부터 미국에서는 연방검찰총장이 연방, 주, 그리고 지역의 법 집행기관들이 미국 내에서 임시 비자를 갖고 있는 중동 국가 출신의 젊은 남자 수천 명에 대해 '자발적인 형태로' 인터뷰를 하도록 요청했다. 이러한 정보수집행위는 대부분의 이민자들이 거의 테러와 관련이 없음에도 불구하고 나름의 근거를 가지고 수행되었다. 즉, 9.11 테러 이전에 일어났던 1993년의 쌍둥이 빌딩에 대한 첫 번째 공격은 맨해튼에서 가까운 뉴저지의 저지시티에 거주하는 무리에 의해 수행되었다. 이 사건의 테러 공격자들은 그들의 민족적, 국적 배경과 맞아떨어지는 이민 지역들이나 그 가까이에 살았다. 또한 9.11 테러의 공격자들도 공격준비 단계에 역시 이민자 밀집지역에 잠복해 있으면서 자신들의 공격준비를 실행한 바 있다. 따라서 국외에 근거를 둔 테러집단의 공격이 미국 내에 있는 이민 사회의 존재 때문에 가능할 수 있었다는 점은 의심의 여지가 없다. 이주자 공동체들은 새로 도착하는 사람들이 낯선 나라에서 특히 그 나라 언어를 구사할 수 없을 때 자신들의 문제를 풀어나갈 수 있도록 돕는 중요한 역할을 한다. 즉 이주자 공동체들은 외국에서 온 테러리스트들이 은행 계좌를 열고, 신용카드를 만들고, 외국으로부터 돈을 송금받고, 차를 사고, 살 곳을 찾고 하는 기본적인 공격준비단계의 여러 문제들을 쉽게 해결할 수 있도록 만들어준다. 이주자 밀집공동체들의 몇몇은 알카에다의 상당한 수입이 이민 공동체에 있는 모금 단체나 모스크(이슬람 사원)를 통해 이루어진다는 사실을 감안하면 알카에다에 대한 재정지원의 중요한 출처 가운데 하나이다.

테러활동에 대한 이주자 밀집지역의 긍정적인 영향 때문에, 이러한 지역들은 경찰과 출입국 관리국과 같은 법집행기관과 정보기관의 주요한 관심대상이 되어야 한다. 더욱이 미국과 영국, 그리고 유럽 각국에서 무슬림 공동체들이 그러했던 것처럼 자생적인 테러리스트들이 잠복하고 있을 가능성에 관해서도 주목해야 한다. 특히 우리나라의 경우는 이주자들이 관련되거나 주도한 자생 테러리즘뿐만 아니라 북한의 특수전 요원들이나 테러 공작원들이 이들 외국인 밀집지역에 잠복하고 있을 가능성에 대해서도 주목해야 한다. 한편, 이주자의 자생테러와 관련해서는 미국과 유럽의 사례가 보여주듯 자국민들이 경멸하는 일을 하기 위하여 이주해 온 1세대 이주자들이 아니라, 이들 1세대 이주자들에게서 태어난, 때문에 정체성의 혼란과 정치적 · 사회적 지위에 대한 불만에 가득 찬 이주자 2, 3세대들이 주요한 근원이 된다. 유럽의 경우 1960~70년대 외국인 이주가 시작된 이후 약 30여 년이 지난 지금 자생테러문제에 직면하고 있다는 사실을 감안하면, 우리나라의 경우 1990년대에 시작된 외국인 이주 이후 30여 년이 지난 2020~30년경에 이 이주자 2, 3세대에 의한 자생테러 문제에 직면할 수도 있다. 이런 맥락에서 이주자 밀집지역의 치안과 정보활동의 사각지대로 남게 되는 것은 국가안보에 심각한 위협을 초래할 수도 있다.

외국인 밀집지역에서 공권력을 회복하고 지역의 투명성을 높이기 위한 첫 번째 단추는 법집행 서비스와 정보활동이 동시에 진행되어야 한다는 점이다. 이들 지역은 특수한 지위에 있다. 기본적이 삶을 위해 생명과 재산의 보호, 상거래상 일어나는 계약의 보장, 그리고 각종 개인적 신변의 위협으로부터의 보호와 같은 기본적인 보장이 이루어지지 않는다. 외국계 이주자들은 우리나라의 공권력이 낯설고 또 신뢰할 수 없는 경우가 대부분이다. 또한 언어적 · 문화적 장벽으로 인해 우리나라의 공권력 역시 이들에 대한 효과적인 치안서비스와 사회안전망을 제공하지 못한다. 이러한 상황은 외국계 이주자들이 자생수단을 강구하고 자신들만의 배타적 공동체를 형성하도록 만든다. 대체로 범죄세력이나 테러세력이 국가 공권력의 대체수단으로 사회안전망을 제공하거나 이주자들 스스로 자경단이나 집단을 규합하여 스스로 문제를 해결하는 경향이 나타난다. 이런 경향은 국가의 공권력이 이러한 지역으로부터 더욱 배제되게 만들며 이들 지역에서의 정보수집활동을 더욱 어렵게 만든다. 실제로 우리보다 오랫동안 이러한 외국인 이주자 밀집지역과 씨름해 온 미국의 사례는 이주자 밀집공동체들을 보호하고 그들에게 거듭 안전에 대한 보장을 제공하는 것과 동시에 그들이 테러리즘을 감싸거나 지원하지 않도록 하는 것이 얼마나 어려운 노력인지를 보여준다. 미국이 경험한 이주자 밀집지역에 대한 국가 공권력의 작동을 방해하는 중요한 장애물들은 다음과 같은 것들이 있다: (1) 이주자들은 종종 경찰이나 해당 국가의 공권력을 두려워하고 불신한다; (2) 많은 이주자들은 인권법(civil rights), 미국 법률, 또는 법집행에 관해 거의 이해를 하지 못한다; (3) 언어장벽이 효과적인 의사소통을 방해하고 이주자들과 경찰 사이의 신뢰구축을 방해한다; (4) 이주자들은 경찰과의 접촉이 그들의 이민상태를 위협할 것이라고 두려워한다; (5) 많은 이주자들이 자신들의 새로운 거주지에 대해서보다는 자신들의 고국에 훨씬 더 결속되어 있기 때문에 지역기반 경찰활동 프로그램이 요구하는 공동체 사회와의 연대감이 결여된다; (6) 이주자들 사이에 투표권이 없기 때문에 미국정부의 관심사항들에 무관심하도록 만든다(McDonald, 2006).

이러한 어려운 사정에도 불구하고 이주자 밀집지역에서 국가의 공권력을 회복하기 위한 시도들이 미국에서 제안되고 있다. 이는 지역기반 경찰활동이라는 치안활동과 이러한 치안활동과 동시에 테러관련 주요 정보를 수집하는 정보활동을 통합해서 운용하는 방식이다. 이러한 치안과 정보활동의 통합적 접근은 외국인 밀집지역에 대한 공권력의 침투를 위한 최선의 대안인 것으로 받아들여지고 있다. 이는 우리나라에서도 참고할 만하다. 다음은 이러한 접근법의 구체적 방안들이다.

- 이주자 공동체들을 대상으로만 일하는 지역기반 경찰활동 담당자를 지정한다. 규모가 큰 이주자 공동체들 내에 소규모 경찰서를 설치한다.
  이들 경찰은 자신들의 고유 업무를 수행하는 과정에 대테러 정보를 수집할 경우 해당 정보기관에 관련 정보를 전달한다.
- 이주자 공동체들과 의사소통하기 위하여 해당 민족의 라디오와 텔레비전, 종교기관, 그리고 고용주들을 활용한다. 이러한 노력은 국가의 정보기관이 해당 이주자 공동체 구성원들뿐만 아니라 일반적으로 관할 지역 내에 있으면서 이주자 모임에 잘 참석하지 않는 이주자들(예를 들면, 보다 젊은 이민자들, 이민자들의 자녀들, 그리고 일용직 노동자들)에게 다가가도록 도울 것이다.
- 보다 더 많은 수의 통역들을 고용하고 외국어로 된 치안관련 자료들을 이주자들이 이용할 수 있도록 한다. 거주지역의 해당 언어가 능숙하지 않는 사람들을 위해 각종 정부 프로그램과 기관들에 대한 접근성을 개선시키는 방안을 모색한다.
- 이주자 사회의 지도자들을 경찰이나 정보기관원들을 대상으로 한 효과적인 문화훈련 프로그램을 고안하고 실행하는 데 참여시킨다. 동시에 경찰관과 정보기

관원들이 이민 공동체 내의 여러 구성원들과 효과적으로 의사소통하도록 훈련시킨다.

- 이민법과 관련된 법집행 정책을 분명하게 정의하고 공표한다.
- 경찰과 출입국관리국 등의 법집행 기관의 역할과 정책들에 관해 공동체 내에 있는 정부에 우호적인 이주자들에게 알려준다(McDonald, 2006).

2. 일반대중의 자발적인 참여를 통한 경계활동 및 정보활동

미국의 대도시 가까이에 있는 전자장치로 된 도로표지는 공공에게 "의심스런 행동을 신고하라"고 요구하는 800 숫자가 들어가는 수신자 부담 전화번호를 종종 보여준다. 우리나라의 경우도 11로 시작되는 여러 전화번호들이 이러한 요구를 한다. 이러한 것들은 좋은 아이디어인 것처럼 보이지만 일반대중들이 경계하도록 장려함으로써 일반대중들 사이에서 두려움을 높이거나 대체로 쓸모없는 신고 전화를 증가시킨다. 물론 이러한 신고들이 어떤 경우에는 효용이 있을 수도 있다. 따라서 막연히 애매모호하게 신고를 장려하는 전략보다는 구체적인 가이드라인과 상황별로 일반대중의 자발적인 참여를 통해 경계활동과 정보활동에 공헌하도록 하는 전략을 고려해야 한다.

사실상, 일반대중의 막연한 자발적 경계심에 의존해서는 안되는 여러 가지 이유들이 있다. 먼저, 누구라도 신고대상이 되는 특정한 물건들을 인지할 수 있고 그러한 물건들이 폭탄을 담고 있을 수도 있다고 쉽게 이해할 수 있다면 일반대중에게 주인 없는 가방이나 짐 등을 신고하도록 요청하는 것은 의미가 있다. 그러나 의심스런 행동이 구체적으로 정의되지 않으면서 그러한 행동이 무엇인지에 대해 거의 합의가 되어 있지 않을 경우에는 막연한 두려움만을 높이거나 쓸데없는 신고만을 증가시킨다. 다음의 사례들은 막연히 애매모호하게 정의된 신고대상행동들이다. 이러한 행동들에 대한 신고 장려가 얼마나 효과적일지는 의문이며 일반대중의 자발적인 참여를 통한 경계활동과 정보활동에 별다른 도움이 될 것 같지도 않다.

- 테러리즘에 관한 일곱 가지 경고 사인들[2)]
  1) 관심: 어떤 목표물에 대한 의심스러울 정도의 지나친 관심; 목표물에 대한 특이한 사진 촬영; 지도와 도표의 작성; 정부 건물과 수도나 전기, 가스시설에 대한 청사진을 획득하기 위한 시도들.
  2) 정보획득: 어떤 장소, 사람, 또는 활동에 대한 접근제한된 정보를 구하기 위한 시도들; 핵심적인 사람들을 민감한 업무 구역에 배치하려는 시도들; 목표물의 강점과 약점을 발견하려는 노력들.
  3) 보안성에 대한 시험: 목표물 근처를 운전하여 지나거나 대응시간을 알아보기 위하여 보안을 침해하려고 시도하는 것.
  4) 공급물품을 확보하기: 폭발물, 실탄, 또는 무기들을 구매하거나 훔치는 것; 질소비료와 같은 화학물질을 대량으로 불법적으로 저장하는 것; 법 집행 공무원의 유니폼이나 신분인식 배지를 훔치는 것.
  5) 주변상황에 어울리지 않는 의심스런 사람들: 정상적인 행동의 범위 내에 들어맞지 않는 것처럼 보이는 행동들; 행동, 자발적인 은둔, 또는 반사회적인 행동 때문에 주위와 어울리지 않는 사람들; 훈련 매뉴얼과 반미국적 또는 반유대적인 선전의 존재.
  6) 위장된 작업: 벌레를 퇴치하거나 예상하지 못한 문제들을 처리하기 위해 목표 지역들이나 그 가까이에서 작업을 수행하는 것; 이러한 것들은 경로지도를 만들고 경찰의 무전 주파수를 점검하고, 교통신호가 바뀌는 시간을 측정하는 것 등을 포함할 수 있다.
  7) 폭파범을 알아내는 징후들
     - 자살 폭파범들: 혼자 있고 심경이 예민하다; 날씨 조건과 어울리지 않는 느슨하고 펑퍼짐하며 두꺼운 옷을 입고 있다; 노출된 전선줄; 폭탄 허리띠 또는 두꺼운 가죽 허리띠 때문에 나타나는 단단하고 경직된 몸의 가운데 부분; 격발장치를 쥐고 있을지도 모르는 묶인 손

2) U.S. Attorney's Office, District of Hawaii, http://www.usdoj.gov/usao/hi/atac/terrorisminformation.pdf(2014년 1월 7일 검색).

- 트럭 폭파범들: 상당한 양의 폭발물, 퓨즈, 폭파용 뇌관, 그리고 nitric acid, sulfuric acid, urea crystals, liquid nitromethane, 또는 ammonium nitrate 질산, 황산, 요소 결정, 액체 니트로메탄, 질산암모늄과 같은 화학 물질들을 구매하거나 훔치는 것; 화학 물질들을 저장하기 위해 자가용 창고를 임대하는 것; 아파트, 모텔, 또는 창고 내에서 발견되는 특이한 냄새들, 부식된 금속, 또는 밝은 얼룩들; 최소한 1톤 정도를 실어나를 수 있는 트럭이나 승합차를 빌리거나, 훔치거나, 구매하는 것; 외딴 곳, 시골지역에서 폭발을 시험하는 것; 손에 나타나는 화학약품으로 인한 화상 자국이나 손가락이 잘린 흔적.

위에 제시된 여러 의심스런 따라서 신고대상이 되는 행동들의 사례는 하와이에 있는 연방지방검찰청(U.S. Attorney's Office)에서 가져온 의심스런 행동의 목록이다. 이러한 목록들이 그러나 어떤 정도로 일반 대중의 경계활동과 정보활동에 대한 참여를 돕기 위한 구체적인 정보를 일반대중들에게 주는지는 분명하지 않다. 비록 위의 지표들 가운데 몇몇은 유효할 수도 있지만(예를 들면, 화학 물질의 특이한 구매들), 그 대부분은 애매모호하고 일반적으로 정상적인 행동들(예를 들면)과 구별되지 않는 보통의 일상 활동들을 포함한다. 때문에 오히려 이러한 막연한 지표들의 선전과 교육은 일반대중에게 두려움만을 증가시키거나 불필요한 신고만을 증가시킴으로 인해 신고체계나 대중의 경계와 정보활동의 참여 자체에 대한 불필요성을 증가시킨다. 또한 의심스런 행동에 대한 분명한 정의 없이 어떤 사람들이 의심스럽다거나 혹은 그들과 어울리지 않은 장소에 있다거나 하는 것으로 신고를 유도할 경우 정의하는 사람들의 편견과 추정에 근거해 신고가 이루어지거나 고발이 일어날 수 있는 위험과 비용의 낭비가 초래된다.

테러행위로 의심되는 행동을 신고하도록 공공에게 도움을 요청하는 것은 공짜가 아니다. 걸려온 신고 전화를 받아야 하고 전화를 건 사람과 대화해야 하거나 이후에 녹음기록을 들어야 한다. 그리고 이 녹음의 경우 전화로 신고된 경고가 사실이라면 이미 너무 늦을 수도 있다. 이런 모든 것들은 비용과 시간, 그리고 노력이라는 대가가 따른다. 신고를 받은 이후에, 그 사안들을 평가하고 때로는 그에 대한 조사를 할 필요가 발생한다. 그리고 신고한 사실이 근거가 없다면 부족한 대테러 자원들이 낭비될 수 있다. 테러리즘은 극단적으로 드물게 일어난다. 일반대중은 아무 일도 일어나지 않는다면 경계를 하고 있으라는 권고에 곧 싫증을 느낄 것이다. 더욱 안 좋은 것은 이러한 경계에 대한 요청들이 일반대중들로 하여금 대테러 노력들의 유용성 자체에 대해 냉소적인 태도를 가지도록 만들 수 있다.

일반 대중에게 의심스런 행동을 신고하도록 요청하는 것의 효용가치가 제한적이라면, 대신에 잠재적인 테러리스트들과 접촉할 가능성이 높은 개인들이나 사업체들에게 제한적으로 그러한 요청을 하는 것은 도움이 되는가? 즉, 도시에 있는 렌터카 업체 사람들에게 의심스런 고객-예를 들면, 큰 승합차나 트럭을 렌트하는 한 무리의 외국인 남자들-에 대해 경찰이나 정보기관에 알리도록 요청하는 것은 그럴 만한 가치가 있는가? 호텔과 모텔 직원에게 이슬람 국가들로부터 온 손님들이 투숙할 때 대테러 관계당국에 알리도록 요청하는 것은 그럴 만한 가치가 있는가? 단기간 집을 임대하려는 사람들이 외떨어진 집이나 건물을 찾거나 현금으로 임대료를 지불할 때 관계당국에 알리도록 부동산 업자에게 요청해야 하는가? 해외로부터 오는 돈이 정기적으로 지불되는 것과 관련하여 이러한 사실을 관계 당국에 알려주도록 은행직원들에게 요청할 만한 가치가 있는가?

이러한 것들은 설득력 있는 경계조치인 것처럼 보인다. 그러나 이러한 행동들의 대부분은 합법적이다. 결과적으로, 정보기관 등의 관계당국은 테러와 관련이 있는 듯한 대중으로부터 신고된 정보의 질과 정보들을 수집하고 연계하는 문제에 대하여 상당한 고민을 할 필요가 있다. 위에 사례로든 여러 다양한 요청들은 처음에는 몇 개의 정보들이 보고되는 소득은 있을 수 있으나 관계당국이 계속적으로 반복적인 요청을 하지 않는다면 곧 빠르게 그러한 보고들은 사라질 것이다. 일반대중이 신고를 통해 대테러 정보활동에 참여하도록 하기 위해서는 여기에 제시된 것과 같은 여러 제한점들과 어려움들을 숙지하고 이에 대한 대응책을 고려하는 것이 필요하다.

4. 비디오카메라와 정보활동

CCTV와 같은 비디오카메라 장치를 활용한 대테러 정보활동의 한계를 이해하는 것이 필요하다. 이러한 장치들은 대테러 정보활동에 도움이 되지만 이것들이 모든 문제를 해결할 수 있는 완벽한 해결책은 아니다. 따라서 비디오카메라에 전적으로 의지하는 것은 좋지 않으며 그 한계를 명확히 알고 다른 대테러 대응조치의 보조수단으로 주의 깊게 사용하는 태도가 필요하다.

2005년 7월 런던 지하철 자살 폭탄 공격 이후 얼마 되지 않아, 세계의 TV 방송국들은 지하철에 들어가는 4명의 폭파범들의 비디오 영상을 방송했다. 그 영상들은 비디오 감시의 가치에 대한 생생한 확인이었고 그것들을 보는 어느 누구도 수사관들에 대한 그것들의 가치에 대해 깊은 인상을 받지 않을 수 없었다. 따라서 대부분의 사람들이 테러리즘으로부터 보호받기 위하여 대도시 등지에 비디오카메라를 설치할 필요가 있다는 생각을 가지게 될 가능성이 높아진다. 비록 비디오카메라 설치에 반대하는 의견들이 사생활 보호에 대한 우려에 기반하지만, 비디오카메라가 거리를 더 안전하게 만드는 효과가 분명히 나타난다면 대부분의 사람들은 자신들이 촬영된다는 사실에 크게 관심을 두지 않을 것이다. 런던 지하철의 비디오카메라 사진은 테러리즘 수사에서 비디오 감시의 가치를 생생하게 입증했다.

하지만 여기서 한 가지 생각해 보아야 할 것은 비디오카메라가 런던 지하철의 폭탄테러가 발생하는 것을 예방할 수 있었는가 하는 문제이다. 이 문제와 관련하여 제리 라트클리프 박사는 최근에 공공장소에서 범죄를 예방하는 데 있어 비디오 감시의 효과성에 관한 연구를 검토했다. 그는 대부분의 연구들이 영국에서 수행된 30개가 넘는 출판된 연구 결과들을 분석했다. 그는 비디오 감시들이 흔히 다른 범죄예방기법들과 함께 사용되어 비디오 감시의 효과와 다른 조치들의 효과를 구별하기가 어렵기 때문에 비디오카메라의 효과성을 입증하기가 어렵다고 언급했다. 비디오 감시가 범죄를 줄였는지 또는 단순히 범죄는 카메라의 범위 너머로 옮겼는지를 아는 것은 또한 어렵다. 이러한 어려움들에도 불구하고, 그는 다음과 같은 결론들을 제시했다.

- 비디오카메라가 어떤 역할을 할 수 있지만 만병통치약은 아니다. 그것들은 서로 다른 상황들에서 다른 방식으로 기능한다.
- 비디오카메라는 범죄 수행의 어려움과 위험을 높이고, 범죄의 보상을 줄이고, 그리고 변명거리와 유혹을 줄이는 조치들과 같은 다른 상황 예방 조치들과 함께 실행될 때 가장 효과적으로 작동한다.
- 비디오카메라들은 크고 광범위한 지역들(시내 중심 지역과 같은)보다는 작고, 잘 정의된 지역단위들(예를 들면, 주차장)에서 가장 잘 작동한다.
- 비디오카메라들은 폭력 또는 무질서와 같은 범죄유형보다는 차라리 절도와 같은 사물에 대한 범죄와 싸우는 데 더 효과적이다.
- 비디오카메라는 국가의 공권력 집행과 긴밀하게 통합될 때 가장 잘 작동한다(Daniel & Smalley, 2007).

이러한 요약으로부터 분명히 알 수 있는 점은 신중하게 주위 여건에 맞출 때 비디오카메라는 상황범죄예방혜택을 제공할 것이라는 사실이다. 그것들이 테러리즘을 예방할 수 있는가는 비록 테러리즘 실행의 위험성을 높이는 어떤 것이든 어떤 억제 효과를 가지게 될 것이라고 믿을 만한 그럴듯한 이유가 있음에도 불구하고 불분명하다. 우리는 따라서 특히 카메라들이 보다 일반적인 범죄 예방 혜택을 가지게 될 것이기 때문에 공격받을 위험이 높은 구체적인 목표물에 대한 기본적인 보안을 증가시키기 위한 어떤 계획에서든 비디오카메라들을 포함시키려는 경향을 보이게 될 것이다. 카메라들이 공공 도로 또는 도시 중심부 지역에 설치되어야 하는가는 그러한 여건에서 카메라의 범죄예방 가치가 분명하지 않기 때문에 보다 어려운 결정이 된다. 그러나 그것들은 공공에게 거듭 신뢰를 줄 수 있고 테러 사건의 발생 시에 유용하게 활용될 수 있을 것이다. 대부분은 시스템의 정교함과 크기에 달려 있을 것이고 따라서 그 비용에 달려 있을 것이다. 라트클리프 박사는 완전한 비디오 감시 시스템의 구성부분들을 다음과 같이 제시한다.

- 공공구역을 살펴보는 하나 또는 그 이상의 카메라들
- 비디오 이미지를 하나 또는 그 이상의 모니터들로 전송하는 메커니즘
- 일반적으로 리코딩 장치가 부착된-현장을 살펴보는 비디오 모니터들
- 경찰관 또는 보안요원과 같은 카메라 작동자

비디오카메라 자체와 관련된 정교한 부분들은 다음을 포함한다:

- 이미지를 인터넷을 통해 전송할 수 있는 능력
- 카메라를 작동시키는 동작 센서들
- 밤에 사진의 질을 높일 수 있는 보통 또는 적외선 조명
- 작동자가 카메라의 관찰 방향, 줌, 그리고 초점을 바꿀 수 있게 해주는 회전과 기울임 능력
- 총격사건의 위치를 평가하기 위한 얼굴인식기술들과 시스템들
- 거리에서의 싸움과 같은 특이한 활동을 탐지하는 정보 시스템((Daniel & Smalley, 2007)

어떤 비디오카메라 시스템을 고르든, 여러 가지의 관련된 문제들에 직면할 것이다: 어디에 카메라들을 설치할 것인가, 당신의 범죄 예방 카메라를 이미 있는 교통 감시 카메라와 통합할 것인가, 카메라를 어떻게 감독할 것인가, 사건에 어떻게 대응할 것인가; 현장에 있는 경찰관들과 어떻게 연락을 주고받을 것인가, 이미지들을 어떻게 저장하고 얼마나 오래 저장할 것인가, 그리고 사생활 보호와 관련된 공공의 우려를 어떻게 관리할 것인가. 이와 관련하여 어떤 경우에든 대부분의 카메라시스템들은 비합리적인 수색과 압수를 막기 위한 헌법상의 보호를 훼손하지는 않을 것이며 경찰관들이 카메라를 부적절하게 사용하지 못하도록 막을 것이며, 그리고 저장된 이미지들을 알 필요가 있는 사람들에게만 접근을 허락할 것이라는 점을 보여줄

필요가 있다. 이러한 문제들은 대테러를 위한 비디오카메라 운용과 관련하여 고려해야 할 사항들이다.

대한민국에서는 2002년 이후 서울시 기초자치단체들을 중심으로 방범용 CCTV가 운용되어 왔다. CCTV의 실질적인 범죄예방 효과를 의심하거나 사생활 침해를 우려하는 의견도 있으나, 실증적 연구결과에 따르면 범죄 불안감 감소와 사후 범인 식별 및 검거에 효과적이며(강석진 · 박지은 · 이경훈, 2009), 특히 절도 범죄를 중심으로 범죄통제 이익의 확산효과(diffusion effects of crime control benefit)가 나타나고 있는 것으로 밝혀진 바 있다(최응렬 · 김연수, 2007).

5. 지역기반경찰활동(Community Policing)을 활용한 정보활동

"시민들로부터 신뢰를 얻고 효과적으로 작동하는 지역 경찰 단위체만이 외국에서 온 한 무리의 젊은 사람들이 최근에 인근 아파트로 이사해 왔고 의심스럽게 행동하고 있다고 말하는 이민자 밀집지역에서 장사하는 한 지역 상인에게 귀를 기울일 것이다. 지역 경찰은 시민들의 자유를 어떻게 보호하고 합법적으로 테러사건의 단서들을 획득할지를 이해하는 데 가장 적합하게 준비되어 있다"(Kelling & Braton, 2006).

전 CIA 국장이었던 제임스 울시의 2004년 하원의회 증언에서 인용한 이 구절은 대테러에 관한 지역 경찰의 역할을 중요한 것으로 인정한 수많은 지적들 가운데 하나이다. 핵심적인 정보를 획득하기 위한 그의 처방의 핵심은 지역 공동체의 핵심 구성원들과 정기적으로 그리고 비공식적으로 이야기를 나눔으로써 시민들의 신뢰를 얻는 것이다. 다른 말로 기술하자면, 이는 효과적인 지역기반 경찰활동을 위한 공식이다. 이미 몇몇 경찰부서들은 (1) 관할지역 공동체에 더 잘 봉사하기 위하여 그리고 (2) 지역 공동체가 해당 지역의 경찰활동에 협력하도록 장려하기 위하여 구체적인 관할 지역 사회들에 구역 담당 경찰관들을 배치했을는지 모른다. 많은 경찰관들이 자신들이 배치된 지역사회들에서 지역 주민들과 그곳에서 장사하는 사업주들과 친분을 쌓고 지역의 문제들과 문제를 일으키는 사람들에 대해 그들과 이야기를 나누는 데 상당한 시간을 보낼 것이다. 테러 공격이 초래할 수 있는 인명의 손실을 고려한다면, 시민들은 통상적인 범죄보다는 훨씬 더 적극적으로 의심스런 행동에 대한 정보를 전달하려고 하는 경향을 관찰할 수 있다. 사실상, 지역 기반 경찰활동을 통해 정보를 수집하는 것은 전통적인 정보활동에 비해 많은 이점을 가진다. 지역 기반 경찰활동에 집중함으로써 국가 공권력은 다음의 쟁점들을 피할 수 있다:

- 입증되지 않은 용의자의 목록들을 쌓아놓는 것
- 용의자와 장소에 관해 감시하느라 값비싼 대가를 치르는 것
- 프로파일하는 것에 대해 기소당해 법정에서 씨름하는 것
- 도청과 도청이 야기하는 법적 · 정치적으로 골치 아픈 일들과 씨름하는 것
- 비밀 (그래서 의심스런) 작전들을 수행하는 것과 관련된 여러 귀찮은 논쟁들
- 지역 공동체의 국가기관에 대한 신뢰를 떨어뜨리는 것
- 지역 공동체의 이해에 반해서 국가공권력을 행사하는 것
- 함정수사에 관한 기소와 씨름하는 것

반면, 지역 기반 경찰활동에 집중함으로써, 다음과 같은 혜택들을 취할 수 있다:

- 지역 공동체의 국가 공권력에 대한 신뢰
- 테러위험에 가장 취약한 목표물에 대한 지식을 획득하는 것
- 예방된 테러리즘에 더하여 범죄가 감소되는 부수적인 효과
- 국가 공권력이 지역 공동체에 대한 보다 깊이 있는 지식을 획득하게 됨
- 비즈니스 업체들과의 보다 긴밀한 협력
- 국가 공권력이 개방적이라는 평판
- 지역주민들로부터 얻게 되는 존경

Kelling과 Braton(2006)은 지역기반경찰활동을 활용한 테러대응 정보활동의 장점을 다음과 같이 묘사한다.

> “지역 경찰관들은 그들이 보호하겠다고 선서한 지역 공동체에 매일 모습을 보인다. 그들은 ‘그들에게 배정된 순찰구역을 걸어다니고,’ 지역 주민들과 비즈니스 업주들과 정기적으로 의사소통을 하고, 그리고 그들이 순찰을 도는 지역 사회 내에서의 아주 미세한 변화들까지도 알아챌 것이다. 그들은 이슬람 공동체들과 아랍 공동체들 내의 책임 있는 지도자들을 사귈 수 있는 보다 좋은 위치에 있고 정보를 얻고 정보원을 개발하는 데 도움을 구하기 위해 그들에게 다가갈 수 있다.”

지역 기반 경찰활동은 해당지역 담당 경찰관들이 지역 공동체들에 대해 보다 친숙해지고 어떤 의심스런 활동에 대해서 빨리 알아채는 결과가 나타나야 한다. 이러한 결과는 경찰관들이 자신의 구역에서 범죄를 줄이는 책임을 지고; 자신의 구역에서 근무시간의 대부분을 보내고; 순찰차에서 나와서 지역 주민들과 비즈니스 업주들과 이야기를 나누는 데 시간을 보내고 그들과 친밀한 관계를 맺고; 주민들과 비즈니스 업주들을 괴롭히는 것이 무엇인지에 대해 깊은 관심을 기울이고 그러한 문제들을 줄이기 위해 자신들이 할 수 있는 일들을 할 때에만 나타날 수 있다.

대테러 정보활동과 융합된 지역기반 경찰활동이 효과적으로 운용되기 위해서는 해당 담당 경찰관들이 자신들의 역할을 적절하게 수행할 수 있도록 자원과 지식, 그리고 근무 여건을 가지도록 보장할 필요가 있다. 이와 관련된 사항들은 다음과 같다.

- 지역기반 경찰활동의 성향에 적합한 경찰관들을 선택한다.
- 지역 공동체의 신뢰를 얻기에 충분할 정도로 오랫동안 경찰관들을 해당 지역에 배치한다.
- 지역 사회와 어울리는 경찰관들을 배치한다(예를 들면, 경찰관들이 서비스를 제공하는 지역사회 가까운 곳 또는 해당 지역 사회 내에 거주하는 경찰관들을 선택하는 것).
- 경찰관들이 외국계 이주자들과 의사소통할 수 있는 언어 능력을 갖도록 지원한다.
- 지역사회 내에 가능하다면 미니 경찰서를 설치한다.
- 가능하다면 경찰관들에게 탄력적인 근무시간을 허락하고 비상임무 때문에 경찰관들을 해당 지역 사회로부터 빼내지 않는다.
- 테러리즘과 관련된 정보 기능을 수행하도록 경찰관들을 훈련시킨다(Chapman & Scheider, 2006).

지역기반 경찰활동을 수행하는 경찰관들이 자신들이 봉사하는 지역 사회와 너무 가깝게 유착되지 않고 일의 우선순위가 뒤바뀌지 않도록 그들을 살필 필요가 있다. 범죄예방활동 일반과 대테러 정보활동의 목표들을 효과적으로 달성하도록 확실히 하기 위하여, 경찰관들의 정보보고에 대한 질과 횟수에 관해 점검하고 그들이 구체적인 범죄와 무질서의 감소, 그리고 테러리즘과 관련된 의심스런 사항들의 파악이라는 목표들을 설정하고 달성하도록 확실히 한다. 또한 경찰관들의 진급과 평가와 관련하여, 지역기반 경찰활동을 통한 범죄예방 활동과 대테러 정보활동과 관련된 문제해결이 수사와 체포만큼 가치 있는 것이며 진급과 평가에 동등하게 인정될 것이라는 점을 제도적으로 확립하고 이를 분명히 일치시킬 필요가 있다. 마지막으로 이러한 모든 지역기반 경찰활동을 통해 수집되고 대략적으로 분석된 테러리즘 관련 정보들은 즉시 국가 정보기관에 전달하여 효과적인 대테러 정보활동이 지역기반 경찰활동을 통해 이루어질 수 있도록 제도적으로, 그리고 정책적으로 정비할 필요가 있다.

6. 대테러에서 정보활동과 경찰활동의 유기적 통합과 한계

빈센트 헨리의 말에 따르면, "순찰활동 또는 법 집행 임무에 배치된 대부분의 경찰관들은 기초적인 범죄정보를 매일 단위로 수집하고, 분석하고, 그리고 배포한다." 순찰 경찰관들은 지역 공동체와 그곳에 거주하는 사람들에 대한 정보를 획득하면서 일상적으로 또는 활발하게 일반대중과 상호작용을 하며, 흔히 지역 공동체와 그곳의 범죄 문제들에 관해 더 잘 이해하기 위하여 일종의 초보적인 정보 분석을 수행한다. 많은 경우에, 이러한 기초적인 정보를 자신이 소속된 경찰관서의 다른 구성원들과 공유한다.

정보활동과 유기적으로 통합된 경찰활동은 범죄를 해결하고자 하는 전통적인 목적을 위해서가 아니라 범죄와 테러리즘을 적극적으로 예방하고 억제하기 위해서 이러한 경찰의 통상적인 직무활동을 활용하고자 하는 시도이다. 이것을 하기 위해서, 컴퓨터화된 시스템은 쉽게 접근 가능한 형식으로 정보의 부분들을 파악해 내고 조직화될 필요가 있다. 이러한 형태로 1차 가공된 정보들은 걸러진 데이터(collated data)라고 불린다. 하지만 명심할 것은 데이터는 정보가 아니다. 정보가 되기 위해서는, 그 데이터가 데이터에 내재된 경향성에 기초한 행동들을 조언하기 위해 지식과 경험, 그리고 계량적 분석도구를 사용하는 훈련받은 분석전문가들에 의해 분석되어야 한다. 예를 들면, 분석전문가들은 수많은 폭탄제조 물질들의 소규모 거래들을 파악하고 그러한 구매 행위들의 시작과 그 지역 내에 어떤 수상한 집단의 출현과 연결지을지도 모른다. 그리고 난 뒤에 이러한 정보는 수상한 특정 집단에 대해 집중적인 감시를 위해 사용되고 화약약품 가게들에게 폭탄제조에 관련된 물질들의 구매 행위에 대한 체계적인 기록을 유지하도록 요청하는 데 사용될 수 있다. 궁극적으로, 그러한 정보는 폭탄제조에 사용되는 해당 화학 물질들을 구매하는 것을 더욱 어렵게 만드는 법률을 제정하도록 하는 데 사용될 수도 있다.

정보와 유기적으로 통합된 경찰활동은 경찰의 예산이 깎였을 때 주택 침입 절도와 자동차 절도가 가파르게 증가했던 문제에 대응하기 위해 영국의 켄트지역 경찰대가 개발했던 개념이다. 켄트 경찰대의 고위 관리자들은 소수의 범죄자들이 많은 수의 범죄에 대해 책임이 있으며 그러한 소수의 특정 범법자들에게 초점을 맞추기 위해 정보활동과 수사 및 기소와 관련된 경찰활동을 유기적으로 통합함으로써 범죄율을 가장 효과적으로 줄일 수 있다고 믿었다. 그들은 112 신고 요청 전화에 반응하는 업무의 중요성을 줄이고 여기서 확보된 자원을 정보활동에 투자했다. 그 결과 3년 안에, 범죄는 25퍼센트까지 떨어졌다. 정보활동과 유기적으로 통합된 경찰활동은 지금 영국 내에 있는 43개 경찰대를 위한 새로운 데이터 수집과 처리 기준들을 마련했던 국가정보모델(National Intelligence Model)의 근거가 되고 있다.

미국에서는 정보활동과 유기적으로 통합된 경찰활동이 9.11 위원회(9.11 Commission)에 의해 대중적인 인기를 얻게 된 표현인 "점들을 연결하기(connect the dots)" 위한 하나의 구체적 방법으로 관심을 받았다. 바꾸어 말하면, 그것은 함께 고려하려 분석할 때만 이해할 수 있는 테러리스트의 행동들에 대한 정보의 조각들을 신중하게 조합하는 하나의 방식을 제공한다. 뉴욕시 경찰국은 테러리즘과 싸우기는 데 있어 정보활동과 유기적으로 통합된 경찰활동의 선구적 주창자이다. 뉴욕시 경찰국은 대테러 업무에 집중하는 1,000명 이상의 경찰관들을 가지고 있고, 정보와 대테러 전문가들을 고용했으며, 많은 다양한 외국어에 유창한 직원들을 두고, 뉴스 서비스들과 정보 보고서들을 검토하며, 그리고 심지어 테러리스트의 주요 활동지역인 해외 도처에 배치되어 있는 요원들을 두고 있다. 비록 수백의 또는 수천의 직원들을 고용하고 있는 큰 규모의 경찰기관들이 정보활동을 지원한다고 할지라도 이러한 뉴욕시 경찰국의 투자에 견주기는 어려울 것이다(Kelling & Braton, 2006).

미국 내에 있는 수십에서 수백 명의 경찰관들을 고용하고 있는 나머지 17,000개의 경찰기관들의 일부는 내부사용을 위해 정보 생산물을 개발할 능력을 가지고 있을 수도 있다. 그러나 적은 수의 직원만을 가지고 있는 경찰기관들은 일반적으로 정보 담당 직원을 고용하지 않는다. 만약 그들이 누군가를 정보활동에 배치한다면, 그 사람은 일반적으로 여러 가지 책임을 동시에 맡게 되고 종종 마약, 갱, 또는 대테러 담당자가 된다. 어떤 경우에는, 이러한 담당자들이 정보 인식 훈련을 받고 분석된 생산물을 해석할 수 있으나 대부분은 그러한 훈련을 받지 못한다.

따라서 현실적으로 모든 경찰당국이 자신들만의 정보활동을 위한 기구와 자원,

인력을 갖추도록 요구하는 것은 어려울 것이다. 따라서 우리나라의 경우 현실적이고 구체적인 대안으로 각 지역 경찰서의 순찰활동과 범죄예방활동, 그리고 지역기반 경찰활동 등과 출입국관리국의 외국인 관리활동, 그리고 교정국 일부에서 운용하는 외국인 구금시설 등에서 수행하는 교정활동을 국가정보원 등의 정보기관들과 직접 묶는 방식이 고려될 수 있다. 전통적으로 국가정보기관에서 정보수집과 정보분석을 독점적으로 수행해 왔으나 테러리즘의 경우는 특히 정보 수집의 측면에서 이러한 전통적인 정보활동의 한계를 보여준다. 대체로 중요하지 않은 듯 보이는 여러 작은 정보의 퍼즐조각들을 함께 모아야(connecting the dots) 전체 그림이 보이는 특성 때문에 시시콜콜한 일반 대중의 거주 지역에 산재된 정보들을 모으는 일들이 필요하다. 따라서 정보의 수집기능과 역할의 주요 부분이 경찰과 출입국관리국, 그리고 외국인 구금 교정시설의 일상 업무와 병행하는 과정에서 이루어질 수 있도록 하고, 정보기관은 이러한 정보들을 법집행 기관들로부터 취합하여 통합적으로 분석하는 방식으로 역할 분담이 이루어져야 한다. 이때 국가정보기관은 이러한 테러와 관련된 전반적인 정보수집과 분석활동을 조율하고 가이드하는 컨트롤타워 역할을 수행할 수 있다. 한편 원활한 업무수행을 위해 각 경찰서나 법집행 기관 단위에서 한두 명의 정보 취합 담당관을 지정하여 적절한 테러관련 정보업무를 할 수 있도록 교육, 훈련을 받게 하고 자신의 해당기관에서 취합된 정보를 1차분석하고 국가정보기관에 전달할 수 있도록 하는 역할을 수행하도록 한다(Kelling & Braton, 2006). 미국 연방정부의 경우 내각 부처인 국토안보부(Department of Homeland Security)가 이러한 컨트롤타워의 역할을 주로 수행하고 있다. 국토안보부는 9.11 테러공격 후인 2002년 11월 대테러정책의 수행과 국민 보호를 위해 이민귀환국, 연방비상기획처 등 기존 22개의 연방정부조직을 통합하여 설치되었다.

정보활동과 경찰활동을 유기적으로 통합하는 데 있어 핵심적인 정보기관과 법집행기관 사이에 정보 공유는 중요하다. 하지만 이 기관들 간의 정보공유에 있어 이상과 현실상의 차이를 명확히 인식하고 현실적으로 가능한 범위 내에서 정보공유의 구체적인 방안을 모색하는 것이 중요하다. 이러한 현실적 문제는 국가별, 시기별, 기관성격별 차이가 존재한다. 따라서 이러한 특수성 또는 상황적 조건을 염두에 두는 것이 중요하다.

미국의 9.11 위원회는 9.11 테러 공격 전에 의심스런 정보의 조각들을 연결(connecting the dots)하는 데 대한 FBI와 CIA의 실패를 맹렬히 비난했다. 이 정보의 조각들을 연결하는 문제는 여러 다른 연방기관들이 관심을 가져왔던 납치범들에 대한 흩어진 정보의 조각들에서 하나의 경향성을 보는 것이다. 9.11 위원회는 또한 이러한 기관들이 테러리스트들에 대한 핵심적인 정보를 더 조율된 형태로 제때에 공유했어야 했음을 지적했다. 사실상 정보 공유는 연방 수준에 머물러서는 안된다. 연방기관들은 정보를 보다 자유롭게 주와 지역 경찰과 공유해야 한다. 더욱이 연방기관들은 지역 경찰들의 관할 범위 내에서 일어나는 의심스런 테러 활동에 관한 사건의 실마리를 제공하는 지역경찰기관들에 관심을 가져야 한다. 왜냐하면 그러한 지역단위에서 수집되는 실마리들은 CIA나 FBI등의 연방기관들이 결코 스스로 획득할 수 없는 것들이기 때문이다. 전 CIA 국장인 제임스 울시가 하원의회에서 증언한 것처럼 “정보 공유의 흐름은 지역 단위들에서 워싱턴 방향으로 흐를 것이고 그 반대 방향으로 흐를 것 같지는 않다.” 주와 지역 기관들은 또한 서로서로 정보를 공유할 방법을 찾아낼 필요가 있다. 지역 경찰들이 9.11 테러 공격 직전에 차례로 9.11 납치범들 가운데 세 명을 교통 단속에서 마주쳤다는 사실은 치명적으로 잃어버린 기회로 종종 인용된다.

정보를 공유할 필요는 분명하다. 하지만 덜 분명한 하지만 보다 중요할 수 있는 사실은 어떻게 정보공유를 할 것인가 하는 것이다. 미국의 경우 17,000개 이상의 주와 지역 법 집행 기관들이 존재하며, 그 가운데 상대적으로 적은 수만이 정보-수집 능력을 갖추고 있다. 더욱이 그 가운데 더 적은 수만이 다른 기관들과 생산적으로 공유할 수 있기 위하여 수집된 정보를 어떻게 분석할 것인가에 대한 생각을 가지고 있다. 이러한 기관들이 정보 능력을 발전시키지 않는다면, 그들은 정보공유의 핵심 그룹에서 제외될 것이다. 이러한 맥락에서 지역 기관들의 정보능력을 발전시키기 위해, 다양한 방안들이 기관들 간의 정보 공유를 촉진하기 위해 취해지고 있다. 예를 들면 FBI는 모든 지역 단위에 Joint Terrorism Task Force를 설치했다.

정보공유에 있어 더 중요한 사항은, 이러한 작업을 통해 FBI가 지역 경찰이 주목하는 어떤 한 용의자가 연방 정부가 관리하는 테러리즘 집중감시목록의 하나에 해당하는가를 결정하는 시스템을 구축하는 작업을 하고 있는 것이다. 지역과 국가단위의 법집행 기관과 정보기관을 하나로 묶는 실시간으로 접근이 가능한 시스템의 개발을 통합하는 것이 필요하다. 많은 지방과 주단위에 설치된 '통합 센터들(fusion centers)'은 정보-공유 노력의 구체적인 사례들을 나타낸다. 그러한 센터들은 여러 다른 사법관할지역에서 모은 정보의 풀을 만들고 그것을 순찰 경찰관들과 수사관들, 관리자, 그리고 정보기관 직원들에게 이용 가능하도록 만들 것이다. 센터의 임무는 주로 테러대응에 집중되어 있을 것이지만 종종 아이덴티티 절도, 보험사기, 돈세탁, 그리고 무장 강도와 같은 다른 중요한 범죄들에 대한 대응에도 이용될 수 있을 것이다.

하지만 현실적으로, 정보공유에 대한 방해요소들 역시 존재한다. 테러리즘 정보를 제때 공유하는 데 주요한 방해물은 대부분의 지역 기관들이 공통된 정보 커리큘럼으로 훈련된 인력과 정보자료를 수집하고 분석하고 활용하기 위한 기술 모두를 결여하고 있다는 점이다. 사실상, 대부분의 지역 기관들은 정보 분석가는 말할 것도 없고, 제대로 훈련된 범죄 분석가도 가지고 있지 못하다. 대부분의 경찰서들에서, 단순한 일반적인 범죄분석이 매일매일의 경찰 업무에서 보다 더 명백하고 일관된 혜택을 가져다줄 수 있기 때문에 범죄분석이 정보 분석보다 더 중요하다고 간주한다. 또한 많은 지역 경찰서들이 국가 정보 데이터 시스템을 설치하기 위해 필요한 컴퓨터 장비와 소프트웨어를 가지고 있지 못하다. 심지어 같은 경찰서 내부에서 조차, 보유하는 컴퓨터 시스템들 사이의 상호 연결성(interconnectivity)을 거의 갖고 있지 못하다. 통일성과 상호연결성 없이는 정보가 빠르게 전송되고 수집될 수 있는 전국적인 광역 전자 네트워크에 관한 꿈은 단지 그러한 꿈으로만 남을 것이다.

이 밖에도 효과적인 정보 공유를 위한 다른 방해물들은 다음의 것들을 포함한다. 이러한 정보공유의 방해물들이 미치는 한계에 대해 정확히 인식하고 이를 바탕으로 정보공유의 노력을 해나가는 것은 현실적으로 매우 중요하다.

- 비밀은 정보기관들의 거래 품목이다. 역사적으로, 출처를 보호하고 정보가 새는 것을 막는 것은 매우 중요한 사안이었다. 이는 왜 알 필요가 있는 자에게만 정보를 알려주는 원칙이 정보 공유에 관한 정책을 이끌어왔는지에 대한 이유이다. 불행하게도, 실재 운용에서는 이 원칙이 정보 공유를 방해하고 따라서 새로운 눈이 오래된 정보를 검사할 경우에 때때로 일어날 수 있는 신선한 시각과 새로운 깨달음을 가로막는다. 지역 기관들은 여전히 FBI나 CIA가 보내주는 정보가 케이블 뉴스 방송이나 신문에서 알 수 있는 것 정도를 담고 있을 뿐이라며 불평한다. 비록 신뢰를 보다 더 많이 구축할 필요에 대해 더 많은 논의를 할지라도, 17,000개나 되는 기관들 사이에 어떻게 할 것인가가 정말 진지하게 논의되지는 않았다. 출처에 관한 자세한 사항들을 제거한 정보를 공유하는 방법을 찾는 것이 더 현실적이다.
- 특히 조사의 초기 단계에서, 수사관들이 자신들의 정보를 적극적으로 보호하려고 할 것이다. 이는 수사를 위험에 빠뜨릴 수 있는 비밀이 새어나가는 것을 막고자 하는 목적과 더불어 그들이 성공적으로 테러리스트들을 체포함으로써 결과하는 찬사를 누리고 싶기 때문이다. 정보를 공유하는 것은 영광을 공유하는 것을 의미할 수 있다–또는 심지어는 그 영광을 빼앗기는 것을 의미할 수도 있다.
- 테러리즘은, 심지어 의심되는 테러리즘조차도, 드물게 일어난다. 아무것도 일어나지 않을 것 같을 때 사람들이 경계를 유지하고 있는 것은 어렵다. 그리고 그러한 감시를 하는 사람들에게 높은 도덕적 기강을 유지하도록 하는 것은 어렵다.
- 예방의 핵심은 어떤 것이 일어나는 것을 막는 것이다. 관련된 정보를 수집하는 기관이 어떤 것이 일어나도록 예방하는 행동을 수행하는 기관이 아닌 경우에는 그러한 노력들이 성공적이라고 입증하기가 어려울 것이다. 다시 한 번 말하자면, 이러한 사실은 정보기능에 적대적으로 작용하며 보다 더 구체적으로는 정보의 공유에 적대적으로 작용한다.

7. 결론

테러리즘은 새로운 패러다임의 정보활동을 요구한다. 전통적으로 국가안보와 관련된 정보활동은 국가정보기관의 고유 업무 영역이었다. 국가정보기관에 의해서 정보수집과 분석이 배타적, 그리고 독점적으로 이루어져 왔다. 하지만 테러리즘이 주요한 안보위협의 하나로 등장함에 따라 이러한 전통적인 정보활동의 어떤 어려움이 나타났다. 테러리즘에 대한 대응적 차원에서의 정보활동은 여러 사소하거나 중요하지 않아 보이는 자질구레한 정보의 퍼즐조각들을 수집하여 이들을 하나씩 맞추어 가고 빈 공간을 추정해 나감으로써 정보분석의 전체 그림을 그리도록 만들고 있다.

더욱이 어려운 점은 이러한 정보의 퍼즐조각들이 대부분 일반대중들이 거주하거나 일하는 지역사회 단위에서 수집된다는 점이다. 이는 국가기관이 정보수집에 많은 시간과 노력을 들이고 많은 대중과의 접촉이 이루어져야 함을 의미한다.

이러한 요구는 작고 슬림하며 전문화된 조직인 국가정보기관이 감당하기에는 어려운 측면이 있다. 그렇다고 새로운 형태의 정보기관을 창설하는 것 역시 비현실적이며 엄청난 비용의 낭비를 초래할 수 있다. 결국 가장 현실적인 대안으로는 실제 일반대중과 접촉하고 지역사회의 문제들을 감시하는 해당 지역에 있는 지역경찰의 지역사회기반 경찰활동과 일반대중의 신고와 감시, 그리고 CCTV와 같은 범죄예방을 위해 설치된 비디오카메라 장치 등을 적극 활용하여 정보수집을 하는 것이다. 이런 맥락에서 국가정보기관은 이러한 다양한 형태의 테러리즘 정보수집활동을 조율하고 가이드하며 컨트롤하는 컨트롤타워의 기능을 수행하며 이러한 데이터에 대한 통합 데이터베이스를 구축하고 이러한 데이터의 기관 간 공유를 조율하고 수집된 정보를 다양한 방법으로 분석하는 그러한 역할로 진화해 나갈 것이 요청된다.

이와 관련하여 법집행 기관과 정보기관들의 정보공유는 중요하다. 하지만 이러한 모든 정보 통합과 역할분담, 그리고 정보공유에 있어서 한계점과 걸림돌들을 이해하고 현실적인 방안들을 추진해 나가는 것 역시 중요하다. 미국은 9.11 테러 이후 테러리즘에 대한 대응방안으로서 이러한 정보활동의 노력들을 추진해 왔다.

이 논의는 이러한 미국의 경험들을 정리한 것이다. 우리나라 역시 이러한 미국의 경험을 참고하여 테러 대응을 위한 정보활동 방안을 발전시켜 나갈 필요가 있을 것이다.

참고문헌

강석진 · 박지은 · 이경훈(2009), 주민 의식조사를 통한 주거지역 방범용 CCTV 효과성 분석, 대한건축학회지, 25(4): 235-244.

최응렬 · 김연수(2007), 방범용 CCTV의 범죄예방효과에 관한 연구, 한국공안행정학회보, 16(1): 145-186.

Chapman, R. & Scheider, M.(2006), Community Policing for Mayors: A Municipal Service Model for Policing and Beyond. Washington, D.C.: U.S. Department of Justice Office of Community Oriented Policing services.

Dahl, J. E.(2011), The plots that failed: Intelligence lessons learned from unsuccessful terrorist attacks against the United States, Studies in Conflict & Terrorism, 34: 621-648.

Daniel, M., & Smalley, S.(2007), Antiterror Cameras Capturing Crime on T," The Boston Globe, January 29, 2007.

Davies, P. H. J.(2002), Ideas of intelligence: Divergent national Concepts and Institutions, Harvard International Review, 24: 62-67.

Kelling, G., L., & Bratton, W. K.(2006), Policing Terrorism, Civic Bulletin 43, New York: Manhattan Institute for Police Research.

McDonald, William F.(2006), Police and Immigrants: Community and Security in Post-9/11 America, in Justice and Safety in America's Immigrant Communities, ed. Martha King, Princeton, New Jersey: Princeton University: the Policy research Institute for the Region, http://region.princeton.edu

Sawyer(2003), Connecting the Dots: The Challenge of Improving the Creation and Sharing of Knowledge about Terrorists, Homeland Security Journal, July 2003.

U.S. Attorney's Office, District of Hawaii, http://www.usdoj.gov/usao/hi/atac/terrorisminformation. pdf(2014년 1월 7일 검색).

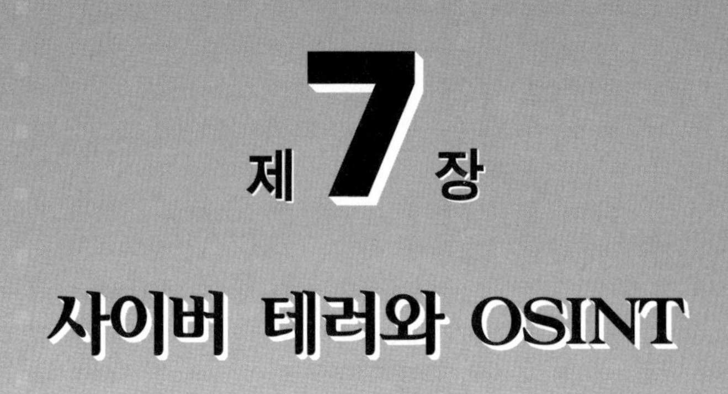

제 7 장

사이버 테러와 OSINT

제 7 장 사이버 테러와 OSINT

1. 서론[1)]

최근 들어 전개되는 정보화 기술의 혁명적 발전과 사이버 공간의 등장은 우리 시대의 또 다른 기술발전의 한 결과로 우리가 폭력을 행사하는 방식을 바꾸고 있다. 이러한 변화는 포괄적으로 일어나고 있는 것으로 미시적 수준의 폭력인 범죄로부터 중간 수준의 테러리즘과 무장전쟁(Insurgency Warfare), 그리고 거시적 수준에서의 전쟁에 이르기까지 다양한 차원에서 패러다임 전환을 만들어내고 있다. 이러한 역사적 대전환의 맥락에서 이 논문이 주목하는 테러리즘에 대한 정보기술의 혁명적 발전과 사이버 공간의 등장은 이해되어야 한다. 이 논문은 이러한 기술적 진보가 만들어낸 환경 조건의 변화가 오늘날 테러리즘을 어떤 양상으로 변환시켰고 이러한 변화된 성질의 테러리즘에 대응하여 이를 어떻게 효과적으로 통제하고 관리할 수 있을지에 대한 모색이다. 최근 들어 미국과 서유럽 등지에서 주목받는 OSINT(Open Source Intelligecne)[2)]는 이러한 대응 방안 모색의 한 시도이자 사례이다. 이 논문에서는 이 OSINT 개념을 하나의 의미 있는 대테러 법집행(Law Enforcement) 대응 방안으로 소개하고 이의 특성과 활용방안에 대해 논의하고자 한다.

테러리즘에 대응하기 위한 효과적인 법집행과 관련하여 오늘날 나타나는 딜레마

---

1) 이 장의 내용은 윤민우 교수의 논문인 "사이버 시대에 도래에 따른 효과적인 대테러 법집행 대응 방안으로서의 OSINT(Open Source Intelligence)의 개념과 특성, 그리고 활용방안"에서 발췌하였다.

2) OSINT는 공개출처를 통한 정보수집 및 분석활동을 말한다.

는 사이버 공간이 하나의 의미 있는 현실공간으로 등장했다는 것이다. 정보통신 기술의 발달과 사이버 공간의 등장은 기존의 전통적인 하늘과 바다와 땅이라는 세 가지 차원으로 이루어진 공간 환경에 사이버라는 4번째 차원의 공간 환경이 추가됨을 의미했고, 이는 기존의 3차원 공간에서 이루어지던 대테러 법집행 대응에 중대한 도전을 던지고 있다. 대체로 법집행으로서의 대테러 대응은 3차원으로 이루어진 현실공간에서는 테러 피해자나 주변인들의 신고나 이러한 활동에 대한 경찰이나 다른 법집행 기관의 인지로 이루어진다. 여기서 후자의 경우는 주로 순찰 경찰관들이 인지하거나 아니면 국가 공권력의 정보수집 활동에 의해 이루어지게 된다. 하지만 4번째 공간인 사이버 공간은 하나의 커다란 딜레마를 제기하게 되는데 테러활동의 피해자나 온라인상에서 이를 목격하는 주변인들로부터의 신고가 거의 발생하지 않으며 순찰 경찰관의 활동도 존재하지 않을뿐더러 사이버 공간상에서의 정보수집활동도 몇몇 국가를 제외하고는 이제까지 거의 이루어지지 않아왔다. 따라서 이 사이버 공간상에서는 법집행 활동이 거의 존재하지 않는 상태에서 테러리스트들이 저비용으로 상당히 자유롭게 활동할 수 있는 조건이 마련되고 있다.

이러한 사이버 공간이 가지고 온 변화된 환경공간은 기존의 하늘, 바다, 땅으로 구성된 현실 공간과 통합적인 작용을 하면서 테러리즘의 진화를 촉진한다. 그리고 이러한 다이내믹에 의해 변화된 테러리즘은 기존의 테러리즘 자체의 위협을 증폭시키고 이러한 증폭된 테러리즘의 위협이 국가 단위 내에 실제로 거주하는 개개인의 사람들에게 심각한 영향을 미침으로 해서 국가와 그 국가에 거주하는 개개인들 모두에게 어떤 심각한 안보의 위협을 초래한다(Weimann, 2006). 즉 기술발전이 가져다 준 공간 환경의 변화 때문에 테러리즘의 질적 변화가 일어난 것이다. 그리고 그러한 질적 변화는 아직까지는 테러리스트들[3]에게는 테러공격을 쉽고 용이하게, 그리고 값싸고 안전하게 수행할 수 있도록 하는 우호적인 조건을 제공하며 대테러 대응의 책임을 지는 법집행 기관들에게는 중대한 장애요소로 작용한다(UNODC, 2012).

3) 아직 테러활동을 하지 않고 있지만 테러활동을 지지하여 잠재적으로 테러리스트가 될 수 있는 인구들을 포함하여.

OSINT는 이러한 사이버 공간의 등장에 따른 법집행에 있어서의 딜레마를 극복해 보고자 하는 의미 있는 한 시도이다. 이는 주로 2000년대 9.11 테러 이후에 빠르게 발전해 온 분야이다(Bean, 2011: 1-22). 테러 공격의 직접적인 피해를 받아오고 그로 인해 실제로 대테러 전쟁에 개입하고 있는 미국 등 선도적 국가들에서 이러한 OSINT의 개념들이 제시되어 오고 또한 발전되어 오고 있다(Appel, 2011; Bean, 2011; Department of the Army, 2006). 이 논문은 이러한 OSINT의 개념과 특성, 그리고 운용사례와 방법 등을 국내에 소개하고 이의 중요성을 제고하고, 그리고 최종적으로는 OSINT의 사용 방법에 대한 어떤 정보를 제공하고자 하는 목적을 가지고 있다.[4)]

2. OSINT(Open Source Intelligence)에 관한 개념정의

OSINT의 기본적 개념은 공개 정보(Open Source), 즉 공공에 이용 가능한 정보(Information)를 이용하여 정보(Intelligence)활동을 한다는 것이다(Tekir, 2009: 3). 흔히 우리말로 정보라고 부르는 개념은 사실상 영어로는 'Information'과 'Intelligence'를 함께 포함한다. 이 때문에 종종 정보라는 단어의 개념상의 혼동이 일어나는 경우

4) 이 논문에 사용된 자료와 참고한 정보 등은 글쓴이가 지난 수년간 미국, 이스라엘, 오스트리아 등지를 방문하면서 관찰하였던 사항들과 여러 교육, 훈련과 세미나, 콘퍼런스, 참여관찰, 그리고 개인적 접촉 등의 기회를 통해 가졌던 여러 관련 전문가들과의 인터뷰 등의 내용, 그리고 각종 안보관련 씽크탱크와 각국 정부의 기관 보고서와 전문적 논문, 그리고 미디어 보도자료 등을 종합한 것이다. 이 글의 서술을 위해 참고로 한 세계 각국의 전문가들과 국내 관련 실무자들과의 인터뷰와 유엔 마약 범죄국(United Nations Office on Drugs and Crime)과 미국의 DIA(Defense Intelligence Agency)와 DOD(Department of Defense), 미 육군과 NATO군, ISVG(Institute for the Study of Violent Groups), START(National Consortium For The Study of Terrorism and Responses to Terrorism), 이스라엘의 보안회사인 Terrogence 등의 기관 보고서 및 매뉴얼과 안내정보, 그리고 글쓴이가 직접 참여 관찰한 사항 등에 관한 자세한 내용은 편의상 이 논문의 참고문헌 부분에 자세히 기록하였다. 또한 여러 주요한 웹사이트 및 웹사이트에서 참고한 정보들 역시 이 논문의 참고문헌 부분에 따로 정리하여 수록하였다. 이 논문의 논의를 뒷받침하기 위해서 사용된 여러 관련 논문들과 저서들, 그리고 연구 보고서들과 매뉴얼 및 안내서, 각종 미디어 자료들 및 웹사이트 정보, 인터뷰 내용 등에 대한 내용분석(content analysis)을 수행하였다.

가 있다. 일반적으로 정보활동(Intelligence)에서 이 'Information'과 'Intelligence'는 엄밀히 다른 의미로 사용된다. 전자의 경우는 정보활동에서 수집의 대상이 되는 원자료,[5] 즉 정보분석이라는 가공되기 전 단계의 정보를 의미한다. 반면, 후자의 경우는 수집된 원자료를 분석이라는 가공과정을 통해서 합목적적으로 이용 가능한 형태로 생산한 지식 또는 평가나 추정(estimation) 등을 의미한다. 흔히 이러한 'information'과 'intelligence'과정을 모두 합쳐서 정보활동[6]이라고 부른다. 이런 맥락에서 정보활동을 하나의 연속되는 정보 생산의 사이클로 본다. 즉, 원자료를 수집하고, 이를 취합한 뒤에, 이 수집된 원자료를 분석틀에 의해 분석하고, 분석결과를 보고서 등의 형태로 정보수요자에게 제공하고, 다시 이 과정이 피드백되어 수집 단계로 이어지는 연속되는 일련의 과정의 총칭이 정보 또는 정보활동이다(문정인, 2002). OSINT는 특히 이 정보활동의 과정에서 수집 단계 부문을 특징적으로 지칭하여 부르는 개념이다.

OSINT는 결국 정보수집의 한 형태이다. 정보수집의 출처가 공개정보라는 점에서 그 특성을 가진다. 정보수집은 다양한 출처를 통해 이루어지는데 대체로 이를 분류하면, 사람과의 접촉을 통해 정보를 수집하는 경우(HUMINT: Human Intelligence), 기술이나 장비를 통해 정보를 수집하는 경우(TECHINT: Technical Intelligence), 그리고 공개정보를 이용한 OSINT 등이 있다(문정인, 2002). 이 가운데 HUMINT와 TECHINT는 전통적인 정보기관의 정보활동에 해당되는 것으로 대체로 그 정보(Information)의 출처가 공공이 접근하기 어렵거나 접근 자체가 불법이거나 사실상 접근이 불가능한 비밀자료를 통한 정보활동에 해당된다. 반면, OSINT는 그 정보의 출처가 도서관이나 서적, 신문, 미디어, 또는 인터넷 자료 등과 같이 공공이 흔히 접근할 수 있는 원자료를 수집하여 정보 분석을 한다는 점에서 기존의 전통적인 정보활동으로 분류되는 HUMINT와 TECHINT와 구별된다(Tekir, 2009: 4). 대체로 정보기관에서 HUMINT와 TECHINT에 비해서 OSINT는 소홀히 다루어져 왔거나

---

5) 최초의 출처로부터 나온 자료라는 의미의 original source 또는 생자료라는 의미의 raw data로 불린다.

6) Intelligence operation 또는 줄여서 intelligence로 불린다.

저평가되어져 왔다(Bean, 2011: 1-16).

비록 최근 들어 OSINT에 대한 관심이 증가되었지만, 이 OSINT는 이전부터 오랫동안 있어 왔던 정보활동의 한 분야이다. 1차 대전 중에 적국의 신문, 잡지, 서적, 또는 지도 등을 통해 정보수집활동을 하였으며, 2차 대전 중에도 미국의 OSS 등에서 일본 등 적국의 신문이나 잡지, 서적, 라디오 방송 등을 통해 적국의 상황이나 민심, 전쟁수행 능력 등에 대한 정보활동을 수행한 바 있다. 이와 같은 OSINT활동은 미-소 냉전기에도 활발히 수행되어 왔다. 하지만 이 OSINT는 비밀첩보를 통한 HUMINT나 TECHINT 등에 비해 그 중요도가 낮게 평가되어 왔다(Olcott, 2011: 23-41). 최근 들어 OSINT가 미국 등 각국에서 주목받기 시작하는 이유는 컴퓨터, 인터넷, 스마트폰, iPod 등과 같은 정보통신 기술의 혁명적 발전에 기인한다. 이 정보통신 기술의 급격한 발전으로 사이버 공간이 팽창하면서 현실세계에 또 하나의 의미 있는 공간으로 편입되었으며 이와 함께 공공에 이용 가능한 정보의 양과 질이 모두 폭발적으로 증가했다(Appel, 2011: 21-30). 사이버 공간에서 디지털 정보의 형태로 엄청난 양의 정보가 공공에 이용 가능해졌으며, 인터넷뿐만 아니라, 방송, 라디오, 신문, 잡지 등 각종 미디어와 논문, 보고서 및 각종 도서 등 광범위하고 풍부한 공개 정보가 공공에 이용 가능해졌다. 이는 인류가 이제까지 살아왔던 이전 시대와는 달리 너무 많은 정보가 문제가 되는 시대에 살게 되었음을 뜻한다. 이러한 급격한 환경조건의 변화는 우리가 정보를 찾고 이용하는 방식을 바꾸고 있다. 이전에는 특정 문제나 주제에 관해 필요하고 적합한 정보를 찾고 확보하는 것이 주요한 문제였다. 따라서 정보활동의 문제 역시 어떻게 필요한 정보를 확보할 것인가에 초점을 맞추었다. 하지만 오늘날에 있어서는 너무 많은 정보가 공공에 쉽게 이용 가능한 형태로 존재하고 있으며 이를 어떻게 소화(digest)할 것인가가 더 중요한 문제가 되고 있다. 이러한 환경조건의 변화를 인지하여 공공에 이용 가능한 막대한 정보를 어떻게 적재적소에 이용 가능한 형태로 재가공할 것인가의 문제가 주요한 이슈가 되고 있다.[7] 이는 전통적인 intelligence영역의 사고의 패러다임을 바꾸는 사고의

7) Institute for the Study of Violent Groups(ISVG)에서의 참여관찰.

혁명적인 전환이라고 볼 수 있다. 실제로 우리는 오늘날 한 개인이 매일 그날그날 발행되는 신문 기사마저도 충분히 소화할 수 없을 정도로 정보의 홍수 속에서 살고 있다. 이러한 상황은 필요한 정보와 필요하지 않은 정보가 혼재되어 무더기로 한 개인에게 퍼부어지는 상황을 만들어 해당 개인으로 하여금 정보의 소화 자체를 제대로 할 수 없게 하거나 아예 포기해 버리도록 하는 정보의 소화불량에 빠지도록 만든다. 사실상 법집행 기관이나 정보기관 등의 국가기관도 이와 비슷한 상황에 빠지게 되는 경향이 있다.[8] OSINT는 이러한 어려운 상황에 적절히 대응하기 위해 제시된 한 개념이다(Appel, 2011; Bean, 2011). 최근 미국과 서유럽 등에서 OSINT에 주목하게 된 배경에는 이러한 새로운 정보환경의 도래에 따른 인식의 전환에 기인한다.

3. 사이버 시대의 도래와 법집행(Law Enforcement) 환경 조건의 변화

기술의 변화가 만들어낸 사이버 시대의 도래는 법집행 환경조건을 변화시키고 있다. 기존의 하늘과 바다와 땅으로 이루어진 현실공간에 평행하게 공존하면서 상호작용하는 사이버 공간이 추가됨으로써 기존의 현실공간에 바탕을 두고 작동하던 법집행 패러다임에 중대한 도전을 던지고 있다. 기존의 현실 공간에서는 주권의 개념을 적용하여 국가 내 사법관할권을 설정하고 이를 바탕으로 법집행 시스템이 작동한다. 또한 해당국가의 사법관할권 내에서 다시 땅과 바다 등의 현실공간을 각 권역 및 구역별로 잘게 쪼개서 법집행 주체들에게 해당 임무와 책임을 맡기고 있다. 하지만 이러한 현실공간에 사이버라는 의식의 가상공간이 추가됨으로써 기존 현실공간의 주권별, 권역별, 구역별로 할당된 법집행 시스템의 배타적 작동방식에 혼동과 공백을 만들어낸다. 사이버 공간은 기존의 현실공간이 가지던 지리적, 시간적 단절성을 해소하고 서로 다른 현실공간들을 동시간적으로 하나의 공간으로 묶어내는 역할을 한다. 이 때문에 기존의 현실공간에 기초한 법집행 패러다임의 근본원칙에 대한 의문이 제기된다.

---

8) ISVG에서의 참여관찰.

사이버 공간이 만들어내는 또 다른, 하지만 심각한 문제는 이 공간에서 법집행 시스템 자체가 제대로 작동하지 못하고 있다는 것이다. 현실공간을 예를 들면 전통적으로 땅에서는 경찰이나 정보기관, 그리고 바다에서는 해양경찰이나 해안 경비대와 같은 법집행 주체가 순찰이나 정보수집활동, 비밀첩보수집(undercover operation) 등을 통해 범죄나 테러에 대한 사회안전망을 가동해 왔다. 또한 CCTV나 금속 탐지기, GPS를 통한 위치추적, 마약 탐지기, 경보시스템 등과 같은 기계설비나 전자 장비를 통한 사회안전망과 이웃이나 가족, 행인 등과 같은 일반인들에 의한 범죄나 테러 감시와 같은 사회안전망이 서로 복합적・유기적으로 짜여 통합적인 사회안전망이 작동하고 있다. 하지만 사이버 공간에서는 현실공간에서 작동하는 대부분의 사회안전망이 존재하지 않거나 실효가 없다. 이 때문에 사이버 공간은 보호자(guardian)가 없는 상태로 가해자(perpetrator)와 피해자(victim)만 존재하는 지대가 되고 있다. 한 사이버 테러전담 수사관은 1990년대 중반 이후 전 세계적으로 범죄가 줄어드는 추세를 보이고 있는데 이는 아마도 범죄 자체가 줄어든 것이라기보다는 아마도 많은 범죄자들이 현실공간에서 가상의 사이버 공간으로 이주해 간 결과 때문이라고 평가한다.[9] 물론 실제로 그러한지는 이에 대한 경험적 연구가 있어야 하겠지만 하나의 그럴듯한 가설로서 생각해 보아야 할 문제이다. 일상생활이론(Routine Activity Theory)이나 상황범죄예방이론(Situational Crime Prevention Theory) 등에서 주장하듯이 범죄가 가해자와 피해자가 동시간대 같은 장소에서 만나는 접점에서 보호자가 부재할 때 발생하는 결과라고 보면, 기존의 현실공간에서 작동하던 가해자, 보호자, 그리고 피해자 간의 균형이 사이버 공간의 도래 때문에 가해자 쪽으로 상당히 유리하게 기울어진 것을 알 수 있다(Yun, 2009: 115-117). 이는 사이버 시대의 도래가 만들어내는 법집행 환경조건의 변화가 얼마나 근본적인 것이고 심각한 것인지를 생각해 보게 해준다.

사이버 시대의 도래에 대한 이제까지의 전형적인 우리나라의 법집행 대응은 이와 같은 사이버 공간이 던지는 근본적인 환경조건의 변화를 제대로 인식하지 못한 인

9) 경찰청 사이버테러대응센터 담당관과의 인터뷰 내용.

상을 준다. 사이버 테러나 사이버 범죄의 문제를 범죄의 한 전문영역으로 취급하는 접근법을 취해왔다. 사이버 테러나 사이버 범죄를 경찰이나 검찰 등의 법집행 기관의 한 전문부서에서 배타적으로 다루어야 되는 영역으로 또한 IT(Information Technology) 전공자나 전문가가 취급해야 하는 특정한 기술적 영역으로 간주해 왔던 것 같다. 한편 이러한 사이버 공간으로부터의 위협에 대한 인식은 사이버 공간에서의 법집행을 범죄수사 또는 테러수사와 같이 수사부문의 한 전문영역으로 취급하는 법집행 대응을 취하도록 만들었다. 이 때문에 그간의 사이버 공간에 대한 법집행은 수사기법 개발과 범죄증거 수집과 관련된 대응들에 집중되어 온 측면이 강하다.[10] 하지만 최근의 사이버 공간을 통한 테러나 범죄와 테러리스트나 범죄자의 인터넷 이용과 같은 문제는 수사와 같은 사건 발생 후 대응(reaction)전략이 근본적인 문제점을 갖고 있다는 사실을 보여준다. 대체로 사이버 공간에서의 문제들은 앞서 지적한 공간적 동시성과 시간적 동시성, 그리고 무경계성으로 인해 기존의 관할권에 기반을 둔 법 집행 시스템이 작동할 수 없는 경우를 만들어내 수사 자체를 불가능하게 만드는 상황을 발생시킨다. 또한 사이버 테러와 사이버 범죄의 피해는 그 규모나 정도 면에서 기존의 현실공간에서의 범죄와는 달리 엄청나고 광범위하다. 이러한 경향 때문에 사이버 테러나 범죄가 발생하기를 기다렸다가 반응하기에는 곤란한 상황이 발생하며 사건 발생 이전에 개입(interdiction)하여 위협을 무력화하거나 제거해야 하는 상황들이 발생한다. 이러한 여러 가지 문제들 때문에 기존의 수사위주의 법 집행 대응만으로는 사이버 공간이 던지는 법 집행 환경조건의 질적 변화에 대응하기에는 한계가 있다(Singh, 2009; UNODC, 2012; Weimann, 2006).

사이버 시대의 도래를 새로운 기술적 발전의 문제로만 해석하지 않고 새로운 또 하나의 삶의 공간으로서의 사이버 공간의 도래로 이해한다면, 보다 효과적인 대응방안이 모색될지 모른다. 상식적으로 법 집행 기능은 단지 수사만을 의미하지 않는다. 예를 들면 경찰의 경우 현실공간에서 수사와 범죄예방, 순찰과 정보수집 및 분석 등 다양한 법 집행 기능을 동시에 수행한다. 그리고 이러한 다양한 기능들은 통

10) 경찰청 사이버테러대응센터 담당관과의 인터뷰 내용.

합적으로 상호보완적인 관계에 있다. 이를테면 수사가 효과적으로 되기 위해 순찰과 정보활동, 그리고 범죄예방활동이 유기적으로 되어야 함은 물론이고 이러한 제반 활동들이 통합적으로 운용되어 범죄감소와 사회안전망 구축이라는 거시적인 결과가 도출되어야 한다. 사이버 공간을 현실공간과 동등한 삶의 공간으로 인식한다면 이 사이버 공간에서도 현실공간과 마찬가지로 범죄감소와 사회안전망 구축이라는 거시적인 목표가 추구되어야 한다. 따라서 사이버 공간에서의 수사만으로는 한계가 있으며 범죄예방활동과 순찰, 정보수집 및 분석 등의 제반활동이 수사와 함께 사이버 공간상에서도 효과적으로 이루어져야 한다. 즉 사이버 공간에서 발생하고 있는 전반적인 치안의 공백을 메우는 작업들이 통합적으로 전개되어야 한다. 이는 사이버 시대의 도래로 발생한 가해자에게 유리하게 조성된 법 집행 환경조건을 어떻게 적어도 현실공간과 유사한 수준으로 법 집행 시스템에 우호적인 방향으로 균형을 회복할 것인가의 문제이다.

4. 사이버 시대에서의 OSINT(Open Source Intelligence)의 의미와 특성

OSINT는 사이버 시대가 만들어낸 가해자에게 유리하게 조성된 환경조건을 적어도 법 집행 시스템에 우호적인 방향으로 균형을 회복하려는 노력의 일환이다. 사이버 공간상에서의 투명성(transparency)을 높여 범죄감소와 사회안전망 구축을 이루기 위한 현실적이고 구체적인 방안의 하나로서 OSINT가 제시되었다(Appel 2011: 3-17). 물론 OSINT의 전통적인 개념이 반드시 사이버 공간에서의 정보수집 및 분석활동만을 의미하는 것은 아니지만 최근 들어 급격히 팽창된 사이버 공간에서 이용 가능한 막대한 양의 정보 때문에 OSINT는 거의 사이버 공간에 있는 공개 자료를 대상으로 한 정보활동을 의미하는 것으로 인식된다. 이런 현실적 배경 때문에 사이버 공간상에서의 OSINT 활동은 거의 현실공간에서의 순찰 및 정보활동을 합쳐놓은 것과 유사한 의미를 갖는다(Olcott, 2011).

대체로 9.11 테러 이후에 진행된 지난 10년간의 대테러 전쟁에서 효과적인 대테러 대응방안으로 제시된 것들은 크게 소통과 협력, 그리고 침투이다. 이 가운데 소통과 협력은 부문 간, 기관 간, 그리고 국가 간의 상호협력과 정보교류 등을 의미한다. 9.11 테러를 포함한 대부분의 테러공격에 효과적으로 대응하지 못했던 이유를 각 대테러 대응 주체들의 소통과 협력의 부재에서 찾는다. 이 때문에 정보기관과 법집행 기관과의 소통과 협력, 공공부문과 민간부문과의 소통과 협력, 그리고 국가 간 소통과 협력 등이 중요한 현안문제들로 지적되었고 이를 극복하고 각 대테러 대응 주체간의 정보교류와 대테러 활동에서의 조율과 협력 등을 이루기 위한 방안들이 모색되고 있다(윤민우 · 김은영, 2012: 172-176).[11]

한편, 대테러 대응의 다른 한 축에서는 침투 전략이 제시되었다. 이 침투 전략은 법집행 기관 및 정보기관이 사이버 공간에 적극적으로 개입하여 사이버 공간상에서의 동향을 감시하고 수집된 정보를 데이터베이스화하는 것으로 사이버 공간상으로 법집행 기관이나 정보기관 등의 국가안보기관이 적극적으로 침투해 들어가는 것을 의미한다. 이러한 침투전략의 궁극적 목적은 사이버공간에서 무슨 일이 일어나고 있는지를 파악하겠다는 목적과 다양한 질의 풍부한 정보들이 인터넷이라는 하나의 엄청나게 커다란 쓰레기통에 뒤죽박죽의 형태로 담겨져 있는 속에서 유용한 정보들을 선별해 내고 그러한 유용한 정보들의 점들을 연결하여 법집행 활동을 위한 중요한 의미들을 찾아내겠다는 것이다.[12] 실제로 사이버 공간이 빠르게 팽창하면서 엄청난 양의 정보들이 무작위한 형태로 인터넷 공간에 매몰되어 있다. 하지만 인터넷에 어떤 정보가 있다고 해서 그 정보를 필요할 때 찾아내어 활용할 수 없다면 마치 해당 정보가 존재하지 않는 것과 마찬가지의 상황이 발생한다. 즉, 너무 많은 정보의 양으로 인해 정보 활용과 처리가 문제가 되는 상황이 발생한 것이다. OSINT는 이러한 상황에 대한 문제인식에서 출발한 것으로 어떻게 특정 정보를 찾아낼 것인

---

11) 이와 관련된 내용은 United Nations Office on Drugs and Crime Terrorism Prevention Branch에서 주최한 terrorists' use of internet for terrorist purpose에 관한 1, 2차 회의에서 상당한 정도로 논의되었다. 글쓴이는 전문가 자문자격으로 두 차례의 회의에 모두 참석하였다. 1차 회의는 2011년 10월에 2차 회의는 2012년 2월에 각각 열렸다.

12) ISVG에서 참여 관찰한 사항; Terrogence는 이스라엘의 민간보안회사이다. 여기서는 공개출처 정보를 활용한 정보수집 및 분석 서비스를 제공하고 있으며 주요 고객은 이스라엘의 경찰 및 군, 정보기관과 민간 기업들이다. 글쓴이는 2009년 5-6월에 이스라엘을 방문하여 이 회사의 대표와 회사의 주요 업무에 관해 직접 인터뷰를 실시하였다.

지의 문제와 인터넷에 마구잡이 형태로 매몰되어 있는 정보를 어떻게 보다 효율적, 합목적적으로 활용하기 용이하도록 체계적으로 데이터를 관리할 것인가, 그리고 그러한 정보를 어떻게 분석할 것인가 등의 내용들로 구성되어 있다.[13)]

OSINT는 사이버 공간의 투명성과 국가의 법 집행 능력의 확보라는 성격을 갖는다. 사이버 공간에 대별되는 현실공간에서 테러를 포함한 범죄 일반에 대해 인지하는 것은 두 가지 경로를 통해서이다. 어떤 테러 또는 범죄이든 그 대응을 위해서는 먼저 그에 대한 인지가 선행되어야 한다면 이 인지 부분의 중요성은 당연하다. 현실공간에서 테러 및 범죄일반을 인지하려면 피해자나 목격자가 신고를 하거나 아니면 경찰이나 법집행 기관이 순찰 등의 활동을 통해 인지하는 경로를 거치게 된다. 이 두 경로 중 그 어느 것을 통해서도 경찰이나 사법 당국에 인지되지 않을 경우에는 암수범죄로 남게 된다. 이러한 범죄 인지와 관련된 메커니즘은 인터넷이라는 사이버 공간에서도 동일하게 적용된다. 사이버 공간상에서 테러나 범죄 일반을 경찰이나 법집행 기관 또는 정보기관이 인지하기 위해서는 사이버 공간상의 피해자나 목격자가 신고를 하거나 경찰이나 법집행 기관, 또는 정보기관 등이 인지를 하여야 한다. 하지만 사이버 공간이 주는 어려움은 물리적으로 직접 순찰을 실행할 수 없다는 데에 있다.[14)] 2000년대 이후 들어 미국을 중심으로 제기되고 있는 개념인 OSINT는 이러한 사이버 공간상에서의 테러나 범죄인지를 위한 경찰이나 법 집행기관, 또는 정보기관의 노력의 일환이다(Appel, 2011).

사실상 현실공간과는 달리 사이버 공간에서는 OSINT에 의한 테러나 범죄일반 활동에 대한 파악이 현재로서는 거의 유일하게 효과적인 방안이라고 보여진다. 사이버 공간상에서 일어나는 테러를 포함한 각종 안보나 치안의 문제와 관련된 사안들은 피해자나 목격자의 신고를 통해 인지되기는 매우 어렵다. 이는 두 가지 이유 때문이다. 우선은 사이버 공간상에서 일어나는 대부분의 테러나 범죄활동이 피해자가 없는 범죄(victimless crime)에 해당된다는 사실이다. 테러리스트에 의한 각종 프로파간다나 폭발물 제조 훈련 방법을 담은 매뉴얼의 배포 등은 특정 테러에 관심

13) ISVG에서 참여 관찰한 사항.

14) 경찰청 사이버테러대응센터의 담당자와 논의한 사항.

있는 잠재적 테러리스트나 테러지지자들이 이용하게 된다. 따라서 정보를 업로드 하는 측과 해당 정보를 이용하는 측 모두에게 유익한 상황이 발생한다. 한편, 테러리스트가 아동 포르노를 판매하거나 마약을 온라인상에서 판매하는 것을 통해 테러자금을 확보하려는 경우에도 그러한 콘텐츠를 구매하는 측도 역시 이러한 상거래를 통해 쾌락이라는 특정 편익을 얻게 된다. 따라서 이러한 행위에 참여하는 그 어느 쪽으로부터도 자발적 신고를 기대하기는 어렵다. 한편, 사이버 공간상에서 특정 테러행위나 범죄로부터 피해를 입은 피해자가 발생했다 하더라도 피해 신고를 기대하기는 어렵다. 이는 사이버 공간상의 대부분의 피해는 피해자가 즉각적으로 인지하기 어렵거나,[15] 특정 개인에게는 그 피해 정도가 너무 미미하거나,[16] 가해자가 국경의 범위를 벗어나서 위치하기 때문에 신고하더라도 어떤 피해복구나 처벌을 기대하기 어렵다고 판단하여 자발적으로 피해자나 목격자가 신고를 포기하는 경우 등 여러 이유로 신고가 현실 공간보다는 훨씬 미미한 수준에 머물고 있다. 이런 맥락에서 현재 OSINT는 사이버 공간에서의 테러나 범죄 등의 위협으로부터 사회안전망을 구축할 수 있는 몇 안 되는 실효적인 선택 대안이 되고 있다(Singh, 2009; Weimann, 2006).

5. OSINT(Open Source Intelligence) 활용

OSINT에 대한 관심과 적극적 활용은 2001년 9.11 테러 이후에 이슬람 극단주의에 대한 대테러 전쟁을 수행하면서 미국과 나토, 그리고 이스라엘을 중심으로 진행되어 오고 있다. 이는 알카에다, 탈레반, 히즈불라, 하마스, PKK 등의 주요 이슬람 테러세력들과 극우테러리스트들, 극좌테러리스트들, 그리고 환경테러리스트들, 사이버 테러리스트들 및 범죄자들, 개인적 불만을 갖고 불특정 다수를 상대로 폭력적인 공격을 하려는 의도를 갖는 개인들 등 여러 테러관련 세력들이나 개인들이 사이

15) 예를 들면 폭탄제조법의 배포, 크레디트 카드 사기 등.
16) 금융사기나 보이스 피싱 등의 경우 총 피해 규모는 막대하나 피해를 입은 특정 개인에게는 그 피해 액수가 미미한 경우.

버 테러나 테러리스트의 인터넷 이용과 관련된 여러 제반 활동들을 온라인상에서 활발히 전개하는 경향들이 나타나기 때문에 이에 대한 사이버 공간상에서의 대응의 필요성이 제기되었기 때문이다(Freilich & Chermak, 2012; Ogun, 2010; UNODC, 2012). 그리고 이와 함께 최근 들어 사이버 공간상에서 이용 가능한 정보와 오프라인상에서의 각종 서적이나 신문, 잡지, 연구 보고서 등 공공에 이용 가능한 많은 형태의 정보들이 엄청난 양으로 증가했고 이에 대한 중요성과 적극적 활용의 필요성에 대한 인식이 있었기 때문이다(Appel, 2011; Bean, 2011; Department of the Army, 2006; NATO, 2002). OSINT가 최근 얼마나 비중있게 다루어지고 있는지는 미국과 나토 등 서방 동맹 국가들에서 OSINT가 기존의 HUMINT(Human Intelligence), TECHINT(Technical Intelligence)와 함께 주요한 하나의 정보 수집 및 분석활동으로 자리매김하고 있다는 사실(Appel, 2011; Bean, 2011; Department of the Army, 2006; NATO, 2002)과 미 육군과 나토에서 OSINT 매뉴얼(Department of the Army, 2006; NATO, 2002)을 작성했다는 사실에서도 알 수 있다. 이러한 조류는 OSINT에 대한 관심과 인식전환을 잘 보여준다. 대체로 미국 등 서방 동맹국들은 OSINT가 기존의 정보활동과는 다른 독자적인 영역이며 그 정보 수집과 분석의 사이클에 독특한 특성을 가진다고 인식한다. 때문에 이러한 하나의 독자적인 정보활동 영역으로서의 OSINT의 수집과 데이터베이스 구축, 그리고 분석에 이르는 전반적인 사이클에 대한 기법 개발과 이와 관련된 인적 자원의 교육 훈련, 그리고 운영 방법 등에 관한 관심을 기울여 오고 있다(Department of the Army, 2006; NATO, 2002; Vivas, 2004).

대체로 OSINT와 관련된 부문은 크게 세 가지 유형으로 나눠지는 것 같다. 하나는 사이버 공간상에서 테러리스트들 또는 잠재적 테러리스트들이나 지지자들의 활동과 테러리스트나 테러활동과 긴밀히 연관된 해커들이나 마약이나 아동 포르노, 불법 도박, 금융사기, 돈세탁 등의 범죄자들의 활동을 어떻게 찾아내고 감시할 것인가의 문제를 다룬다. 둘째는 사이버 공간상에서 또한 오프라인에서 이용 가능한 막대한 양과 양질의 테러관련 공개정보를 어떻게 찾아내고 이러한 곳곳에 산재된 공개 정보들을 어떻게 서로 유기적으로 통합하여 그 속에서 의미 있는 정보들을 활용할 것인가의 문제와 관련이 있다. 마지막 유형은 두 번째 유형의 연장선상에서 이해할 수 있는데, 찾아내고 서로 유기적으로 통합된 공개 정보들을 어떻게 오랫동안 일관되고 지속적으로 데이터베이스(DB)화하고 이렇게 구축된 DB를 어떻게 활용할 것인가의 문제와 관련된다. 여기에 제시된 세 가지 유형은 서로 관련되어 있으며 모두 OSINT의 영역에 해당된다. 그리고 그 기법이나 운용방법, 그리고 활용에 있어서 여러 측면에서 서로 중첩된다. 하지만 그 기법이나 운용특성에 있어 조금씩 차이가 있으므로 유형별로 따로 그 특성과 기법들을 이해할 필요가 있다(Appel, 2011; Weimann, 2006: 176-202).[17]

첫 번째 유형은, 어떻게 사이버 공간에서의 투명성(visibility)를 높일 것인가의 문제와 관련되며 사이버 공간이라는 아직 제대로 파악되지 못한 공간에 법 집행이라는 공권력이 어떻게 침투할 것인가에 대한 전략적 모색으로 볼 수 있다. 이 사이버 공간에 대한 대테러 공권력의 침투와 관련하여 한 가지 흥미로운 사실이 관찰된다. 이는 아이러니컬하게도 사이버 공간의 등장으로 기존의 전통적인 장벽이었던 물리적 거리와 국경의 장벽이 허물어지면서 전일적 · 동시간적 공간이 형성된 반면에 이러한 사이버 공간상에서 새로운 형태의 장벽이 만들어지고 있다는 사실이다. 사이버 공간에 형성되는 새로운 형태의 장벽은 대체로 문화적, 언어적, 기술적 형태를 띤다. 이러한 장벽들은 대테러 공권력이 침투하는데 하나의 중대한 장애요소로 기능하며 인터넷을 이용하는 테러리스트들에게는 스스로를 방어하는 요새(citadel)의 역할을 한다.[18] 이러한 사이버 공간상의 문화적, 언어적, 기술적 방벽으로 둘러싸인 섬과 같은 공간에서 테러세력들은 각국 정부의 공권력으로부터 안전하게 자신들을 보호할 수 있으며 이를 바탕으로 처벌이나 제재로부터 자유롭게 자신들의 테러활동을 지속할 수 있다. 때문에 각국 정부의 대테러 대응방안은 이러한 사이버 공간상에서의 섬과 같은 지역들에 대한 적극적 침투를 통해서 정보를 수집하고 분석

---

17) 또한, ISVG의 참여관찰사항과 Terrogence 대표와 인터뷰한 내용도 역시 위에서 제시한 것과 유사한 내용으로 운용되고 있다.

18) Terrogence의 대표가 실제로 온라인상에서 테러리스트 웹사이트들을 상대로 정보수집 활동을 하는 데 있어서 직면하게 되는 어려움들을 시연하면서 보여주었다.

하며 예상되는 위협을 미리 파악하고 사전에 대응하는 능동적(pro-active)인 작업들이 이루어져야 한다. 이렇게 함으로써 사이버 공간상에서 테러세력이 배양되고 활동할 수 있는 안전지대를 제거해 나감으로써 궁극적으로 사이버 공간상에서 테러리즘을 억제할 수 있고 이는 다시 현실 공간에서의 테러리즘에 대한 효과적 타격으로 이어질 것이다.

사이버 공간에 대한 법 집행 대응의 침투와 관련된 또 다른 어려움은 사이버 공간이 가지는 그 자체의 크기 때문이다. 사이버 공간에 존재하는 정보의 양이 막대해짐으로써 테러리스트나 범죄자들에 대한 정보[19]의 은폐성이 커지게 되고 이 때문에 테러리스트 관련 관심정보를 찾아내기가 더 어려워진다는 문제가 발생한다(Sherman & Price, 2001). 이러한 관심정보 탐색의 문제를 더욱 어렵게 하는 것은 기존의 전통적인 대테러법 집행 분야에서 인터넷 검색과 관련된 기법이나 전략적 방법들에 대한 관심이나 체계적인 교육, 훈련이 거의 이루어지지 않았다는 점 때문이다.[20]

최근 들어 사이버 공간에서 법 집행 공권력의 침투능력을 증대시키고 이 공간에서의 투명성을 높이기 위한 여러 전략적 시도들이 모색되고 있다. 그러한 시도들은 앞서 언급한 사이버 공간이라는 특성이 법 집행 공권력에 던지는 여러 제약들과 어려움들을 극복하기 위한 방안들의 모색이다. 그리고 보다 구체적으로는 사이버 공간상에서 이루어지는 인터넷 검색 기법의 개발과 인터넷 공간상에서 유용한 정보를 발견하고 수집해 내는 다양한 기술들의 개발과 관련이 있다. 온라인상에서의 정보수집과 관련하여 테러리스트들이나 범죄자들이 주로 활동하는 웹 포룸 등에서 어떻게 가명 아이디와 패스워드를 사용해 테러리스트 지지자나 테러리스트로서 활동을 수행하며 테러리스트 웹사이트를 관리하는 관리자의 신원검증이나 스크린을 어떻게 회피할 것인가와 관련된 기법들이 주요한 이슈로 다루어진다.[21]

---

19) 예를 들면 테러리스트들의 웹 포룸이나 마약판매 웹사이트 등과 같은 사이트의 예로는 www.kavkazcenter.com, http://www.islamicawakening.com/, http://xp10.com/, http://onemonkey.org/caspar/cocaine.htm 등이 있다.

20) 이러한 문제는 경찰청 사이버테러대응센터 담당관과 국방부 사이버사령부 담당관이 공통적으로 지적한 사항이다.

21) 2009년 이스라엘의 Terrogence대표가 인터넷상에서의 정보수집활동 기법에 대해 시연하였으며 이와 비슷한 내용을 United Nations Office on Drugs and Crime Terrorism Prevention

이러한 유형의 OSINT와 관련된 주요한 활동영역으로는 인터넷 베팅(internet vetting), 범죄수사(crime investigation), 정보활동(intelligence) 등의 세부영역들이 있다(Appel, 2011). 인터넷 베팅은 간단히 말하면 특정 개인이나 집단에 대한 뒷조사와 이를 통한 프로파일과 관련된 제반 활동을 의미한다. 전통적으로 이러한 활동은 오프라인상에서 특정 개인이나 집단의 구성원들이 위치한 주거지나 근무지, 또는 다녔던 학교나 살았던 지역, 근무했던 직장, 또는 여타 다른 교회나 클럽이나 단체 등의 해당 인물에 대해 잘 아는 주변 사람들을 인터뷰함으로써 이루어졌다. 하지만 오늘날에는 사이버 공간이 또 다른 의미 있는 공간으로 추가되었다. 대부분의 사람들이 이 사이버 공간에서 주요한 개인적 활동들을 하게 된다. 따라서 오히려 오프라인 공간보다 온라인 공간에서 더욱 풍부하고 자세한 특정 개인이나 집단의 구성원들에 대한 특성이나 이력 또는 경력, 성향들에 관한 정보를 취득할 가능성이 높아졌다. 인터넷 배팅은 이러한 상황 변화에 대응하여 온라인 공간상에서 그러한 특정 개인이나 집단의 구성원들에 대한 정보를 파악하고 수집하는 것과 관련된 제반 활동과 그와 관련된 여러 기법들을 의미한다. 범죄수사는 디지털 포렌식을 포함한 온라인상에서의 범죄 증거확보와 관련된 활동이다. 하지만 OSINT에서의 범죄수사는 단지 디지털 포렌식과 관련된 기술적 영역만을 다루지는 않는다. 탐문 수사와 행적 수사를 포함하며, 온라인상에서의 증인 및 목격자 인터뷰까지도 포함한다. 정보활동 영역은 온라인상에서 테러리스트나 범죄자의 웹포럼이나 트위트 등에 신분을 가장하고 참여하여 구성원으로 활동하면서 정보를 수집하는 등의 온라인상에서의 HUMINT활동을 포함하는 개념이며, 각종 테러 및 범죄관련 웹사이트들이나 SNS(Social Network Service) 등을 서핑하거나 침투하여 수동적으로 동향관찰을 하거나 능동적으로 참여하여 활동하면서 정보를 확보한다(Appel, 2011).

미국과 독일을 포함한 여러 서방 국가들에서 사이버 공간에 대한 침투와 관련된 여러 OSINT 시도들이 이루어지고 있다. 최근 들어 범죄 전 수사(pre-crime investigation)의 개념이 제시되고 있는데[22] 이는 사이버 공간상에서의 OSINT활

Branch에서 주최한 terrorists' use of internet for terrorist purpose에 관한 1, 2차 회의에서 프랑스 대표가 소개하였다.

동이 실제로는 범죄수사와 정보수집활동 사이에 구별이 쉽지 않다는 인식에 근거한다. OSINT의 특성상 정보 수집과 동향 감시 중에 중대한 테러범죄가 진행 중에 있다는 사실이 파악되어 정보수집과정에서 불시에 범죄수사와 기소로 넘어가는 상황들이 발생하게 된다. 이 경우 정보 수집을 통해 확보된 증거들을 법정에서 사용할 수 없게 되는 문제가 발생하게 되는데 이는 범죄수사에서 요구하는 증거수집에 대한 법적인 잣대가 정보활동에서 보다 더욱 엄격하기 때문이다. 이러한 현실적 문제 때문에 범죄 전 수사의 개념이 제시되고 있는데 이는 정보활동과 범죄수사를 융합한 개념으로 정보수집분석활동 단계에 검찰과 정보기관이 적극적으로 협력하여 순수한 정보수집활동과 기소와 형 확정을 목표로 한 범죄증거 수집활동 사이의 선택적 결정을 초기단계부터 결정함으로써 보다 전략적이고 통합적인 접근을 시도하자는 것이다.[23] 한편, 여러 범죄나 테러 사이트나 웹포럼, 페이스북, 트위터 등의 공간에 직접 참여하여 각종 정보를 수집하고 위험을 예측하는 방식[24] 또는 바이러스 감염방식을 통한 위협요소의 역추적-파악과 같은 사이버 공간상에서의 첩보수집 기법의 개발 등도 소개되고 있다.[25] 또한 프랑스의 경우처럼 가짜 아이디와 패스워드를 국가의 정보기관이나 수사기관에게 부여하여 이들로 하여금 사이버상에서 비밀정보 수집이나 동향 감시를 하게끔 하거나[26], 이스라엘의 경우처럼 민간 회사에게 이러한 사이버상에서의 동향감시를 하게 하고 민간회사와 계약하는 방식으로 허가하고 민간보안회사를 통해 수집 · 분석된 이러한 결과를 정부가 공유하는 방식으

22) 이 범죄전 수사(pre-crime investigation)개념은 독일의 베를린 경찰대학 교수인 Charles von Denkowski가 경찰청 대테러센터의 특별강연에서 소개한 내용이며 같은 내용을 글쓴이가 비엔나 유엔마약범죄국 회의에서 만난 프랑스 검찰의 반테러와 국가안보 담당 검사가 지적하였다.

23) United Nations Office on Drugs and Crime Terrorism Prevention Branch에서 주최한 terrorists' use of internet for terrorist purpose에 관한 1, 2차 회의 내용.

24) Terrogence 대표가 시연한 내용이자 프랑스 검찰의 반테러와 국가안보 담당 검사가 United Nations Office on Drugs and Crime Terrorism Prevention Branch에서 주최한 terrorists' use of internet for terrorist purpose에 관한 1, 2차 회의에서 소개한 내용.

25) 2011년 9월 21-23일에 열린 Asia-Pacific Regional Workshop on Fighting Cybercrime에서 Director of Cybercrime Research Institute가 지적한 사항.

26) 프랑스 검찰의 반테러와 국가안보 담당 검사가 자신들의 주요 활동 가운데 하나로 소개한 내용.

로[27] 접근하기도 한다. 이러한 모든 노력들은 오늘날 테러리즘 위협이 오는 주요한 공간환경인 사이버 공간에서의 투명성과 상황인식의 정도를 높이기 위한 노력들을 의미하며 사이버 공간으로의 국가 공권력의 힘의 투사를 나타낸다.

OSINT의 두 번째 유형은 앞서 언급한 대로 사이버 공간상에서 또한 오프라인에서 이용 가능한 막대한 양과 양질의 테러관련 공개정보를 어떻게 찾아내고 활용할 것인가의 문제이다. 이는 주로 관련 전문 자료의 검색과 확보의 문제이며, 오늘날 폭발적으로 팽창한 막대한 양의 정보를 어떻게 활용할 것인가에 대한 방안의 모색이다. 이러한 문제와 관련하여 'invisible web'에 대한 이해는 중요하다. 이 invisible web은 구글이나 야후, 네이버나 다음과 같은 일반적인 검색엔진으로 검색이 되지 않는 웹사이트 등을 의미한다. 또한 이 invisible web과 관련하여 deep web이라는 개념도 중요한데 이는 일반적인 검색엔진으로 검색이 가능하기는 하지만 여러 이유로 검색의 우선순위에 밀려 잘 파악되지 않는 웹사이트 등을 의미한다. 즉, 그것이 개념적으로 'invisible web'이든 'deep web'이든 검색엔진을 통해 검색되지 않거나 검색되기 어려운 정보들이 사이버 공간에 대다수를 차지한다는 사실을 인식하는 것이 중요하다. 대체로 사이버 공간에서 이 invisible web에 해당되는 부분이 약 80% 정도에 해당하며 일반적인 검색엔진으로 검색되는 것이 대략 20% 정도에 불과한 것으로 평가되고 있다. 구글 등의 검색엔진은 spider라는 검색도구가 여러 관련 웹사이트 들을 기어다니며(crawl) 기록해 두었다가 주기적으로 다시 재방문하는 방식으로 검색을 하게 된다. 이때 검색 키워드나 단어 등을 통해 웹사이트들을 찾아내게 되는데 이럴 경우 반드시 웹사이트는 HTML 등과 같은 특정 형식의 단어를 포함하고 있어야 한다. 만약 웹사이트가 이러한 정보를 갖지 않고 있다면[28] 검색의 대상에서 제외된다. 또한 구글 등의 검색엔진은 검색이 자주 되거나 방문자 수가 많거나 아니면 광고료를 지불한 웹사이트 등을 검색 결과의 우선순위에 두는 등의 이유로 인해 검색결과의 우선순위가 영향을 받게 된다. 이때 검색순위에서 밀린 하지만 정보검색을 하는 특정 검색자에게는 유용한 웹사이트들은 검색결과에서

27) Terrogence 대표가 자신들의 주요활동에 관해 소개한 내용의 일부.
28) 예를 들면, 이미지나 음성으로만 구성되어 있거나 하는 등의 것.

잘 찾을 수 없게 된다. 이러한 이유들로 인해 'invisible web' 등이나 'deep web' 등의 문제가 발생하게 된다. 이러한 문제들을 어떻게 해결할 것인가의 자세한 해결 방법역시 이용가능하며 이는 OSINT 자료 수집의 주요한 부분이 된다(NATO, 2002; Open Source Center, 2009; Sherman & Price, 2001; Tekir, 2009).

OSINT의 자료 수집과 관련된 인터넷 검색방법과 관련된 기법개발과 교육, 훈련 등이 주요한 이슈로 다루어진다(NATO, 2002). 하지만 관련된 인터넷 검색방법을 논의하기 전에 간과하지 말아야 할 사실은 OSINT가 곧 인터넷 정보활동만을 의미하지는 않는다는 사실이다. 도서관 검색, 대학과의 협력, 오프라인상에서의 전문가와의 인터뷰 등등 오프라인상에서의 OSINT활동도 중요한 부문이며 이 오프라인 OSINT활동과 온라인 OSINT활동은 통합적으로 수행되어야 한다(Appel, 2011). 즉 흔히 통상적인 방법으로 검색되지 않는 invisible web이나 deep web의 경우 도서관 검색이나 관련 서적의 참고문헌, 전문가의 제보 등의 오프라인 출처를 통해 웹 주소를 확보할 수 있으며 이를 단서로 연구방법론에서 제시하는 'snow balling' 샘플 추출법과 유사하게 각종 링크를 통해 다른 관련 웹사이트에 관한 정보들을 확보해 나갈 수 있다. 그리고 이렇게 수집된 유용한 웹사이트나 온라인 정보들을 따로 목록으로 만들어 관리하는 것이 필요하다. 글쓴이 역시 테러리즘 연구를 위한 OSINT 기법활용에 있어 관련된 중요한 사이버 정보를 관련 도서의 참고문헌 목록이나 보고서 내용, 또는 전문가와의 face-to-face 인터뷰 등을 통해 획득한 경우가 빈번하다. 따라서 온라인상에서의 OSINT활동에서 관련 전문가와의 인터뷰, 대학의 전공 교수나 도서관의 정보검색사로부터의 도움이나 관련 연구 보고서나, 논문, 도서의 검토 등은 중요하다(Appel, 2011; Sherman & Price, 2001). OSINT의 정보수집 활동과 관련된 구체적이고 자세한 내용은 나토의 OSINT 매뉴얼(NATO, 2002)과 미 육군 OSINT 매뉴얼(Department of the Army, 2006), 그리고 Open Source Center에서 제공하는 자료(2009) 등에서 이용가능하다.

사이버 공간상에서의 공개정보의 수집을 위해서는 주로 invisible web이나 deep web 등에 해당하는 관련 웹사이트들에 대한 파악과 이러한 웹사이트들에 대한 목록 확보와 정리가 요구된다. 대체로 테러리즘과 관련한 OSINT활동에서 세 종류의 웹사이트들에 대한 파악과 이러한 웹사이트들의 리스트 정리가 중요하다(Appel, 2011; NATO, 2002; Sherman & Price, 2001).[29] 하나는 정부기관이나 씽크탱크, 미 의회 등의 도서관 자료 검색 서비스나, 민간기관 등의 테러리즘 관련 웹사이트, 또는 안보나, 테러, 또는 범죄관련 자료검색 서비스나 대학이나 각종 안보관련 연구소 및 관련 전문 학술저널 등에서 운영하는 웹사이트들이다. 이러한 웹사이트들은 테러리즘에 대한 동향보고와 분석, 그리고 대테러 대응 방안에 대한 정책제안과 전략개발 등 여러 유용한 테러리즘 관련 전문정보들을 제공한다. 한편 또 다른 유형으로는 테러리스트들이 직접 운영하는 웹사이트들이다. 이슬람 극단주의 테러리스트와 환경테러리스트, 체첸 반군에서 운영하는 웹사이트 등 다양한 테러집단들이 직접 운영하는 수많은 웹사이트들이 있다. 이러한 웹사이트들은 테러리스트의 시각을 대변하는 각종 보고서와 사건보도, 각종 프로파간다 등의 정보를 제공한다. 비록 주의를 기울여 다루어야 하는 자료들이지만 이러한 테러리스트들로부터 직접 제공되는 자료들 역시 테러리즘관련 정보수집과 분석을 위해서는 유용한 자료들이 된다. 마지막으로 OSINT 활동에서 유용한 정보를 제공하는 웹사이트 종류들은 미디어 보도 자료들이다. CNN, BBC 등을 포함하여 수많은 미디어 관련 웹사이트들이 사이버 공간상에 존재한다. 이러한 사이트들은 영어뿐만 아니라 여러 다른 언어로 매일 보도되며 글로벌 미디어뿐만 아니라 특정 국가, 지역에서 특정 언어로만 보도되는 수많은 지역 미디어도 포함한다. 이러한 각종 미디어 출처들은 매일 세계 곳곳에서 일어나는 테러리즘 관련 보도들을 온라인상에 제공한다. 이러한 제각기 보도되는 여러 미디어 자료들을 연계하여 파악하면 테러리즘에 관한 중요한 정보들을 획득할 수 있다. 예를 들면 한 특정 테러사건에 대해 여러 언어로 된 다양한 매체들이 같은 사건을 서로 다른 시간대에 반복적으로 보도하면서 여러 서로 다른 정보들과 주장들, 그리고 분석들을 보도할 수 있다. 이와 같은 동일사건에 대한 서로 다른 미디어 보도들을 하나로 묶는다면 그 사건에 대해 보다 완전하고 자세한 정보를 파악할 수 있을지도 모른다. 대체로 여러 미디어 보도들을 복수로 교차대조하게 되면 미디어

29) ISVG의 활동에서도 이러한 사항은 주요한 부분이다.

보도에서 나타나는 타당성과 신뢰성의 문제를 개선할 수 있다. 미국의 대표적인 FBIS(Foreign Broadcasting Information Service)는 이러한 방식으로 미디어 보도에 대한 OSINT 활동을 하는 데 있어 매우 유용한 수단이 된다. 이 FBIS는 전 세계 대부분의 언어로 출판되는 미디어 보도들을 매일 영어로 번역하여 제공하는 서비스이다. 궁극적으로 사이버 공간상에서 효과적인 OSINT 활동을 하기 위해서는 웹사이트의 탐색과 관리가 중요하다. 대체로 이러한 웹사이트들의 대부분은 통상적인 인터넷 검색으로 잘 검색되지 않으며 검색되더라도 간헐적으로 발견된다. 따라서 이러한 웹사이트들의 목록을 별도로 기록하고 관리하는 것이 요구된다. 특정 OSINT의 목적에 맞게 유용한 웹사이트들의 개수와 목록을 설정하고 앞서 언급한 세 가지 서로 다른 종류의 웹사이트들을 균형적으로 목록에 포함시키고 이를 토대로 공개정보 검색을 하는 것이 중요하다. 그리고 그러한 일련의 검색과정을 일관되고 체계적으로 설계하여 정형화된 OSINT 검색과정을 구축하는 것이 요구된다. 이러한 체계적 관리는 OSINT 검색주체의 역량과 검색시기에 따라 달라질 수 있는 검색되는 웹사이트의 종류와 수 때문에 정보수집이 일관되지 못하고 신뢰성을 확보할 수 없는 문제들로부터 나타나는 OSINT 활동 자체의 취약성을 개선하도록 해준다. NATO(2002)에서 발간한 OSINT 매뉴얼은 웹사이트 목록 관리를 위한 관리양식 샘플을 보여준다.

인터넷 검색과 관련하여 OSINT 활동에서 주목해야 할 사항은 구글 등의 여러 검색엔진들이 복수로 존재하며 이러한 여러 검색엔진들은 각각의 특징과 장단점을 갖고 있다는 점이다. 때문에 특정 주제나 필요로 하는 자료의 성격에 따라 이상적인 검색엔진이 다를 수 있으며 때문에 자료의 신뢰성과 타당성 확보를 위해 여러 검색엔진들을(적어도 5~6개의) 동시에 복수로 활용하는 것이 바람직하다는 사실이다. 크게는 검색엔진이 디렉토리[30] 방식과 키워드 서치[31] 방식으로 나눌 수 있으며 그 장단점과 특성들이 다르다. 그리고 최근 들어서는 디렉토리 방식과 키워드 서치 방식이 함께 운영되는 사례가 늘고 있다. 하지만 그럼에도 불구하고 여전히 각 검색엔

30) 예를 들면, 전통적인 YAHOO! 방식.

31) 대표적으로 Google에서 채택한 방식.

진별로 장단점과 그 특성이 조금씩 다르다. 검색엔진의 종류는 잘 알려진 구글과 야후 이외에도 Hotbot, Lycos, Bing, Alltheweb 등 여러 검색엔진들이 있으며, 영어 이외의 특정 국가에서 일반적으로 이용되는 해당 국가언어로 운용되는 검색엔진 등이 있어 특정국가나 지역의 정보검색에 유용한 검색엔진들이 있다. 예를 들면 naver나 daum 등은 한국의 검색엔진이며 yandex 등은 러시아의 검색엔진이다. 이 밖에 Findlaw 등과 같이 특정 주제의 검색에 유용한 특정 주제만을 다루는 검색엔진 등도 있다. 한편, 이 밖에도 ixquick 등과 같은 Meta-Search 엔진 등이 있다. 이 Meta-Search 엔진은 특정 검색어에 대해 구글이나 Hotbot, Lycos 등 여러 검색엔진을 동시에 복수로 검색하도록 하는 검색 서비스이다. 여러 검색엔진을 동시에 검색할 수 있다는 장점이 있지만 하나의 검색엔진에 비해 이 Meta-Search 엔진은 그 검색의 깊이가 깊지 않다는 단점이 있다. 이러한 여러 종류와 차원의 검색엔진들의 특성과 장단점을 이해하고 적절히 검색주제에 맞게 복수의 검색엔진들을 이용하는 것이 중요한 문제로 제기된다(Appel, 2011: 175-194; Department of the Army, 2006; NATO, 2002; Open Source Center, 2009).

온라인상에서 정보수집과 관련하여 주요한 이슈로 다루어지는 또 다른 부분은 실제적인 검색에 있어서 어떻게 검색을 실행할 것인가의 기법에 관한 내용들이다. 이와 관련하여 검색창에 검색 키워드 등을 입력하는 것과 관련된 Boolean Logic과 관련된 사항들과 주요한 웹사이트 등을 찾기 위해 온라인과 오프라인상의 참고문헌 간의 네트워크적인 연관관계를 파악함으로써 자료를 찾고 해당 자료의 신뢰성과 타당성을 검증하는 방법 등이 있다. 또한 구글 등의 특정 검색엔진을 보다 효과적으로 활용하기 위해 advanced된 각종 서비스(언어 번역 기능과 시간과 지역, 주제 등을 제한하여 보다 제한되고 집중적인 방식으로 검색하는 것 등을 포함하여)를 활용하는 기법 등을 체계적이고 보다 적절히 활용하는 것과 관련된 내용들이다. 또한, 구글 같은 경우 통상적인 검색창 이외에 이미지 등에서 그래픽 자료를 먼저 검색한 이후에 다시 그곳에서 발견한 URL을 사용하여 잘 검색되지 않는 웹사이트를 찾아갈 수도 있다. 이러한 방법을 사용하면 여러 불법적인 성격의 웹사이트들을 찾아낼 수도 있다. 실제로 글쓴이는 이러한 방법으로 헤로인, 마리화나 등의 판매 사이트나 해커들의 사이트 또는 테러리스트나 동조자들의 웹사이트들을 찾아내었다. 여러 구체적인 인터넷 검색기법등과 관련해서는 여러 서적과 매뉴얼들을 통해 습득할 수 있으며 또한 해당 분야에 대한 많은 인터넷 검색 노력 등을 통해 노하우들을 축적해 나가야 한다(Appel, 2011: 175-194; Department of the Army, 2006; NATO, 2002; Open Source Center, 2009; UNODC, 2012).

마지막으로 OSINT의 세 번째 유형은 OSINT 활동을 통해 수집한 정보를 어떻게 데이터베이스화하고 이렇게 구축된 데이터를 가지고 어떻게 계량적 또는 질적 분석을 수행할 것인가의 문제를 다룬다. OSINT의 활동에서는 특히 막대한 양의 공개자료로 구축한 데이터베이스를 활용하여 수행한 이차분석이 중요한 지위를 획득한다. 이를 통해 막대한 양의 공개 정보의 활용도를 높이고 그러한 공개정보의 이차분석을 통해 원자료 상태로 공공에 공개되어 있던 정보들 속에 숨어 있는 중요한 의미를 찾아내고 그러한 의미들을 연결함으로써 중요한 안보위협이나 테러, 또는 범죄활동과 관련된 숨겨진 사실들을 파악하기 위해서이다. 이러한 분석을 위해서는 주로 데이터 마이닝이나 회귀분석 등의 각종 통계처리, 지리정보분석, 네트워크 분석, 시계열 패턴분석 등의 계량분석이 사용되며 경우에 따라서는 내용의 교차분석을 통한 질적 분석이 이루어지기도 한다.[32] 분석결과의 중요도에 따라서, 원자료 상태에서는 공개정보였던 정보들이 데이터베이스 구축과 분석이라는 가공과정을 거치면서 비밀정보(classified intelligence)로 그 지위가 바뀌는 경우도 흔히 발생한다(Appel, 2011).

공개정보를 통한 테러리즘 데이터베이스 구축의 모범적 사례로서 미국의 ISVG 프로그램과 START 프로그램을 들 수 있다. 이 두 프로그램 모두 미국 연방정부의 연구 자금을 지원받아 테러리즘과 관련된 데이터베이스 구축을 시도한 연구프로젝트이다. ISVG는 Sam Houston State University의 College of Criminal Justice에서 주도했고, START 프로그램은 University of Maryland의 Criminology &

---

32) ISVG와 START에서는 공개출처 정보를 통해 구축한 데이터베이스로 여러 계량분석 및 질적 분석을 실시하고 있으며, 관련된 양질의 논문과 보고서 등이 생산되고 있다. 이에 대한 내용은 www.start.umd.edu와 www.isvg.org 웹사이트에서 확인할 수 있다.

Criminal Justice학과에서 주도한 사업이다. 글쓴이가 수석 연구원으로 참여했던 ISVG 프로그램의 사례를 들면 온라인상에 이용 가능한 공개정보를 활용하여 전 세계에서 일어난 테러사건과 테러조직, 그리고 주요 테러리스트에 관한 정보를 데이터베이스화하는 작업이었다. 2004년경부터 OSINT와 Relational Database의 개념에 기초해 테러리즘 데이터베이스 구축을 시작했다. 주로 인터넷과 FBIS(Foreign Broadcasting Information Service), 그리고 미디어 보도 등 공개 자료를 활용하여 테러사건 케이스와 테러리스트 및 테러조직에 대한 데이터베이스를 구축했다. 2004년 1건에서부터 시작하여 2012년 현재 약 15만 건 이상의 테러사건에 관한 데이터베이스를 구축해 오고 있다. 데이터베이스는 relational data 원칙에 기초하여 동일한 사건과 인물, 또는 조직에 관한 여러 서로 다른 출처의 공개정보를 동일한 incident ID(Identification) Number로 묶음으로써 특정 사건이나 인물 또는 조직에 관한 내용이 서로 연결되어 검색을 통해 통합적인 정보를 확인할 수 있게끔 데이터베이스를 구축하였다. 약 20여 명의 연구원들이 하루 8시간씩 실시간으로 온라인의 정보를 검색하여 데이터베이스를 구축하였으며, 각 대륙별, 지역별로 각자의 책임지역에 관해 데이터베이스를 수집하고 구축하였다. 서로 다른 언어권의 연구원들을 활용하여 약 11개 언어에 관한 자료를 검색하였으며 데이터베이스 입력은 영어로 이루어졌다.[33] 대체로 온라인상에서의 공개정보를 활용한 데이터 수집과 데이터베이스 구축은 이와 유사한 방식으로 이루어지며 이스라엘의 민간보안회사인 Terrogence의 테러리즘 관련 데이터베이스 구축도 유사한 방식으로 진행되었다.[34]

한편 START 프로그램은 2005년에 메릴랜드대학교 Criminal Justice 프로그램의 주도로 미국 국토안보부(Department of Homeland Security)의 지원을 받아 설립되었다. 이 프로그램은 효과적인 대테러 활동을 위해 필수적인 테러리즘과 테러리스트와 관련된 기원과 다이내믹, 행동패턴과 심리적 영향 등 다양한 분야에 관한 사회과학적, 행동과학적인 이해를 목표로 이를 위한 테러리즘 연구를 통한 이론의

33) 이와 같은 ISVG의 실제 운용 사항은 글쓴이가 ISVG에서 실제 업무를 담당하면서 관찰하고 파악한 것이다.

34) Terrogence 대표와의 면담에서 실제로 이러한 사실을 확인하였다.

개발과 연구 촉진을 위한 데이터베이스 구축 및 지원 등을 주요 임무로 하였다. 이 프로그램은 성공적으로 발전하여 2008년에 다시 미국 국토안보부의 자금지원을 받았다. 동시에 START 프로그램은 그동안 독자적으로 발전하여 오던 ISVG 프로그램과 통합하게 된다. 데이터베이스 구축에 강점이 있었던 ISVG는 데이터 수집 및 데이터베이스 구축에 집중하고 연구와 분석에 강점이 있었던 START는 연구 및 분석에 집중하게 된다. 이후 통합된 START 프로그램은 미국의 테러리즘 연구에서 가장 중심적인 연구기관의 하나로 자리 잡게 된다. 2009년에 START는 미국 국토안보부로부터 미국 안보에 기여한 공헌을 인정받았다.[35)]

현재 START 프로그램에서는 테러리즘 연구자들을 위해 전 세계에서 일어나는 테러리즘 사건들을 데이터베이스로 구축하여 서비스하고 있다. 이는 Global Terrorism Database(GTD)로 불리며 1970년부터 2007년까지 전 세계에서 일어났던 테러사건들을 공개정보(OSINT)에 기초하여 구축한 데이터베이스이다. 이와 함께 START 프로그램은 테러조직에 대한 프로파일도 구축하여 이에 대한 데이터베이스를 서비스하고 있다. 한편 START와 통합되어 협력관계에 있으나 ISVG(Institute for the Study of Violent Groups)도 역시 여전히 독자적으로 테러리즘에 관한 데이터베이스를 구축하여 서비스하고 있다. ISVG 데이터베이스 역시 공개정보에 기초하여 구축되었으며 테러조직에 관한 정보뿐만 아니라 테러리스트 인물정보에 관한 데이터베이스도 서비스하고 있다.[36)]

OSINT의 최종단계에서는 구축된 데이터베이스를 활용하여 각종 질적, 계량적 분석이 이루어진다. 질적 분석은 관련 지역이나 특정 분야에 전문성을 갖춘 분석전문가가 context를 읽고 분석하여 monograph나 manuscript, 또는 보고서나 서적 형태로 생산함으로써 이루어진다. 또한 Terrogence의 경우처럼 데일리 리포트형식으로 짧은 정세보고 형식으로 이루어지기도 하며 FDD(Foundation for Defense of Democracy)의 경우처럼 보름에 한번 형태의 정세분석 보고서의 형태로 이루어지기도 한다.[37)] 한편, 계량적 분석은 구축된 데이터베이스를 이용하여 데이터마이닝이

35) ISVG에서의 참여관찰 내용. 동시에 START에 관한 사항은 해당 웹사이트를 참조.
36) www.isvg.org; www.start.umd.edu 참조.

나 각종 고급, 중급 통계분석, 지리정보분석, 네트워크 분석 등이 이루어지며 이러한 분석결과가 보고서 형태로 생산된다.[38]

구축된 데이터베이스를 통한 분석활동과 관련하여 예를 들면, START의 연구자들과 START의 연구 지원을 받은 연구자들은 매우 활발하게 다양한 분야에서 테러리즘에 관한 연구들을 쏟아내고 있다. 그중 주요한 연구로는 2010년 12월에 테러리즘의 심리적 특성에 관한 연구가 이루어졌으며, 2010년 10월에는 테러리즘에 관한 인터넷의 영향을 평가한 연구가 수행되었고, 같은 해 7월에는 테러리즘의 자금조달에 관한 연구가, 2009년 5월에는 알카에다에 대한 전략적 대응방안 연구가 이루어졌다. 이 밖에도 대량살상무기와 테러리즘의 관계, 런던 테러 및 뭄바이 테러 등 여러 테러 사건에 대한 케이스 연구 그리고 타밀 타이거나 이슬람 극단주의 집단 등 구체적인 테러세력에 대한 분석 연구 등의 다양한 분야에 대해 연구가 수행되어 오고 있다.[39] 또한 인질테러사건에 대한 로지스틱 회귀분석이 ISVG의 데이터베이스를 활용하여 수행된 바 있다(Yun & Roth, 2008). 이처럼 OSINT로 구축한 데이터베이스는 상당한 활용가능성을 가진다.

6. 결론

기술의 발전은 폭력을 두고 벌어지는 게임의 규칙을 바꾸는 경향이 있다. 오늘날 벌어지고 있는 테러리즘의 문제는 이러한 맥락에서 이해할 필요가 있다. 정보통신 기술의 발전은 사이버라는 새로운 공간을 인간의 삶에 포함시켰고 이러한 새로운 공간이 기존의 인간의 삶의 공간과 통합되어 만들어내는 공간적 조건은 이전까지 인류가 익숙했던 폭력 게임의 룰을 바꾸는 경향이 있다. 폭력게임의 한 형태로서의 테러리즘 역시 이러한 바뀐 공간적 조건에 영향을 받는다. 이는 테러리즘과 관련된 게임의 룰이 사이버 공간의 등장으로 새롭게 바뀌게 되었음을 의미한다. 이러한 변

37) www.isvg.org; www.start.umd.edu; www.fdd.org 참조.

38) ISVG 참여관찰 내용.

39) www.start.umd.edu 참조.

화는 오늘날 테러리스트에게 유리한 방향으로 그리고 기존의 대테러 법집행 주체들에게는 불리한 방향으로 진행되는 것 같다.

OSINT는 이와 같은 사이버 공간의 등장에 따른 법집행에 있어서의 어려움들을 극복해 보고자 하는 의미 있는 한 시도이다. 그리고 대체로 9.11 테러 이후 지난 10년간의 경험에 비추어볼 때 OSINT는 현재 고려할 수 있는 몇 안되는 효과적인 대테러 법 집행 방안이다. 특히 사이버 공간이 의미 있는 인간의 삶의 공간으로 편입되는 상황에서 이러한 새로운 공간에서의 투명성 확보는 사회안전망과 법 집행 능력 구축을 위해서는 중요한 과제이다. 이러한 인식에 기초하여 미국과 서유럽 등 각 국에서는 이 OSINT의 중요성이 인식되어 왔고 이러한 활동과 관련한 전략적 패러다임과 시스템 구축, 기법 및 기술 개발, 그리고 이와 관련된 연구와 매뉴얼 및 보고서 작성 등이 이루어져 왔다.

하지만 국내에서는 아직까지 이러한 분야에 대한 인식이 미흡한 실정이다. 여전히 사이버 공간에서의 테러리즘의 문제를 단지 기술적이며 수사와 관련된 부문으로 인지하는 경향이 강하며 새로운 공간의 등장에 따른 테러리즘 환경 조건과 게임 룰 자체의 중대한 변화로 인식하고 있지는 못한 실정이다. 때문에 OSINT의 중요성에 대한 인식 역시 아직은 미흡한 실정이다. 이 때문에 이 논문은 국내에 OSINT를 소개하고 이 분야의 개념과 특성, 활용사례, 그리고 활용방안 등에 대해 논의함으로써 국내에서 OSINT 분야에 대한 주의를 환기시키고자 하는 목적을 가진다. 하나의 효과적인 대테러 법집행 방안으로서 OSINT는 충분한 잠재적 가치를 가지며 이는 국내에서도 충분히 활용해 볼 만한 분야이다. 특히 사이버상에서의 정보수집과 데이터베이스 구축, 그리고 분석 등을 통해 사이버 공간에서의 투명성을 확보해 나가는 것은 이 새로운 공간에서의 사회안전망 구축을 위해서도 필요할 것이다. 그리고 이는 비단 테러리즘에 대한 대응뿐만 아니라 사이버 공간을 통한 각종 범죄와 안보위협에 대응하는 효과적인 방안이기도 할 것이다.

참고문헌

문정인(2002), 국가정보론, 서울: 박영사.

윤민우 · 김은영(2012), 다차원 안보위협과 융합 안보, 한국경호경비학회지, 31호: 157-185.

Appel, Edward J.(2011), Internet Searches for Vetting, Investigations, and Open-source Intelligence, Boca Raton, FL: CRC Press.

Bean, Hamilton(2011), No More Secrets: Open Source Information and the Reshaping of U.S. Intelligence, Santa Barbara: Praeger.

Department of the Army(2006), Open Source Intelligence, FMI 2-22.9.

Freilich, Joshua. and Chermak, Steven(2012), Terrorist use of the internet: An analysis of strategies, objectivities and law enforcement responses, Unpublished manuscript.

NATO(2002), Intelligence exploitation of the internet, NATO OSINT Manual.

Ogun, Mehmet Nesip(2011), Terrorism & Internet & PKK: Terrorist Use of Internet, Saarbrucken, Germany: LAP LAMBERT Academic Publishing.

Olcott, Anthony(2011), Open Source Intelligence in a Networked World, London, UK: Continuum.

Open Source Center(2009), Advanced Googling for Senior Executives, Open Source Academy Internet Science Faculty.

Sherman, Chris, and Price, Gary(2001), The Invisible Web: Uncovering Information Sources Search Engines Can't See, Medford, NJ: CyberAge Books.

Singh, Nilesh Kumar(2009), Transnational Cyber Crime and Terrorism, New Delhi, India: MD Publications PVT LTD.

Tekir, Selma(2009), Open Source Intelligence Analysis: A Methodological Approach, Saarbrucken, Germany: VDM.

UNODC(United Nations Office on Drugs and Crime)(2012), The Use of the Internet for Terrorist Purposes, Draft No.3, Vienna, Austria: United Nations Office on Drugs and Crime in collaboration with the United Nations Counter-Terrorism Implementation Task Force.

Vivas, Robert Davis(2004), Special operations forces open source intelligence (OSINT) handbook, Non-Doctrinal Special Instructional Materials, Oakton, VA: OSS International Press.

Weimann, Gabriel(2006), Terror on the Internet: The New Arena, the New Challenges, Washington, D.C.: United States Institute of Peace Press.

Yun, Minwoo(2009), Application of situational crime Prevention to terrorist Hostage Taking and Kidnapping, In Joshua D. Freilich and Graeme R. Newman, Reducing Terrorism through Situational Crime Prevention, Cullompton, Devon, UK: Willan Publishing, pp.111-139.

Yun, Minwoo, and Roth, Mitchel(2008), Terrorist Hostage-Taking and Kidnapping: Using Script Theory to Predict the Fate of a Hostage, Studies in Conflict and Terrorism, vol. 31, no. 8: 736-748.

FDD(Foundation for the Defense of Democracies), 웹사이트 www.fdd.org

Islamic Awakening, 웹사이트 www.islamicawakening.com

ISVG(Institute for the Study of Violent Groups), 웹사이트 www.isvg.org.

Kavkaz Center, 웹사이트 www.kavkazcenter.com

START(National Consortium For the Study of Terrorism and Responses to Terrorism), 웹사이트 www.start.umd.edu

Terrogence, 웹사이트 www.terrogence.com

XP 10, 웹사이트 xp10.com

제 8 장

국가 위기관리 정책에 대한 국가정보기관의 역할과 과제

제8장 국가 위기관리 정책에 대한 국가정보기관의 역할과 과제

1. 서론

지난 9.11 테러 이후, 김선일사건, 샘물교회 사건, 대우건설, 소말리아 해상테러 등 여러 테러 현상이 발견되고 있다. 국내적으로는 숭례문화재, 서해안 유조선 기름 유출, 박근혜사건 등 위기관리 대응시스템 대책에 대한 문제점을 야기하고 있다. 21세기 지식 정보화·세계화시대의 흐름에서 테러, 사이버테러, 국내외적 범죄와 자연적, 인위적, 환경적 재난 재해 등으로 국가안보와 국민을 위협하는 새로운 위험들이 증가되고 있는 것이 현실이다.

미국의 국가조사위원회는 9.11 당시 조직의 단일 지휘체제의 부재, 정보공유의 실패, 취약성이 노출된 정보기관 개혁 권고안을 반영하려 2004년 12월 정보개혁 및 테러예방법을 통과시켰다. 국가정보국장 DNI 신설, 중앙정보국(CIA), 연방수사국(FBI), 국가안보국(NSA)과 각종 정보기관 총괄, 정보관련 사항 대통령에게 직접 보고, 400억 달러 추정되는 정보예산(수집, 집행) 감독, 국가정보센터 설립, 종합적인 정보분석을 실행하도록 하고 있다. 또한 국가 테러대응센터 NCTC를 설립하고 예산과 정보문제에 관하여 국가 정보국장에게 보고하도록 되어 있으며 전략적 운영계획 수립과 관계부처의 협력을 강화하도록 조직이 구성되어 있다. 탈냉전기 국가안보 목표의 정보수집 대상의 다변화도 국가정보 목표 우선순위(Priorities of National Intelligence Objective: PNIO) 재조명과 대북방첩 수집활동뿐만 아니라 경제, 환경, 사회문화, 과학기술 등 다양한 분야지지 확대로 국제조직 범죄, 마약, 테러리즘,

산업보안, 사이버테러 등 분야로 확대되었다. 그에 따른 테러대응에서도 1981년 서울올림픽 개최가 결정되면서, 비로소 1982년 1월 21일에 대통령훈령 제47호로서 국가 대테러활동지침이 시행되게 되었고, 1997년 1월 1일에 개정된 대통령훈령 47호가 개정되어 지금까지 한국의 대테러업무 수행의 근간이 되고 있는 실정이다. 그런데 이 국가 대테러활동지침은 정부기관 각 처부 및 유관기관의 임무수행 간 협조 · 확인하고 지원해야 할 역할분담을 명시한 행정지침에 불가한 것으로 법적인 구속력이나 테러리스트에 대한 직접적인 구속력이나 테러리즘에 대한 명확한 범위와 규제에 대한 강제조항이 없어 테러리즘이 가져올 수 있는 엄청난 결과에 비하여 너무나 소극적인 대응을 하고 있는 것이다.[1] 이러한 기준법의 부재는 각종 테러정보의 분석이나 공유, 관리 등의 중요한 기능을 소홀하게 만들고, 관련기관과의 명확한 역할분담이나 책임소재의 규명이 모호하여 테러업무에 대해 미온적이고 수동적인 자세를 보일 수 있으며, 테러리즘에 대한 전문인력 양성이나 기관과의 협력에도 지장을 주고, 도시화된 환경 속에서 각종 테러리즘에 적합한 환경이 무분별하게 만들어지고, 총기류의 무단유통이나 기타 테러형 범죄에 대한 처벌규정을 기존 법률에서 찾지 못할 수 있다. 더구나 국내에서도 일정한 법률을 만들지 못하면서 국제테러리즘에 대응할 수 있는 국제협약에 가입하고 국제테러리즘에 대하여 공동조사나 공동대응을 한다는 것은 상당히 혼란스러울 수 있다.

이것보다도 가장 중요한 것은 테러예방, 대비가 대응 · 사후처리보다 중요하다는 것이다. 그런데 대통령훈령이 상위법보다 법적 조직체계가 아니므로, 테러방지법은 꼭 필요하다고 사료된다. 총괄조정할 부서가 사전예방 정보로써 세부사항을 협조, 지원체제가 아닌 합동기구로서 기능, 제도가 필요하다고 할 수 있다. 훈령에서의 각 정부기능은 각각 힘의 분산, 조정임무기능 충돌, 여러 분야로 나뉘어 있어 획일성과 통합기능이 부족하다. 또한 민간분야영역(기업,시설)에 대한 내용이 없다는 것을 알 수 있다. 특히 다중이용시설, 민간관련분야는 국민 재산과 안전에 꼭 필요한 부분이라 할 수 있다. 21세기 안보환경과 정보활동 방향에서의 국가정보는 국가안보의 목

1) 김유석, "우리나라의 테러대응정책에 관한 연구", 단국대학교, 2001, p.48.

표달성을 위한 하나의 수단이다. 목표를 충실히 달성하기 위해 국가정보체계는 안보위협과 환경의 변화에 신축성 있게 대응해야 할 것이다.

세계의 안보적 차원에서 군사적, 비군사적 등 수집목표, 활동이 확대되고 다양한 분야의 정보, 첩보들이 복잡하게 연계되기 때문에 체계적으로 파악하기 위해서는 종합적 정보체계의 확립이 요구된다. 또한 인터넷의 발달로 정보기관은 보다 전문성과 사리성 있는 정보생산을 위해 노력해야 할 것이다. 훈령보다 법령으로 제정되어서 권력남용이 아니라 법률적 조치, 처벌을 만들어 테러대응, 대비, 예방 차원에서 고려할 필요가 있겠다. 또한 생물, 생화학, 대량살상무기의 대응체계에 대해서도 단계적(단기, 중기, 장기) 계획에 의한 종합 국가 행정기구에서 점검의 상태가 아니라 의무화시켜서 국민의 재산과 안녕을 보장해 주면서 국가의 이익을 모색할 필요가 있다고 사료된다. 국가의 주무부서는 각국 국내외 테러 대응기관에서 여러 기관중 분야 정보기능이 가장 중요하므로 국가정보원, 테러정보 통합센터가 우선적으로 국가 위기 안전 통합센터의 총괄조정 기능을 맡고 국방, 검찰, 경찰, 외교, 사회, 인권단체 등의 협조하에 조정, 통합하면서 각 정부기능을 현 상황에서 주무부서를 명확히 하여 국가위기에 대처할 수 있는 전문책임 부서가 필요하다고 확고히 정립시킬 필요가 있겠다.

위에서 살펴본 바와 같이 9.11 테러 이후 세계 각국에서 테러예방을 위한 각종 활동, 국가기관의 대응과 역할증진을 통한 국익과 더 나아가 국민의 안전을 위한 우리나라의 현 체제와 앞으로의 테러대응 전략에서의 국가기관의 역할과 효율적 방향을 모색하여 국가기관과 민간분야 상호협력을 통한 테러법안에 대한 국민의 이해와 국가기관, 기능확대 및 역할을 효율적으로 접근하고자 바람직한 발전방향에 대해서 연구를 하였다.

연구의 방법은 선진국의 사례를 조사하고, 우리나라 현실과 맞게 선행연구 자료와 논문, 학술지 및 관련 국가기관 전문가, 학자들을 직접방문하여 인터뷰를 통한 발전방향을 모색하였다.

2. 테러위협 현황 및 영향

1. 테러위협 현황

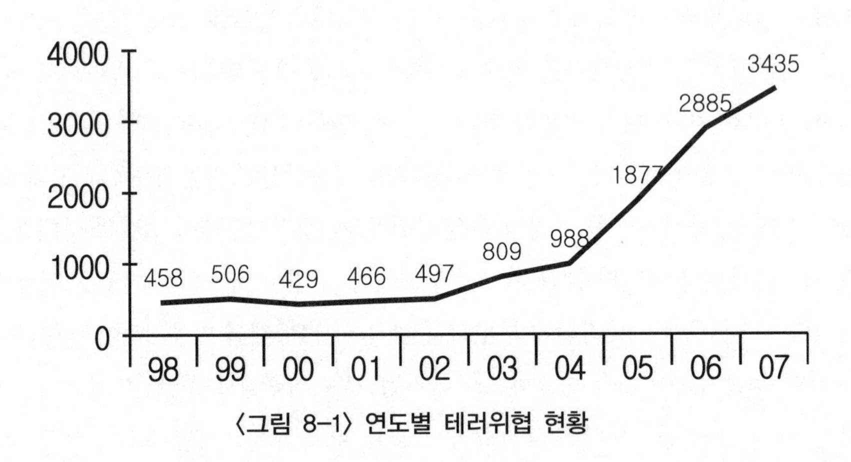

〈그림 8-1〉 연도별 테러위협 현황

2007년에는 전 세계에서 3,435건의 테러가 발생하여 2006년(2,885건)에 비해 19%가 증가하였다. 이처럼 국제테러 사건이 증가한 것은

첫째, 이라크 · 아프간 · 레바논에서 저항세력들이 외국군 대상 공격 강화 및 종파간 갈등으로 인한 테러가 지속되는데다 알카에다가 알제리 · 모로코 등 북아프리카 지역으로 세력을 확장하고 있기 때문이며

둘째, 터키 · 인도 · 네팔 · 과테말라 · 파키스탄 등 분리주의 테러단체들이 활동 중인 국가에서 대선 · 총선 등 주요 정치행사가 진행되면서 반정부 테러가 빈발하였을 뿐만 아니라

셋째, 나이지리아 · 소말리아 · 콜롬비아 등 정치 · 경제 상황이 불안정한 국가에서 무장단체들의 정부 · 기업체 대상 폭탄테러 및 납치 등의 공격이 증가하였기 때문인 것으로 분석된다.

〈표 8-1〉 발생지역

지역 / 연도	계	아 · 태	중 동	유 럽	미 주	아프리카
2007년	3,435	1,353	1,468	189	49	379
2006년	2,885	922	1,656	157	35	115
증 감	+550	+431	−188	+32	+14	+216

〈표 8-2〉 테러유형

유형 / 연도	폭 파	무장공격	암 살	인질납치	방화, 약탈	교통수단 납치	기 타
2007년 (3,435건)	1,654	1,513	82	160	12	3	11
2006년 (2,885건)	1,566	1,031	115	104	24	1	44
증 감	+88	+482	−33	+56	−12	+2	−33

〈표 8-3〉 공격수단

수단 / 연도	폭발물	총기류	중화기	도검류	화염병 소이탄	우편폭탄	독극물	기 타
2007년 (3,435건)	1,659	866	763	7	7	100	0	123
2006년 (2,885건)	1,595	656	434	15	10	0	1	174
증 감	+64	+210	+329	−8	−3	+10	−1	−51

〈표 8-4〉 공격목표

대상 / 연도	중요인물	군 · 경 (관련시설)	국가 중요시설	외국인 외국시설	교통시설	다중 이용시설	민간인
2007년 (3,435건)	216	1,993	115	152	90	284	585
2006년 (2,885건)	185	1,474	93	130	63	221	719
증 감	+31	+519	+22	+22	+27	+63	−134

〈표 8-5〉 테러 성향 및 조직표

구분 \ 단체	이슬람 원리주의	민족주의	극좌	극우	기타
비율	72.6	19	3.8	0.4	4.2
건수	2,495	653	130	13	3,435
조직	22	28	10	1	61

2. 테러위협 영향

테러리즘이 테러대상국에 미치는 영향을 정치 · 안보 · 외교 · 경제적 영향, 사회 · 문화 · 심리적 영향으로 구분하여 정리하면 다음과 같다.

1) 정치 · 안보 · 외교 · 경제적 영향

테러리즘과 관련하여 정치적 영향을 배제할 수 없다. 이는 뉴테러리즘이 보다 조직적이고 어떠한 정치적 목적을 달성하고자 하는 것과 맥락을 같이한다고 할 수 있다. 9. 11 테러처럼 전 세계를 대상으로 막대한 피해를 입힌 테러리즘이라면 더욱 그렇다. 그동안 미국의 독주를 불편해 하던 세계의 주요 강대국들이 일단 미국과의 갈등요인을 제쳐놓고 우선 테러와의 전쟁에 적극 협조하고 나선 것을 보면 알 수 있다. 유럽 각국은 9.11 테러를 서구문명 전체에 대한 도전과 위협으로 느꼈기 때문이다. 따라서 국내에서의 테러발생은 그 유형에 따라 다소 상이한 영향을 미칠 수 있겠지만 가장 중요한 점은 우리의 헌정질서를 파괴할 수 있다는 데 있으며, 다음으로 테러의 발생으로 인해 시민들이 국가 정당성에 회의를 품게 된다든지 혹은 국가와 시민 간에 형성되는 공적 신뢰감이 상실된다면 이러한 시민사회는 근본적으로 불안정할 수밖에 없을 것이다.[2)]

2) 세종연구소, "테러와 한국의 국가안보," 세종정책토론회 보고서, 2004, p.60.

냉전기 안보의 주된 목적이 국가안보(National security)였다면 21세기 안보의 주된 목표는 안보대상이 종래의 국가가 아니라 시민사회가 된다. 만일 특정 테러집단이 수도 서울의 시설물을 목표로 한다면 너무도 취약한 구조적 한계를 가지고 있기에 테러발생으로 야기될 수 있는 시민사회의 불안정성을 예방하는 데 국가의 적극적인 역할이 필요하다. 테러가 국가안보에 미치는 영향은 첫째, 전통적인 군사력 억제효과의 손실로 만일 비대칭적 안보위협인 테러의 발생이 빈번하여 시민적 안보가 손쉽게 붕괴된다면 국가안보의 파괴는 자명한 이치라고 하겠다. 둘째, 국내에서 발생할 테러를 사전에 예방하지 못하거나 혹은 발생한 테러에 대해서 신속하고 효율적으로 대처하지 못한다면 이것은 대내적으로 치안개념이 부재하는 커다란 사회적 혼란을 초래하여 극도의 사회불안이 예상된다. 셋째, 우리나라는 주한미군 재조정, 일본 보통국가화, 북핵문제 해결, 중국의 강대국화 등 외교적 역량을 총집결해야 할 핵심적인 외교적 과제가 산적해 있는 시점에서 만에 하나 국내요인들과 주한미군 및 외교시설물, 국내에서 개최되는 중요한 국제행사 시 테러가 발생한다면 우리의 국익에 대한 심각한 파괴행위로 궁극적으로 외교적 선택을 침해하는 형태로 표출될 것으로 보인다. 따라서 국가행사는 테러로부터의 모든 가능성을 사전에 차단하는 총체적인 시스템이 구축되어야 할 것이다.[3)]

9.11 테러사건에 의한 직·간접적 경제적 손실 비용은 〈표 8-6〉과 같다.

〈표 8-6〉 9.11 테러사건에 의한 직접적 경제적 손실비용[4)]

구분	총액	초기 대응비용	손실보상 비용	하구구조 재건 및 개선비용	경제 활성화 비용	미집행 비용
손실액($)	196.3억	25.5억	48.1억	55.7억	55.4억	11.6억

3) 조선일보, "총체적 테러대비태세 구축 필요", 2004.7.5.

4) 세종연구소, "테러와 한국의 국가안보," 세종정책토론회 보고서, 2004, p.30.

〈표 8-7〉 9.11 테러에 의한 간접적 경제적 피해 및 손실비용[5)]

구분	총액	실직자	세계 항공산업 손실비용	뉴욕시 손실비용	세계 보험산업 손실비용
피해수치	684.5억 불	20만 명	150억 불	34.5억 불	50억 불

2) 사회 · 문화 · 심리적 영향

세계화가 빠르게 진행되면서 '지역적 사건은 곧 세계적 사건화'되고 있다. 특정한 장소에서 발생한 테러사건으로 국내외 여행이 제한된다면 경제적 손실비용 이 외에 인간의 심리적 측면인 사회적 불안감을 확산시키게 된다.

9.11 테러와 연이은 우편물 탄저균 테러사건으로 미국인들은 심리적 충격과 불안의식의 팽배로 방독면 구입과 탄저균 치료제인 시프로 구입소동이 벌어지고 테러직후 미사와 예배에 참석하는 신자의 수와 유언장의 작성이 20% 이상 급증하고 심리적 공허감으로 공포감이 확산되는 양상을 보이기도 하였다.

9.11 테러 4주년을 맞으면서 뉴욕을 포함한 주체별 부분별로 지난 4년간의 손익계산서는 〈표 8-8〉과 같다.

테러문제는 안보정책 차원에서 위기관리 방책의 일환으로 장기적이고도 근본적인 예방책과 직접적이고 적극적인 예방책을 동시 추진해야 할 것이며[6)], 테러의 세계화에 대한 대비책이 철저히 강구되어야 한다. 한국에서의 발생 가능한 테러위협 중 공중테러 등 대비태세가 어느 정도 체계화되어 있는 분야를 제외하고 장차 발생 가능성이 높거나 테러 발생 시 대규모 피해 및 국가적 혼란을 야기할 사이버 및 화생방 테러대비 문제점과 발전방향을 중점 고찰해 보고, 주요 시설에 대한 방호력 강화와 국민의식 분야에 대한 개선방안을 제시하여야 할 것이다.

5) 세종연구소, "테러와 한국의 국가안보," 세종정책토론회 보고서, 2004, p.94.
6) 김종두, "미국 테러참사 교훈과 우리 군의 대응," 국방저널 제335호(2001), p.19.

〈표 8-8〉 9.11 테러 이후 주체별 손익계산서[7]

손실	주체	이익
• 피해액 15억 달러 • 인프라 복구 37억 달러 • 테러 직후 경기 악화(서서히 회복 중)	뉴욕	• 테러 이후 뉴요커 85만 명 증가 • 보안강화로 치안 확보
• 이라크전쟁의 명분인 대량살상무기(WMD) 발견 못해 신뢰도 하락 • 미군 전사자 증가, 반전여론 확산	부시 대통령	• 테러와의 전쟁을 치른 인물임을 강조해 대통령 재선 • 보수층 증가, 공화당 지지 기반 확대
• 영구 런던 등 전 세계 20여 개국 테러 발생	지구촌	• 9.11 테러 이후 미국 본토에서는 테러가 발생하지 않음
• 오사마 빈 라덴 세력 약화 • 전 세계 여론의 비난 대상이 됨 • 알카에다 지원 탈레반 정권 붕괴	이슬람 테러집단	• 테러조직 세력 확산 • 자신들의 존재를 세계에 알림
• 저항세력의 테러로 치안 불안 • 경제상황 악화	이라크	• 사담 후세인 독재정권 붕괴 • 총선 등 민주주의 경험

3. 테러대응을 위한 국가정보기관의 역할

1. 에어프랑스 엔테베공항 사건

1) 사건개요

1976년 6월 27일, 승객과 승무원 269명을 태운 파리발 텔아비브행 에어프랑스 민간 여객기가 공중납치됐다. 중간 기착지인 그리스 아테네를 이륙한 직후였다. 팔레스타인 해방인민전선(PFLP) 소속의 중무장한 청년 테러리스트 7명의 소행이었다. 납치된 항공기는 우여곡절 끝에 우간다 엔테베공항에 착륙했다. 이들은 인질 석방을 담보로 투옥 중인 53명의 동료 테러리스트 석방을 요구했지만, 협상은 결렬됐

7) 동아일보, "테러 후유증과 대변화", 2005.9.10.

고 마침내 유대인 인질들을 무조건 사살하라는 PFLP 상부의 명령이 이들에게 내려진다. 이를 도청한 이스라엘은 즉각 인질구출작전을 폈다. 작전명은 썬더볼트(Thunderbolt). 다행히 우간다 엔테베공항은 이스라엘 회사가 건설했기 때문에 공항구조에 대한 상세한 정보는 이미 입수된 상태. 7월 3일 오후, 석방할 테러리스트의 수송기라 속이고 헬기 4대를 엔테베에 착륙시킨 특공대원들은 이디 아민 대통령의 개인 리무진으로 위장한 벤츠 승용차로 이들에게 접근, 1분 45초 만에 테러리스트를 모두 살해한다. 이어 우간다군과의 교전이 있었으나 이를 완전히 따돌리고 최초 계획대로 불과 53분 만에 작전은 완료된다. 인질과 특공대는 텔아비브공항에 무사히 도착, 지구촌을 열광시켰다. 그 유명한 '엔테베 구출작전'이다. 엔테베 작전은 최초의 원거리 인질구출작전으로 역사에 기록되고 있다. 작전 성공의 결정적인 요소는 바로 엔테베공항의 구조와 인질억류 상황을 정확하게 파악한 이스라엘 정보국의 정보수집 능력이었다.[8)]

2. 아프가니스탄 한국인 피랍사건

1) 사건개요

한국의 분당 샘물교회 신도들로 이루어진 봉사단 23명이 아프가니스탄에서 탈레반 무장세력에게 납치된 사건이다. 샘물교회 봉사단 23명은 2007년 7월 13일 출국하여 다음날 아프가니스탄의 수도 카불에 도착하였다. 이들은 현지 어린이와 청소년을 대상으로 교육 및 의료 봉사활동을 한 뒤 7월 19일 카불에서 칸다하르로 이동하던 중 카불에서 남쪽으로 175㎞가량 떨어진 카라바흐 지역에서 탈레반 무장세력에게 납치당하였다. 탈레반은 7월 20일 아프가니스탄에 주둔한 한국군의 철수를 요구하며 불응하면 인질을 살해하겠다고 협박하였다. 다음날 탈레반은 요구조건을 바꾸어 탈레반 죄수 23명을 석방하지 않으면 인질을 살해하겠다고 시한을 정하여 협박하였다. 탈레반은 아프가니스탄 정부와 협상에 실패하자 한국정부와 직접 대화를 요구하였고, 24일에는 탈레반 포로 8명과 한국인 인질 8명을 맞교환하자고 요구하

8) 연합뉴스, "엔테베공항사건," 2007.7.31.

였다. 7월 25일 탈레반은 인질석방 협상이 실패하였다고 선언하고 인질 가운데 배형규 목사를 살해하였다. 탈레반은 수차례 협상 마감시한을 연장하였다가 7월 31일 인질 1명을 또 살해하였다. 미국과 아프가니스탄 정부가 테러세력에 양보할 수 없다는 입장을 천명하는 가운데, 8월 10일 한국 측은 가즈니에서 탈레반 대표와 처음 대면하여 협상을 시작하였다. 8월 12일 몸이 아픈 여성 인질 2명이 석방되었고, 8월 27일 한국의 군(軍) 당국은 아프가니스탄에 파병된 다산부대를 연내 철수하겠다는 계획을 발표하였다. 8월 22일 한국 측과 탈레반 대표가 가즈니의 적신월사 건물에서 대면 협상을 재개하여 남은 인질 19명을 전원 석방하기로 합의하였다. 8월 29일 인질 12명이 3차례에 걸쳐 석방되었고, 다음날 나머지 7명이 풀려남으로써 인질사건이 종료되었다.

이 사건을 계기로 한국 정부는 아프가니스탄을 여행금지국으로 지정하였다. 한국에서는 종교단체의 공격적이고 맹목적인 선교활동에 대한 자성의 목소리가 높았으며, 한국정부가 국제테러단체와는 협상하지 않는다는 국제적 원칙을 저버린 데 대한 논란이 일기도 하였다.[9)]

2) 종합평가

(1) 국민의 안전불감증에 대한 경각심 제고

금번 사건의 직접적인 원인은 정보의 여행자제 권고에도 불구하고 선교활동을 위해 아프가니스탄을 방문한 샘물교회 교인들의 안전불감증에서부터 비롯되었다고 볼 수 있다. 국내 치안 및 테러정세가 악화된 아프간의 방문은 스스로 자제하여야 함에도 불구하고 어제의 안전이 오늘의 안전을 확보할 수도 있다는 국민들의 안전의식은 과감히 떨쳐버려야 한다고 생각한다. 해외 현지에서의 활동도 현지문화의 존중과 위험지역 출입의 자제 등 자신의 안전을 지킬 줄 아는 성숙된 국민이 되어야 한다. 이러한 점에서 아프가니스탄에 입국하여 가즈니주까지 이동하던 과정에서 레오나이시장 방문 등 샘물교회 교인들의 처신과 행동은 매우 바람직하지 못한 행위였다고 보인다.

---

9) naver 백과사전, http://100.naver.com/100.nhn?docid=839141(2014년 1월 8일 검색).

(2) 공권력 무시풍조에 대한 대책 강구

사건이 종료된 후에도 일부 종교단체에서는 선교활동의 재개를 위한 기도를 시도한다고 한다. 이는 우리 정부의 공권력을 무시하는 풍조에서 시작된 것으로 보인다. 정부의 정책은 신뢰가 전제되어야 하며, 이는 전적으로 국민들의 신뢰가 선결되어야 한다. 공권력이 무시당하지 않기 위해서는 정부가 하는 일은 국민들이 신뢰해야 하며, 국민들이 신뢰할 수 있도록 정부가 솔선수범하여야 한다.

(3) 국민보호를 위한 정부의 역할 강화

앞으로 국제테러위협으로부터 우리 국민들의 보호를 위해서는 해외 테러위험지역에 진출한 교민 · 기업 · 여행객 보호를 위해 현지유력인사들이나 테러단체에 영향력을 행사할 수 있는 국가 대테러 종합시스템이 중요하다고 생각된다.

(4) 관계기관 공조체제 강화를 위한 법적·제도적 장치마련 시급

테러방지법의 제정이나 경보시스템 보완 등 법적 · 제도적 정비가 필요하다.

3. 미국 9.11 테러 사건

1) 사건개요

2001년 9월 11일 오전 미국 워싱턴의 북방부청사(펜타곤), 의사당을 비롯한 주요관청 건물과 뉴욕의 세계무역센터(WTC)빌딩 등이 항공기와 폭탄을 동원한 테러공격을 동시다발적으로 받은 사건이다.

승객 92명을 태운 아메리칸 항공 제11편은 이날 오전 7시 59분 보스턴 로건 국제공항을 출발, 로스앤젤레스로 향하던 중 공중납치됐고 이 비행기는 오전 8시 45분 뉴욕의 110층짜리 세계무역센터(WTC) 쌍둥이 빌딩의 북쪽 건물 상층부에 충돌하였다. 이어 9시 3분쯤 남쪽 빌딩에 유나이티드항공 제175편이 충돌, 폭발하면서 화염을 내뿜었다. 이 여객기도 승객 65명을 태우고 8시 14분 보스턴을 출발, 로스앤젤레스를 향하던 중 납치됐다. 워싱턴에서는 9시 40분쯤 승객 64명을 태운 워싱턴발 로스앤젤레스행 아메리칸 항공 제77편이 국방부 건물에 충돌했다.

사태가 워싱턴으로 확대되자 국회의사당과 백악관은 즉각 소개 명령을 내렸으며 월스트리트 증권거래소도 휴장을 결정했다. 이어 미 연방항공국(FAA)은 9시 49분 미 전역에 항공기 이륙금지 명령을 내렸으며 비행 중인 국제 항공편에 캐나다 착륙을 지시했다.

9시 45분쯤 세계무역센터(WTC)에서 또다시 폭발음이 들렸으며 5분 뒤 무역센터 제2호 건물인 남쪽 빌딩이 붕괴됐다. 이런 와중에 공중납치된 네 번째 항공기인 유나이티드항공 제93편이 10시 정각 펜실베니아주 피츠버그 동남쪽 130㎞ 지점에 추락했다. 이 비행기는 승객 45명을 태우고 8시 1분 뉴저지주 뉴워크 국제공항을 출발, 샌프란시스코로 향하고 있었다. 세계무역센터(WTC) 북쪽 빌딩도 10시 29분경 무너져 내렸다. 이 과정에서 인근 건물이 불길에 휩싸였고 주변은 건물 붕괴 위험 때문에 구조요원까지 출입이 금지되는 통제구역으로 선포됐다. 쌍둥이 빌딩 붕괴 7시간 뒤인 오후 5시 25분 세계무역센터(WTC)의 47층짜리 부속건물도 붕괴됐다. 워싱턴의 국무부 건물 앞에서도 두 차례의 차량 폭탄테러가 발생했으며, 국회의사당과 링컨기념관에 이르는 국립광장에도 폭발로 보이는 불이 나면서 전국 정부 건물에 대피령이 내려졌다. 이 밖에 유엔본부와 뉴욕 증권거래소, 미국 최대빌딩인 시카고 시어스타워 등 주요 건물이 폐쇄됐으며 오후 1시 27분 워싱턴에 비상사태가 선포됐다. 미 전역의 공항도 잠정 폐쇄됐으며 비행 중인 모든 항공기들은 캐나다로 향했다. 오후 4시경 CNN방송은 '오사마 빈 라덴'이 배후세력으로 지목되고 있다고 보도했으며, 미국은 오사마 빈 라덴과 그가 이끄는 테러조직 '알카에다'를 테러의 주범으로 발표했다. 이후 9.11 테러에 대한 미국의 아프간 보복 공격으로 오사마 빈 라덴을 비호하고 있던 탈레반 정권과 알카에다 조직이 거의 붕괴되었으며, 빈 라덴의 행방은 아직 밝혀지지 않았다.

그리고 테러 직후 '테러와의 전쟁'을 선포한 미국을 세계를 문명세력과 테러세력으로 분리하며 새로운 국제질서를 구축하기 시작했다.[10]

---

10) naver 백과사전, http://terms.naver.com/item.nhn?dirId=703&docid=2614(2014년 1월 8일 검색).

2) 종합평가

1998년부터 1999년간 '빈 라덴' 제거공작에 착수할 수 있는 3번의 기회가 있었으나 '터넷' CIA국장, '버거' 안보보좌관이 민간인 희생 또는 작전실패의 경우에 따른 부담감 때문에 이를 취소, 화근을 사전 제거하는 데 기회를 놓치고 말았다. 2000년대 초 CIA가 알카에다의 테러위협에 대한 유일한 해결책은 알카에다가 아프카니스탄을 근거지로 사용하지 못하도록 하는 것뿐이라고 건의했지만 이를 받아들이지 않았다. 9.11 이전 '클린턴' 행정부나 '부시' 행정부 공히 아프카니스탄 전면공격은 외교문제, 전쟁비용, 전쟁기간 등의 이유로 유관부처가 공식적인 안건으로 협의한 바 없었으며, 9.11 이전 국가안보 우선순위는 대외적으로 세르비아 문제, 이라크 공습 등이, 대내적으로는 마약, 방첩 등이 현안으로 부각되었고 테러문제는 우선순위에 올라 있지 않았다. 미국은 냉전시대 정부조직과 기능으로 새롭게 등장한 뉴테러리즘에 대응하는 구태의연한 모습을 보였는데 CIA는 기본적으로 냉전을 수행하기 위해 창설된 조직으로 장기전략 및 연구에 익숙한 대학연구실 문화가 지배하고 있어 냉전이후 실체가 분명하지 않은 새로운 적을 상대하는 데 미흡했고, 1996~2000년간 해외정보활동 예산 감축으로 공작관과 분석관 인원 감축, 지휘부는 '이란 콘트라 스캔들'[11] 등 과거 백악관이 지시했던 비밀공작으로 곤경에 처한 경험이 있어 '빈 라덴' 체포 등 준군사 공작활동이 소극적이었다. FBI는 범인검거, 기소 등 실적 거양에만 관심이 있었을 뿐 장기간의 정보수사활동을 요하고 결과를 예측할 수 없는 대테러 분야는 등한시하였고[12] 분서업무 기피 풍조, 대테러 교육 소홀(신입직원 교육 16주 중 3일만 할당), 아랍어 등 특수어 구사자 절대부족, 정보시스템 낙후 국내

11) 이란-콘트라 스캔들은 1987년 미국의 레이건 정부가 스스로 적성 국가라 부르던 이란에 대해 무기를 불법적으로 판매하고 그 이익으로 니카라과의 산디니스타 정부에 대한 반군인 콘트라 반군을 지원한 정치 스캔들이다. 스캔들에 관련된 많은 문서가 레이건 정부에 의해 폐기되었거나 비밀에 붙여졌다. 많은 사건이 아직 비밀에 싸여 있다. 무기 판매는 1986년 11월에 이루어졌다고 알려져 있으며, 당시 로널드 레이건 대통령은 국영 텔레비전과의 인터뷰에서 이를 부인하였다.[2] 일주일 후인 11월 13일, 로널드 레이건은 방송에서 무기가 이란으로 수송되었음을 인정했지만 여전히 인질 교환의 대가라는 점은 부인하였다.

12) FBI국장은 미니애폴리스 지부가 2001년 8월 비행훈련을 받던 이슬람 과격분자를 체포하였다는 사실조차도 알리지 못하였다.

대테러업무 주무기관임에도 불구하고 조종실 출입문보강, 요주의 인물검색강화 등 항공기 테러 대비태세 강화를 위한 현장 확인점검을 실시하지 않은 것으로 확인되었다. 국방부는 냉전체제 붕괴 이후 미그기가 아닌 민간항공기 자살테러를 상상조차 못해 미국 영공방위를 책임지고 있는 북미방공사령부의 조기경보기지 26개를 7개로 감축시켰으며, 이란 미국대사관 인질사건 실패(1980년 3월), 소말리아 모가디슈 작전 시 블랙호크기 추락(1993년) 등 작전실패의 악몽으로 테러조직에 대한 과감한 공격에 주저하였으며, 일부 군 수뇌부는 아프칸 소재 알카에다 훈련시설을 어린이 놀이기구정도로 평가절하하는 모습을 보였다. 정보 및 조직운영관리상의 문제로 미 정부는 정보통합관리 실패로 9.11 테러를 무산시킬 수 있었던 10번의 기회를 놓쳤다. 즉, 국가안전국(NSA)은 2000년 1월 사전항로 답사차 쿠알라룸푸르를 방문한 테러분자 3명의 통화를 감청, 이들이 불순인물이라는 사실을 인지하고도 유관기관에 전파하지 않았으며, CIA는 2001년 3월 태국 당국으로부터 테러범 중 1명이 LA행 UA편에 탑승했다는 정보를 입수하고도 이를 FBI와 공유하지 않음으로써 미국내에서 미행감시 기회를 상실하였고, FBI본부는 미니애폴리스에서 체포한 이슬람인 비행훈련생을 CIA의 알카에다 관련 정보와 연계시키지 않았다. 또한 국가 정책상 우선 순위도가 높은 업무에 대해서는 유관기관이 합심, 모든 역량을 집중해야 했음에도 불구하고 중앙정보장(DCI)이 '콜'호 폭탄테러사건 발생 직후인 1998년 12월 '우리는 지금 전쟁 중이며 모든 인적 · 물적 자원을 투입해야 한다'고 강조했지만 CIA를 제외한 여타 부문정보기관들은 소극적으로 대응하였다.[13] CIA국장이 중앙정보장(DCI)직을 맡고 있으나 부문정보기관에 대한 예산 · 인사권이 없어 조정기능이 유명무실했고, 국가정보 통합 관리에 실패하였다.

13) 당시 국가안전국(NSA) 국장은 이 지시가 CIA에만 국한되는 것으로 생각하였다.

4. 효율적 테러대응 국가정보기관의 과제와 전망

과거 한국의 대테러 정책을 살펴보면 처음 테러에 대비하기 위한 정부차원의 노력은 1982년으로 거슬러 올라간다. 1968년 청와대 습격사건과 울진 · 삼척 무장공비사건, 1969년 대한항공 납북사건 등 북한에 의한 테러가 계속 자행되다 보니 주로 군사적 테러리즘에 중점을 두고 대처를 해오다 88올림픽 개최가 확정되던 1981년을 계기로 올림픽 기간 중 발생할지 모르는 테러에 대비하기 위해 1982년 1월 21일 대통령 훈령 제47호를 통하여 대테러 활동지침이 정립되었으나, 테러를 사전에 방지하기보다는 테러가 발생하였을 때 피해를 최소화하는 데 목적을 둔 지침으로 〈그림 8-2〉와 같이 9.11 테러 이전까지 운용되어 왔다.[14)]

〈그림 8-2〉 9. 11 테러 이전의 대테러 조직

14) 국가정보원, 「대통령훈령 제47호, 국가 대테러 활동지침」(서울: 국가정보원, 2005), p.8.

이 지침은 대테러 대책기구 설치운영, 테러 대응조직 구성, 테러예방 및 대응활동, 관계기관 임무규정 등 크게 4개 부분으로 기본골격은 잘 마련되어 있으나, 각종 기구들이 위원회 형식을 띠어 사태 발생 시에만 편성 운용되고, 법적・제도적 기반이 미구축되어 구속력을 발휘할 수 없을 뿐만 아니라, 테러행위의 예방・저지와 신속한 대응 등 실질적으로 대테러업무를 수행하는데 문제가 있고, 생물・화학・방사능・사이버 등의 뉴테러리즘에 대한 대비태세가 부족한 것이 사실이었다.[15] 이에 따라 9.11 테러 이후 테러행위를 전쟁행위와 같은 수준의 국가안보 차원에서 다루어야 한다는 인식하에 2001년 테러방지 법안을 국회에 제출했으나 의결을 얻지 못하고 폐기되었으며, 이후 참여정부 출범 후 2003년 NSC산하에 위기관리센터를 설치하여 이라크 파병관련 대테러 대책위원회를 상시적으로 열고 부처별로 대책을 마련하는 등의 많은 보완이 있었으나, 테러뿐만 아니라 자연・인위적 재난을 통합한 국가위기관리 체제의 재정립이 절실히 요구되고 있다. 따라서 종합적인 국가위기관리를 위한 테러위협에 대한 대비태세와 발전방향을 제시해 보고자 한다.

1. 테러정의의 명확성과 구체화

각국의 테러에 대한 정의는 다음과 같다.[16]

□ 미국 : PATRIOT Act of 2001 및 개정법률

- "테러"(제802조(18 U.S.C 2331)): 일반시민을 협박 또는 강요하거나 정부정책에 영향을 끼칠 목적으로 자행하는 연방 또는 주 형법에 규정된 범죄행위로서 사람의 생명에 위험을 초래할 수 있는 폭력행위로 정의
- "연방테러범죄"(제808조 및 개정법률 제112조(18 U.S.C. 2332b)): 협박 또는 강요로서 정부의 조치에 영향 끼치기 위해 계획적으로 항공기, 공항・군사・정부시설, 주요인사 등 대상 공격 및 테러범 지원・은닉 등 열거된 범죄행위와 국제테러조직으로부터 훈련을 받은 경우와 테러지원목적 마약밀매행위를 테러

---

15) 윤우주, 「테러리즘과 문명공존」(서울 : 한국국방연구원, 2003), pp.89-125.
16) 국가정보원, 「테러방지에 관한 외국의 법률 및 국제협약」, 2006.11.

범죄로 규정

□ **영국 :** Terrorism Act 2000

"테러"란(제1조) 정치 · 종교 또는 이념적 목적달성을 위하여, 정부정책 영향 또는 일반대중을 협박할 목적으로 사람의 생명 · 신체에 중대한 위험을 가하거나 재산상 피해를 유발한 경우 테러로 정의. 단, 총기류 · 폭발물을 사용한 경우 정치 등 주관적 요건 없이도 테러로 간주

□ **캐나다 :** Anti-Terrorism Act 2001

"테러행위(terrorist activity)"란 (제4조(Criminal Code 제83.01조)) 10개 국제협약(테러관련 9개 협약 외 테러자금억제협약 포함)에서 범죄로 규정한 행위와 정치 · 종교 · 이념적 목적 달성을 위해 계획적으로 개인 또는 정부에 작위 · 부작위를 강요하기 위해 생명 · 신체상 위해 또는 재산상 손해를 가하는 행위

지난 2006년 5월 31일 당시 지방선거를 앞두고 벌어진 박근혜 한나라당대표 피습사건에 대해 정치권은 정치적 테러라고 규정하고 대부분의 언론 또한 충분한 검토 없이 정치권의 주장을 그대로 반영하며 정치적 테러로 보도했었다. (조선일보, 2006, "서울복판에서 벌어진 박근혜 한나라당대표 테러")[17], 검경수사본부는 박 대표 피습범 지○○에 대한 최종수사결과 발표에서 사건은 지씨가 사회에 불만을 품고 자신의 억울한 처지를 알리기 위해 저지른 계획적 단독범행으로 확인됐다.[18] 하면서 "테러"라는 용어를 사용하지 않았으나 정치권이나 언론은 지○○ 씨에 대해 테러범이라 지칭하고 있다는 점에 있다. 이러한 언론보도를 접하면서 우리 국민들의 테러에 대한 인식이 정치인에 대한 공격행위는 원인이나 목적을 불문하고 '테러'로 인식하도록 만들지 않을까 하는 의문이 든다. 그리고 정치인에 대한 공격행위 외 항공기에서의 승객 간의 다툼 또는 승객의 난동으로 항공기가 비상착륙하는 사건이

17) 조선일보, "서울복판에서 벌어진 박근혜 한나라당대표 테러", 2006.
18) 한국일보, "박근혜 테러는 지충호 단독범행, 검경수사본부 최종발표", 2006.

발생한 경우, 대부분의 언론들은 그냥 단순한 하나의 폭행사건으로 보도해 버리는 경향이 있다.[19] 하지만 이러한 행위들은 국제협약 또는 각국의 법률에 의할 경우 "테러"로 간주될 수도 있는 아주 위험한 범죄 행위들이다.

2. 다중이용시설, 생물, 생화학 분야

대구지하철 사고 이후 국민들 다수가 사용하는 대중이용시설(백화점, 호텔, 지하철, 통신・방송시설, 경기장)에 자체적으로 기업, 다중이용시설 CEO들은 기본적으로 다중이용시설 안전법을 제도화할 필요가 있다. 현재 대통령 훈령으로는 다중이용시설에 관한 권고사항은 존재하지만 법적 제도화 조치는 찾아볼 수 없는 실정이다. 따라서 일반인들의 공포(테러)에 대한 예방책으로 전반적인 안전시스템 변화에 따른 법제화가 절실히 필요하다고 사료된다.

국가 대테러 활동지침 훈련 제47조에서 사용하는 테러의 정의는 다음과 같다.

가. 국가 또는 국제기구를 대표하는 자 등의 살해・ 납치 등 「외교관 등 국제적 보호인물에 대한 범죄의 방지 및 처벌에 관한 협약」 제2조에 규정된 행위

나. 국가 또는 국제기구 등에 대하여 작위・ 부작위를 강요할 목적의 인질억류・감금 등 「인질억류 방지에 관한 국제협약」 제1조에 규정된 행위다.

다. 국가중요시설 또는 다중이 이용하는 시설・ 장비의 폭파 등 「폭탄테러행위의 억제를 위한 국제협약」 제2조에 규정된 행위

라. 운항 중인 항공기의 납치・점거 등 「항공기의 불법납치 억제를 위한 협약」 제1조에 규정된 행위

마. 운항 중인 항공기의 파괴, 운항 중인 항공기의 안전에 위해를 줄 수 있는 항공시설의 파괴 등 「민간항공의 안전에 대한 불법적 행위의 억제를 위한 협약」 제1조에 규정된 행위

바. 국제민간항공에 사용되는 공항 내에서의 인명살상 또는 시설의 파괴 등 「1971년 9월 23일 몬트리올에서 채택된 민간항공의 안전에 대한 불법적 행위의 억제

19) 매일경제, "대기업 부장 기내난동… 영 경찰에 연행", 2005.

를 위한 협약을 보충하는 국제민간항공에 사용되는 공항에서의 불법적 폭력 행위의 억제를 위한 의정서」 제2조에 규정된 행위

사. 선박억류, 선박의 안전운항에 위해를 줄 수 있는 선박 또는 항해시설의 파괴 등 「항해의 안전에 대한 불법적 행위의 억제를 위한 의정서」 제2조에 규정된 행위

아. 해저에 고정된 플랫폼의 파괴 등 「대륙붕상에 소재한 고정플랫폼의 안전에 대한 불법적 행위의 억제를 위한 의정서」 제2조에 규정된 행위

자. 핵물질을 이용한 인명살상 또는 「핵물질의 절도 강탈 등 핵물질의 방호에 관한 협약」 제7조에 규정된 행위

차. "테러자금"이라 함은 테러를 위하여 또는 테러에 이용된다는 점을 알면서 제공 · 모금된 것으로서 「테러자금 조달의 억제를 위한 국제협약」 제1조 제1호의 자금을 말한다.

카. "대테러활동"이라 함은 테러 관련 정보의 수집, 테러혐의자의 관리, 테러에 이용될 수 있는 위험물질 등 테러수단의 안전관리, 시설 장비의 보호, 국제행사의 안전확보, 테러위협에의 대응 및 무력 진압 등 테러예방 · 대비와 대응에 관한 제반활동을 말한다.[20]

테러집단이 사전 경계태세가 확립된 목표에 대해 공격을 하지 않으리라는 점도 인식하여야 한다. 그들의 공격은 연성목표(Soft Target)일 가능성이 크다. 상대적으로 보안대책이 전무한 민간 다중이용시설, 유류 혹은 가스저장소, 댐과 같은 국가주요시설, 식수원 등이 오히려 테러범들이 선호하는 공격목표이며, 이들 시설이 테러에 취약한 것도 사실이다.

또한 변화하는 뉴테러리즘에 대해 국민적 인식과 대비태세가 부족하다. 과거 한국에 가해진 테러의 91.6%가 북한에 의한 대남테러로 대테러 대비태세가 특정 기관이나 특정 인물에 국한되어 일반 국민들에게는 관심 밖의 일이었다고 할 수 있다. 2005년 4월 1일 국가정보원에 대테러 종합상황실이 설립되었지만 현장상황을 대통

20) 국가정보원, 「국가 대테러 활동지침」, 대통령 지침훈령 제47조, 2008.8, pp.7-9.

령훈령으로 조치하는 역할은 제도적으로 기대하기 어렵다. 즉, 법률에 기초를 둔 화생방 종합대책기구를 설립하건, 기존의 조직을 활용, 일원화된 지휘통제체계하에 전반적으로 정부부처의 업무를 조정 통제하여야 한다. 9.11 및 7.7 테러에서와 같은 대규모 동시 다발적인 테러와 탄저균테러 등 테러의 수단과 대상이 광범위해지고, 생물・방사능・사이버 테러 등 테러발생 유형과 방법도 다양해지는 상황이지만 적절한 대비태세를 갖추지 못한 실정이다. 또한 테러에 대한 국민의 위기의식 부족도 가장 큰 문제점이다. 한국 국민들은 테러에 대한 의식 부족으로 관련 입법 개정 등 대테러와 관련된 대비를 소홀히 하고 있다. 이제라도 국제테러의 발생 유형을 철저히 분석하여 이에 따른 대응전략과 프로그램을 개발하는 것이 시급한 과제인 것이다.

법제 및 기구, 조직을 잘 정비하고 최첨단 장비를 갖추어 대비태세가 잘 유지되고 있다고 하더라도, 전 국민이 하나가 되어 테러를 예방하고 이에 대처하지 못한다면 효과적인 대응책이 될 수 없으리라 판단된다. 현재 우리 국민은 과거와는 달리 테러리즘에 대한 인식이 많이 바뀌었다고 하지만, 과연 이를 예방하고 사건발생 시 어떻게 행동해야 할지 묻는다면 제대로 대답할 사람이 몇 명이나 될지 의문이다. 2004년 12월 국가정보원이 테러범 식별요령과 테러 시 행동 요령에 대해 교육용자료를 작성하여 배포하였는데 부단한 교육과 홍보가 있어야만 할 것이다. 매스컴도 마찬가지다. 각종 언론은 흥미위주의 내용을 주로 다루고 있으나, 전 국민이 시청하는 TV에서라도 지속적으로 테러와 관련한 행동요령 등을 반영하는 것이 타당하리라 판단된다. 그리고 대중이 많이 모이는 공공시설에서는 최소한의 전문요원을 배치하고 주기적인 방송 등을 통하여 경각심을 주고 행동요령에 대해 교육을 한다면 국민의식 향상은 물론 테러범에 대한 간접적인 경계 효과가 있을 것이다.

3. 민간분야 상호협력 모색

미국이나 일본의 경우 민간안전 분야에 대한 연구지원으로 LEAA(Law Enforcement Assistance Administration)가 「환경 설계에 의한 범죄예방대책(CPTED : Crime Prevention Through Environmental Design)」을 국가차원에서 연구 및 지원하고

있어 학문적 발전뿐만 아니라 범죄예방의 실질적인 분야에 이르기까지 민간안전 분야의 역할을 수행하고 있는 한 예라고 볼 수 있다. 우리나라도 국가중요시설에서는 특수경비원 제도를 두어서 민영화에 대한 역할을 수행하고 있지만 위에서 살펴본 바와 같이 다양화, 복잡화, 과학화되고 있는 테러의 기법에서 대상, 범위, 수단, 주체 등의 여러 복합적인 요소에 대응하기에는 여러모로 볼 때 개선 · 보완해야 할 것이다. 국가안전에 미치는 시설규모에 따라서 가, 나, 다급으로 분류하여 경호경비는 군, 경찰, 청원경찰, 특수경비원이 분담하고 있다. 그러나 인적, 물적, 환경적 요인에 대해서는 위에서 설명한 바와 같이 테러에 대응하기는 어렵다고 생각한다. 구체적 대테러 대응방안의 내용은 다음과 같다.

첫째, 테러학의 학문적 영역이 구축되어야 한다. 테러학의 내용영역에서는 이론, 실습, 기타 관련 학문영역으로 구분되어야 하고 전공영역에서는 인문사회, 사회과학, 자연과학으로 나누어져야 하며 세부 전공영역으로는 테러역사, 철학, 교육학, 행정학, 법학, 사회학, 심리학, 경영학, 역학, 측정, 자료분석, 생리의학 등으로 세분화하며 학문적 이론영역을 구축할 필요가 있다고 사료된다.

둘째, 대테러 전문가 양성이 필요하다. 전문가 양성을 위해서는 대테러 전문 관련 전공자를 양성하는 것이 중요하다고 사료된다. 그에 따른 해결방법으로는 테러관련 전공분야와 경찰 · 경호 · 경비관련자를 중심으로 인력을 양성해야 할 것이다. 대테러 관련분야 및 경찰경호 · 경비의 업무가 곧 테러 대응전략에도 밀접한 관련이 있을 것이다. 전문가를 양성하기 위하여 다음과 같은 전문영역을 중심으로 전문가를 교육해야 할 것이다. 테러 전공자들의 주요 과목으로는 테러의 기원, 테러학개론, 국제테러조직론, 테러위해 분석론, 대테러 전략전술론, 테러정보 분석론, 사이버 테러론, 대테러 장비 운용론, 대테러 경호경비론, 대테러 현장실무, 대테러 정책론, 대테러 안전관리 이론 및 실제, 대테러법, 생물 · 생화학테러, 대테러 경영론, 대테러 실무사례 세미나 등이 있다. 위와 같이 이런 교과목을 개설해 대테러 전공자를 대학 또는 대학원에서 체계적으로 양성해야 될 것이다. 따라서 테러학 전공과정을 대학에서나 경찰 · 경호관련 학과에서 세분화된 테러학의 접근이 필요할 것이다. 그에 따른 대테러 전문과정과 전문대학원 과정을 신설하여 경찰 · 경호 · 경비산업을 보다 효율적으로 상호 협력하여 체계적으로 대테러 전문가를 육성해야 될 것이다.

셋째, 대테러 전문가 자격증 제도를 도입해야 한다. 우리나라 자격증의 법적 근거는 자격기본법(법률 제5733호 1995년 1월 29일 일부 개정)과 자격기본법 시행령(대통령령 제1711호)에 있다. 또한 자격제도는 세 가지로 분류된다. 국가가 관리하는 국가외 검정불가한 자격인 국가자격증과, 민간자격을 국가가 공인해 국가자격과 같은 혜택을 받을 수 있도록 한 국가공인자격증, 법인체나 사회단체가 교육훈련을 시켜 그 자격을 인정하여 자격증을 부여하는 민간자격증으로 분류된다.

테러의 종류로는 육상 테러, 해상 테러, 공중 테러로 크게 나누지만 세분화하면 수단, 주체, 대상에 따라서 다양하게 테러가 일어나고 있다. 그에 따라 대테러의 전문 자격증 제도는 등급별로 차등을 두어 선진국의 민간안전 산업에서 전문 자격증이 있는 것과 같이 테러전문 자격증도 함께 통합적으로 운영될 필요가 있을 것 같다.

4. 테러예방에 대한 정보수립, 활동, 분석, 판단 중요성 인식

테러예방을 위한 대테러업무의 핵심은 정보이다. 국가의 정보수집역량을 강화시켜야 한다. 이를 위해서 테러정보의 통합관리 시스템이 구축되어야 한다. 각급 부분 정보기관이니 행정집행기관이 지득한 정보사항 중 테러관련 정보가 한곳으로 집합되어 정확하게 분석될 수 있도록 시스템을 구축해야 한다. 이를 위해서 대테러센터와 같은 실무를 총괄할 수 있는 조직을 구축하여 국내외에서 국가의 안전이나 국민의 생명과 재산을 침해할 수 있는 테러의 위협 또는 그 징후 등을 통합 관리할 수 있는 체계를 유지하여야 한다.

또한, 테러위험인물에 대한 정보차원의 확인활동 기능을 부여해야 할 것이다. 수사기관은 물론 정보기관의 직원도 테러단체의 구성원으로 의심할 만한 상당한 이유가 있는 자에 대하여 출입국·금융거래 및 통신이용 등 관련 정보를 수집·조사할 수 있도록 해야 한다. 다만 권한의 남용으로 인한 인권침해 소지를 최소화하기 위해 출입국·금융거래 및 통신이용 관련 정보의 수집·조사에 있어서는 「출입국관리법」, 「특정금융거래정보의 보고 및 이용 등에 관한 법률」, 「통신비밀보호법」의 규정에 따르도록 해야 할 것으로 생각된다. 또한 통신비밀보호법을 개정하여 테러혐의자에 대한 통신제한조치도 가능하도록 해야 한다.

특히 국가중요시설과 많은 사람이 이용하는 시설 및 장비에 대한 테러예방대책과 테러의 수단으로 이용될 수 있는 폭발물 · 총기류 · 화생방물질 등에 대한 안전관리 대책은 너무나 그 범위가 막연하고 다양하기 때문에 각급 기관별 임무와 기능을 명확하게 정립하여 사각지대가 발생하지 않도록 해야 한다. 또한, 국가중요행사의 대테러 · 안전대책에 대해서도 각별한 주의가 필요하다. 따라서 관계기관별로 국내에서 개최되는 국가중요행사에 대하여 당해 행사의 특성에 따라 분야별로 테러대책을 수립 · 시행토록 하여야 하고 이의 종합적인 수행을 위하여 대테러센터와 같은 실무 총괄 기관이 각종 테러대책을 협의 · 조정할 수 있도록 관계기관이 참여하는 합동 대책기구를 설치 · 운영할 수 있어야 할 것이다. 초동조치를 위하여 관계기관의 장은 테러가 발생하거나 그 징후를 발견한 때에는 현장을 통제 · 보존하고 추가로 발생하는 사태 등 피해의 확산을 방지하기 위하여 필요한 조치를 신속하게 취하도록 의무화하여야 한다. 오늘날 테러의 특성으로 보아 군병력을 테러업무에 활용할 수 있도록 하는 법적 근거도 마련하는 방향으로 추진해야 할 것이다.

우리에게 발생할 수 있는 유형을 예측해 볼 뿐이다. 각종 제도나 조직의 편성, 그리고 대테러 능력을 보유한 특수부대의 보유까지는 가능할지 모르지만 중요한 것은 이러한 조직과 부대들을 실제상황에서 운용할 수 있는 능력이다. 아무리 훌륭한 정책이 수립되고 우리나라는 아직 테러에 대한 많은 정보가 축적되어 있지 않고 경험이 부족하여 단지 외국의 사례에서 막강한 대테러 특수부대가 준비되어 있어도 테러라는 것은 예상치 못한 상황에서 예상치 못한 방법으로 복잡 다양하게 전개되기 때문에 작전수행 능력이 없으면 아무 소용이 없다.

다양하고 기상천외한 테러의 새로운 양상에 대응하기 위해서는 형식적이고 행정적인 계획보다는 실제 대태러 능력을 즉각 투사할 수 있는 실질적인 계획과 이에 대한 지속적인 관심과 투자, 그리고 부단한 노력이 필요할 것이다. 이를 위해 다음과 같은 대응방안을 제시하고자 한다.

첫째, 국가위기관리를 위한 국가정보체계의 발전이 이루어져야 한다.[21] 정보획득 및 경보활동을 통한 테러 억제를 위해 정보기구의 분석능력을 증진시키고 안보와 관련된 참모진을 강화하며, 공항보안의 첨단화 및 출입국 및 운송에 대한 통제를 강화하기 위하여 안보활동 관련부서를 단일한 국가정보기관에 이전하여 통합운영되도록 하여야 하며, 국방부와 경찰청 등 육·해·공 전역에 대한 삼차원적인 국경의 개념을 발전시켜야 한다. 또한, 각 정부조직 간에 범죄예방 활동과 관련된 협력의 강화 및 범죄자 관련자료를 확충시키고 국가 사회기반시설 보호계획을 발전시키는 한편, 민간영역과의 연계를 강화하고 최첨단 기술이 총동원되는 감시시스템 도입으로 현존하는 위협으로부터 사회 전체를 촘촘한 감시망으로 엮어놓아야 한다. 아울러, 현실적으로 테러리즘에 대응하기 위해서는 우리의 혼자 노력으로는 많은 제한이 따르고, 그 능력에 한계가 있으므로 국제적 협조체제를 구축하는 것이 필요하다. 대량살상무기 관련 수출통제 및 군비통제의 협력, 테러리즘의 근본요인 제거를 위한 국제적인 공헌, 국제 테러관련 협약의 가입 및 지역 대테러 협력체제 구축, 미국과의 대테러전 협력체제 확립 등을 제시할 수 있다.

둘째, 대테러 작전수행 능력을 갖추기 위해서는 대테러 관련교리가 정립되어져야 한다. 실제로 육군의 최상위 야전교범인 야교 100-1「지상작전」에도 테러는 '비군사적 위협대비작전'의 하나로 규정되어 있다. '새로운 전쟁', '얼굴 없는 전쟁', '선전포고 없는 전쟁' 등으로 묘사되는 뉴테러리즘을 이제 전쟁의 한 형태로 간주하고 이에 대한 교리가 정립되어야 한다. 외국의 테러관련 지식은 우리와 상황이 많이 다르기 때문에 그대로 적용하기가 매우 어렵다. 우리의 특수성을 고려하여 발생 가능한 테러의 유형을 잘 분석하고 이에 상응하는 대응 교리를 발전시켜야 한다. 앞에서 강조한 대로 이제는 전면전 같은 고강도의 충돌보다는 국지도발이나 테러리즘 같은 저강도 분쟁이 발생할 확률이 더 높기 때문이다.

셋째, 현재 대테러부대들이 보유하고 있는 장비를 보면 최근 전용헬기나 첨단 생화학 정찰차량 등이 일부 보강되기는 하였으나 아직 부족한 것이 현실이다. 세계에서 미국의 대테러팀을 가장 우수하다고 평가하는 것도 사실은 최첨단 장비의 보유

---

21) 고준수, "9.11 테러 이후 국가정보체계의 발전방안," 고려대학교 석사학위논문, 2004.

때문일 것이다. 대테러 장비의 최신화와 더불어 장비구입 절차도 군계통의 정상적인 무기획득 절차로는 그 변화속도를 따라잡을 수 없으므로 선진국의 예처럼 자체 구매방법이 효과적일 것이라고 생각한다.

넷째, 교리가 정립되고 장비가 최신화되어도 훈련을 통해 숙달하지 않으면 무용지물이다. 따라서 평시 전면전에 대비하여 실시하는 훈련 이상으로 대테러 훈련도 체계적으로 이루어져야 한다. 대테러 특수부대들의 능력향상을 위해 자체적으로 실시하는 훈련 외에 이들의 능력을 즉각 발휘할 수 있는 국가적인 차원에서의 총체적인 훈련이 필요하다는 것이다. 상황발생 시 의사결정과 즉각 투입을 위한 지시, 투입을 위한 협조관계 등을 평소에 훈련해 두지 않으면 실제 상황에서 막강한 능력을 발휘할 수가 없는 것이다. 새로운 훈련체계를 만드는 데 무리가 따른다면 현재 실시 중인 을지연습, 압록강연습, 독수리연습, 화랑훈련 등에 대테러분야를 확대하여 훈련하는 방법도 있을 것이다. UFL연습체계를 보더라도 연합사와 비기위 사태목록이 별도로 작성되어 훈련이 시행되다 보니 정부 및 지자체의 방위지원본부 운용이 형식적인 시간 때우기 식으로 운용되고 있으며, 금년의 경우에도 비기위에서는 〈표 8-9〉처럼 총 529건의 연습사태를 계획하고 있으나, 상황의 추적관리, 피해평가 등 실질적인 연습을 위한 상황묘사가 부족하고, 행정관서, 경찰, 군부대 등 유관기관 간 상황조치의 연계성이 미흡하며, 1차적인 단편적 조치와 보고위주 과거 훈련방법 및 관행을 답습함으로써 실질적인 조치가 미흡한 실정이다.

〈표 8-9〉 비기위 05UFL 사건총괄

계	정부기능 유지	군사작전지원	국민생활안정
592건	260건	126건	206건

따라서 위기관리 매뉴얼에 제시된 위기유형 중 유관기관 간 실질적 통합작전이 요구되는 분야의 사태를 발췌하여 관계기관의 통합된 대응 및 조치가 이루어질 수 있도록 사태목록이 작성되어야 하며, 최소한 유형별로 관련된 전체 작전요소가 참

여하는 실질적인 FTX를 시, 군, 구급 이상의 행정기관이 실시토록 발전시켜야 한다. 또한, 재난대비 위주의 민방위훈련체계를 개선하여 국가 위기관리분야의 국가급 연습이 되도록 추진하고, 부서, 기관별 위기관리 대응훈련을 주기적으로 실시토록 제도화하고 실질적인 점검을 통해 대비능력을 평가하여 부서 성과평가 시 반영하여 책임있는 준비, 시행이 되도록 해야 한다. 2005년 미 국토안보부에서는 반테러정책과 국가재난에 효율적이고 체계적으로 대처하기 위해 전국계획인 15대 재앙 시나리오를 도출하였다. 여기에는 각종 테러와 대형 허리케인 등의 재앙이 포함되어 있었음에도 허리케인 '카트리나'로 인해 수많은 인명의 사상자를 내고 수십만 명의 이재민이 발생하였으며, 복구에 수년의 시간과 3,000억 달러 이상이 소요될 것으로 예상되는 등 9.11 테러 이후 반테러정책을 강력하게 추진하여 철옹성을 쌓았지만 '카트리나' 한 방에 빛이 바래게 되었던 이유는 치밀한 계획을 도출하여 수립하는 것도 중요하지만 실질적인 대비를 하지 않은 결과임을 우리는 분명하게 인식해야 한다.

다섯째, 아직 우리는 대테러 전문인력 양성까지는 관심을 기울이지 못했다. 평소에 전문 인력관리를 해놓지 않으면 상황이 발생하여 소집하는 데에 엄청난 시간이 소요될 것이다. 예산문제로 확보가 곤란하다면 전문가를 즉각 투입할 수 있는 동원체계라도 갖추어야 한다. 저강도 분쟁인 대테러 전략을 체계적으로 연구 및 개발하기 위해서는 충실한 두뇌가 필요하다. 먼저 학문적 기반을 갖춘 전문인력 외에 외교, 정보, 사법 및 군사분야 관련 전문인력이 필요하다. 아울러 대테러 전문협상팀을 양성해야 한다. 테러사고 발생 시 협상팀의 역할은 매우 중요하다. 현재 우리나라는 경찰청 예하에 각 시도단위로 협상조정관이 보직되어 있으나 실제상황에서 어느 정도 능력을 발휘할지는 미지수다. 따라서 전문협상팀을 평소부터 운용하여 테러리스트의 심리연구, 자료수집과 분석능력을 강화하고 외국어 및 협상기술 교육을 강화하여 대응능력을 배양해야 한다.

마지막으로 국가차원 또는 지자체별 도시기반시설, 교통시설, 고층건물밀집지역, 호텔, 관광지역, 관공서 밀집지역, 인구밀집지역 등 주요 표적이 되거나 대량피해가 예상되는 지역에 대해 민, 관, 군 통합 대응시스템 구축 및 피해발생 시 제요소가 통합된 조치가 이루어지도록 구체적인 계획의 발전과 주기적인 훈련 및 점검이 이루어져야 한다.

5. 대테러 정보조직체계 정립화

과거에는 전통적 안보분야 위기만이 국가의 주권을 지키는 차원에서 위기로 간주되어 왔고, 비상대비 개념도 전쟁에 대비하기 위한 인적 · 물적 자원의 동원이 그 핵심이었으나, 현대사회는 대형화되고 다양한 신종위협이 폭발적으로 증가하고 있고 위기발생 시는 피해가 막대하여 정상적인 국정운영 여건이 마비될 정도의 영향을 받기 때문에, 세계 주요 국가들은 전 · 평시와 전통적 안보 및 재난 등에 동시에 대비할 수 있는 국가 위기관리체제로 정비하고 있다. 정부도 국가안전보장회의(NSC)를 확대 개편하고, NSC산하에 위기관리센터를 설치하였으며, 재난법을 정비하여 소방방재청[22]을 신설하고 국가 위기발생 시 효율적인 관리를 위해 대통령 훈령 제124호인 「국가 위기관리 기본지침」을 제정했다.[23] NSC 위기관리센터는 이 지침에 의하여 국가 위기관리 대상을 〈표 8-10〉과 같이 테러를 포함한 전통적 안보분야 12개, 재난관리분야 11개, 국가기반체계 보호분야 9개 등 3개 분야 32개 유형의 위기관리 표준매뉴얼을 선정하고 국가 사이버 안전체계를 구축하기도 하였다.

〈표 8-10〉 국가 위기관리 대상

구 분	내용
전통적 안 보	• 북한으로부터의 위기 : 군사력 사용위협, 국지도발, 북한대규모 급변사태, 대량살상무기의 개발 및 확산 • 외부로부터의 위기 : 주변국과의 갈등, 충돌, 테러

22) 자연재난과 인원재난에 공통적으로 대체할 수 있는 「재난 및 안전관리 기본법」(법률 제7188)과 「재난 및 안전관리기본법 시행령」(대통령령 제8407호)의 제정이 그것이다.

23) 국가안전보장회의, 「대통령훈령 제124호, 국가위기관리 기본지침」(국가안전보장회의, 2004), p.10.

재 난	• 자연재해 : 자연현상에 의해 발생되는 대규모 피해 • 인위재난 : 안전/인위적 요인에 의해 발생되는 피해
국 가 핵심기반	• 테러, 대규모 시위·파업, 폭동, 재난 등의 원인에 의해 국민의 안위, 국가경제/정부 핵심기능에 중대한 영향을 미칠 수 있는 인적·물적 기능체계가 마비되는 상황

〈표 8-10〉에서 보았듯이 국가위기관리가 전·평시와 군사·비군사적 전 분야를 망라하고 있으나, 총체적으로 위기를 총괄할 기구가 부재하여 분야별 수행기구를 별도 조직하여 운용하다 보니, 제 요소가 통합된 적시적절한 효과적인 대응이 제한되고 역할이 애매해진 조직의 운영으로 효율성이 저하될 뿐만 아니라 위기관리 법체계도 성격이 달라 실질적인 시행에 많은 문제점이 내재되어 있다. 〈그림 8-3〉과 〈그림 8-4〉에서 제시하였듯이 기능별 상황실을 운용하다 보니 조기경보 및 종합적인 판단능력이 미흡하고, 부분적 상황판단에 따른 기능별 대응으로 초동대응 및 조직적인 응급구조 활동이 제한되어 대응인력 및 장비·물자지원에 차질이 발생하고 기관별, 지자체별, 기타 단체와 유기적인 협조가 잘 이루어지지 않고 있는 실정이다.

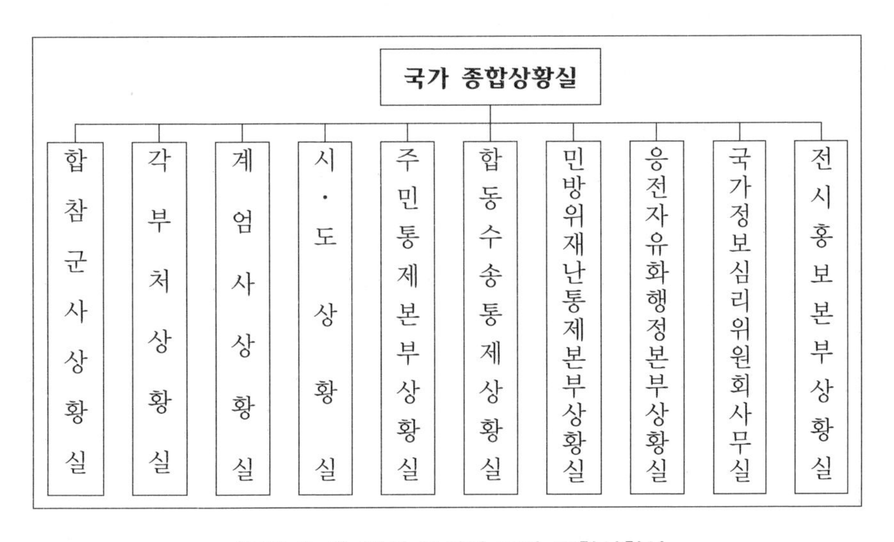

〈그림 8-3〉 평시 구성된 국가 종합상황실

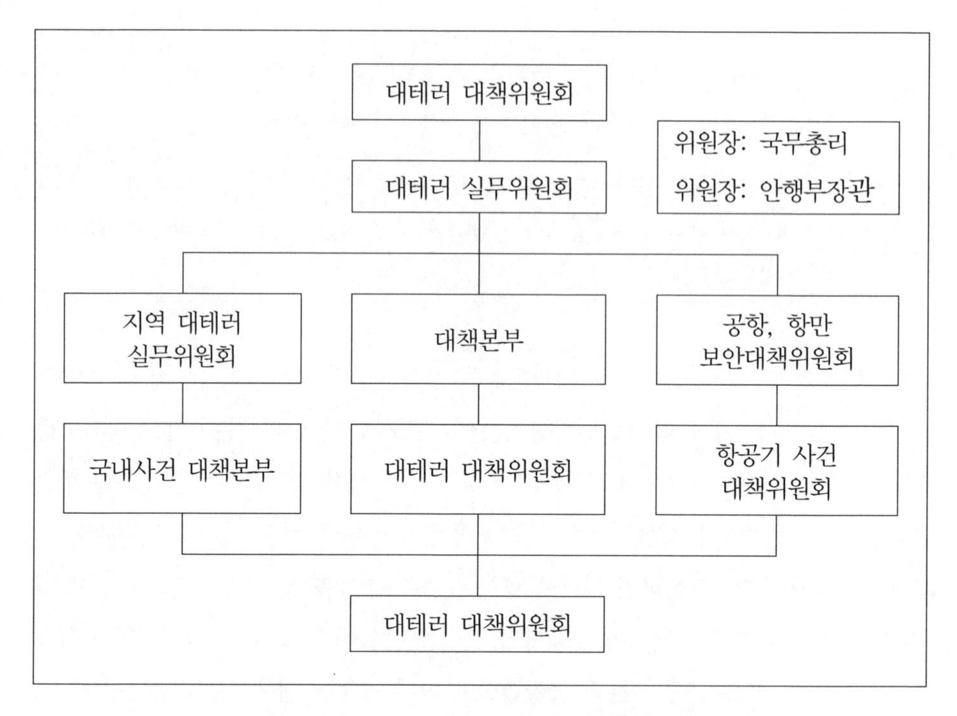

〈그림 8-4〉 전시에 구성될 국가 종합상황실

90년대 후반부터 위기관리기구 편성을 위한 연구가 있어 왔고 여러 안을 고려해 볼 수 있겠으나 안보환경의 변화와 테러를 포함하여 새로 제정된 국가위기관리 지침의 구현, 전 · 평시 비상대비 업무의 연계성 유지, 안전관리에 대한 체계적인 조정 통제시스템 구축, 군사 · 비군사적 분야의 통합성 유지, 인적 · 물적 자원의 효율적 활용, 상 · 하 수직적 통합이 가능한 기본의 행정조직 활용, 테러의 대형화에 대비한 체계구축의 필요성 등을 고려 시 장기적으로는 김열수 교수가 제시한 방안 중[24] 비상기획위원회, 안행부, 병무청, 소방방재청을 통합한 국가 위기관리 조직을 구축해야 할 것이다.

24) 김열수, 「21세기 국가위기관리 체제론」(서울: 오름, 2005), pp.363-377.

6. 대테러법 제정

현재 국가위기와 관련된 관계법령은 〈표 8-11〉과 같다.

〈표 8-11〉 사태별 관계법령

사태구분	주무기관	관계법령	비고
전면전쟁	비상기획위원회	• 비상대비자원 관리법 • 전시 자원동원법	국무총리 보좌
국지도발 및 사회혼란	국방부 안행부(소방방재청)	• 향토예비군법 • 민방위법	지역 및 직장예비군, 민방위대
적 침투도발	국방부/합참	• 통합방위법 (대통령 훈령 제28호)	중앙 · 지역 · 직장 통합방위협의회
재난	소방방재청	• 재난 및 안전관리 기본법 (2004.6.1)	중앙 안전관리위원회에서 정책심의, 행정기관 협의 및 종합
테러	국가정보원	• 대테러지침 (대통령훈령 제47호)	테러방지법 추진 중
국가핵심 기반태세 위협	주무부처별	• 개별법령 • 국가위기관리 기본지침	국정현안 정책조정회의 안행부에서 통합

국가위기관리를 위한 법률체계가 다원화되어 있고 체계적으로 조직되어 있지 않아 상호연계성 없이 개별 법률에 의한 대응기구 편성 및 계획을 수립하여 시행하다 보니, 개별법에 따른 사태대처로 예방 및 후속조치가 비효율적으로 이루어지고 동일 계층 간의 조정 · 통제가 사실상 곤란하며, 유사계획의 중복 및 이원화로 국가 위기상황에 대한 통합적 대응이 어려운 실정이다. 따라서 제1절에 제시한 국가 위기관리기구 개편이 추진되도록 법적 · 제도적 정비가 이루어져야 하나 고려되어야 할 요소가 많아 시간이 다소 걸릴 수 있다. 따라서 통합법령 제정 전까지 관련법령을 보완하여 적시적절한 대응체계가 구비되도록 해야 한다. 테러관련 분야만 보더라도

대테러활동 지침이 2회의 일부개정과 1회의 전면개정을 통해 현재에 이르고 있으나, 전쟁수준의 양상을 보이는 테러에 대응하기 위해서는 기본의 대응체제로는 대처에 한계가 있다. 9.11 테러 이후 세계는 유엔의 대테러 관련 요구에 부응하고 국제공조에 동참하고자 국내법을 강화[25]하고 있는 실정이다. 그러나 대통령 훈령은 직무상 내리는 명령으로 상위법을 위반할 수 없으며, 강제할 수 없다는 문제점을 가지고 있기 때문에 대테러 업무를 효율적으로 수행할 수 없다. 따라서 인권단체에서 주장하는 개인의 인권도 매우 중요하지만 대다수의 인명과 재산을 보호하기 위해서는 대승적으로 국가안보적 차원에서 다루어야 하고, 테러법에 의해 발생하는 제한사항을 감수할 수 있는 국민의식의 전환이 필요하다. 테러는 사건이 발생하면 복합적인 요소가 작용하고 그 피해가 광범위한 재난 수준으로서 현재 18여 개 부처에 분산되어 있는 테러 업무체계로는 효율적인 정책수행 및 예방이 제한되고, 민방위대 운영권한이 소방방재청에 이관되어 평시 위주로 운영됨으로써 전시대비 계획과 연계되어 있지 않아 행정기관의 장에 의해 계획 · 시행되는 충무계획의 전면적 보완이 요구되는 등 다수의 문제점이 현실적으로 대두되었는바, 새롭게 제정될 대테러법은 국민의 인권과 자유의 침해를 최소화한 가운데 테러의 예방과 대응에 필요한 모든 조치들을 포함하고, 신설될 대테러 전담기구의 정치적 중립을 우선적으로 명시하는 방향으로 법적 · 제도적 정비가 시급히 이루어져야 한다.

5. 결론

미국에 의해 '악의 축'으로 불리고 테러지원국의 하나로 분류되어 있는 북한에 의한 테러리즘의 위협이 사라지지 않고 있고, 국제 테러조직의 활동무대가 전 세계로 확산됨은 물론, 이슬람 테러조직의 테러리즘 목표로 지목된 우리나라의 현실을 고려해 볼 때, 최근의 9.11 테러가 발생하기 전까지 우리는 테러리즘으로부터 안전하다는 인식 속에서 테러리즘에 별다른 관심이 없었던 것이 사실이다. 사실 우리나라

25) 김태진, "국제 테러조직 동향과 대응책," 대테러정책 연구논총 제1호(2004), p.125.

는 테러의 발생원인 중에서 종교적인 갈등과 민족 간 갈등도 없으며, 정치적인 목적으로 자행되는 테러의 대상도 아니었다. 단지 북한에 의해 크고 작은 테러가 있었을 뿐이었다. 그것도 항공기 폭파사건을 제외하고는 일부 요인에 대한 암살이나 납치로서 국민들이 테러에 느끼는 감은 매우 미약하였다고 할 수 있다. 이러한 이유 때문에 테러분야는 거의 무관심 속에 미약한 조직과 지원으로 명맥을 유지해 오고 있었다. 이제는 분명히 다르다. 테러가 발생할 만한 국내의 갈등요인이 거의 없고, 북한에 의한 테러위협도 다소 약해졌다는 것으로 안주할 수 없는 상황이 되었다. 일단 테러의 대상이 무차별적이 되었고, 국제 테러조직의 활동무대가 전 세계로 확대되면서 테러발생 장소도 일정치 않다는 것이다. 그리고 한국도 국력신장은 물론, 최근 국제정세와 이라크 파병 등으로 인해 국제 테러리즘의 표적으로 부상하고 있는 것은 다 알고 있는 사실이다. 더군다나 과학기술의 발달로 인해 지구촌이 하나로 묶이면서 항공기에 의한 왕래가 급증한 상황에서 우리 국민들이 안전하다고 장담할 수는 없는 것이다. 국제연합 및 지역 내 인접국가들과 테러관련 정보를 교환하고 협조된 대테러 대책을 수립하지 않는다면, 언제 서울의 국제회의장이 테러리스트에 의해 점거되고, 외국에 나가 있는 우리 기업과 교민, 여행객이 언제 피해를 입을 줄 모르며, 서울발 뉴욕행 항공기가 공중폭파될지 모른다는 것이다. 그리고 이러한 테러의 여파가 정치, 경제, 사회 모든 분야를 순식간에 침체국면으로 몰아넣을 수 있는 것이다. 9.11 테러 이후 우리의 대테러 대비태세도 많이 발전했지만 실제 경험을 못해 본 탓에 아직은 부족한 것이 너무 많다. 우선 제도적으로 단일화된 대응체제가 요구된다. 미국도 대통령 직속으로 국토안보국을 두어 대테러 관련업무를 통합함으로써 신속한 대응을 보장하고 있는 것처럼, 우리도 대테러 능력이나 조직의 보유보다는 평시 활동을 통한 테러예방과 유사시 신속한 투입을 위한 지휘체계의 단일화가 요구된다. 그리고 장기적으로 테러 대응시스템을 구축해야 한다. 테러 방지법을 근거로 테러 대응조직을 정비하며, 20여 개 부처에 분산돼 있는 업무를 효과적으로 조정할 수 있는 통합관리시스템을 구축해야 한다.

다음으로, 대테러 임무수행 능력의 보유이다. 우리는 테러리즘의 경험부족으로 대테러에 대한 교리부터가 부재한 형편이다. 다른 나라의 교리를 빌려서 그것도 우리와는 많이 다른 조건에서의 대테러 교리를 전부인 것처럼 가지고 있다. 우리 환경에 맞는 교리의 발전이 필요하다는 것이다. 우리에게 일어난다면 어떤 원인에 의해 어떤 유형의 테러리즘이 발생할 것인가가 세밀하게 연구되어야 한다. 이렇게 교리가 정립되어야 대응할 수 있는 대테러 특수부대의 모습이 그려질 것이고, 필요한 장비와 기술이 결정된다. 그리고 전문협상가나 테러범의 심리, 전술에 대한 전문인력도 확보될 수 있는 것이다. 이렇게 갖추어진 능력을 즉각 투입할 수 있도록 평시 체계적인 훈련도 물론 필요하다.

마지막으로, 부단한 예방활동이다. 앞에 제시했듯이 테러는 발생하고 나면 그 피해가 엄청난데다 국가 경제, 사회, 심리, 정치 등 모든 분야에 미치는 영향이 크기 때문에 예방이 최선의 방책이다. 이러한 예방을 위해서는 국제 · 국내적 노력을 병행하여 강구하여야 한다. 우선 부단한 연구와 정보수집 활동을 통해 어떠한 원인에서 테러가 발생할 가능성이 있는지를 알아내야 한다. 그리고 그 근원적인 원인을 다른 방향으로 해결하려는 노력이 필요하다. 아울러 주요 요인이나 주요 시설물 등에 대한 평시 철저한 경계조치도 예방에 큰 몫을 차지한다. 이러한 예방활동을 위한 정보수집은 국제연합이나 지역 내 인접국가들과의 정보공유를 통해 가능해진다. 그 밖에 법률적인 조치도 필요하다. 테러예방을 위해 사전에 체포하거나 수색, 구금할 수 있는 법적 근거를 마련해야 하고, 테러범에 대한 엄중한 처벌 기준을 설정, 공표함과 동시에 테러범과는 절대 타협하지 않고 오직 처벌만이 있다는 확고한 정부의 의지를 천명함으로써 그들의 의지를 약화시킬 수 있을 것이다. 이제 테러리즘은 특정지역의 문제가 아니라 세계 모든 국가가 대처해 나가야 할 인류 공동의 적이다. 테러리즘의 유형도 단순한 암살, 납치, 폭파가 아니라 국가의 존망과도 직결될 수 있는 엄청난 규모로 변모하고 있다. 국가 간 전면전 발생의 가능성이 줄어들면서 전쟁의 한 형태로 대형 뉴테러리즘이 사용될 가능성이 증대되고 있다. 그래서 '21세기 새로운 전쟁'으로 테러리즘을 명명하고 있는지도 모른다. 과거의 전쟁은 전선을 사이에 두고 무장된 군대가 대치하는 고강도 분쟁이라면, 21세기의 전쟁은 테러와 같이 보이지 않는 적과 싸우는 새로운 형태의 전쟁이 될 것이다.

9.11 테러 이후 각국 국가기관에 테러 대응 법적 체제가 구축되어 있다. 따라서

우리나라도 이러한 대테러법 제정이 절실히 필요한 실정이다. 또한 주무부서에서 정보분야를 강화하고 있다는 것을 알 수 있다. 우리나라 국가기관, 정보기관 총괄기구는 재편 및 확대 강화가 필요하다고 사료된다. 그에 따른 국가정보기관의 남용이 아니라, 정치적으로 중립을 지키면서 인권, 시민단체와 국가 각 부처 간의 상호협력 방안을 좀 더 구체적으로 공청회와 세미나, 실무자 간담회를 통하여 문화적 · 사회적 · 시대적 개념의 차이와 견해를 좁혀나가는 방향으로 모색하여야 할 것이다.

본 연구자는 국가정보기관의 국민의 홍보, 교육참여, 신고, 포상, UCC제작, 대테러 정보센타의 적극적 개방을 통해서 국민의 대응조치 예방 사전지식을 계몽, 국가정보기관의 이미지 개선이 꼭 필요한 시점이라 사료된다. 즉, 과거 국가정보기관의 이미지 탈바꿈과 국익, 공공의 안정이 필요하지만 국민 개개인의 안전보장을 영위하며 함께 발전할 수 있는 계기가 필요하다는 것이다.

참고문헌

김열수, 「21세기 국가위기관리 체제론」(서울: 오름, 2005), pp.363-377.
김유석, "우리나라의 테러대응정책에 관한 연구", 단국대학교, 2001, p.48.
김종두, "미국 테러참사 교훈과 우리 군의 대응," 국방저널 제335호(2001), p.19.
김태진, "국제 테러조직 동향과 대응책," 대테러정책 연구논총 제1호(2004), p.125.
국가정보원, 「테러방지에 관한 외국의 법률 및 국제협약」, 2006.11.
국가정보원. 「국가 대테러 활동지침」 대통령 지침훈령 47조, 2008.8, pp.7-9.
국가정보원, 「대통령훈령 제47호, 국가 대테러 활동지침」(서울: 국가정보원, 2005), p.8.
세종연구소, "테러와 한국의 국가안보," 세종정책토론회 보고서, 2004, p.60.
윤우주, 「테러리즘과 문명공존」(서울: 한국국방연구원, 2003), pp.89-125.
매일경제, "대기업 부장 기내난동… 영 경찰에 연행", 2005.
연합뉴스, "엔테베 공항사건," 2007.7.31.
한국일보, "박근혜 테러는 지충호 단독범행, 검경수사본부 최종발표", 2006.
조선일보, "서울복판에서 벌어진 박근혜 한나라당대표 테러", 2006.
조선일보, "총체적 테러대비태세 구축 필요", 2004.7.5.
동아일보, "테러 후유증과 대변화", 2005.9.10.
naver 백과사전, http://100.naver.com/100.nhn?docid=839141(2014년 1월 8일 검색).
naver 백과사전, http://terms.naver.com/item.nhn?dirId=703&docid=2614(2014년 1월 8일 검색).

부 록

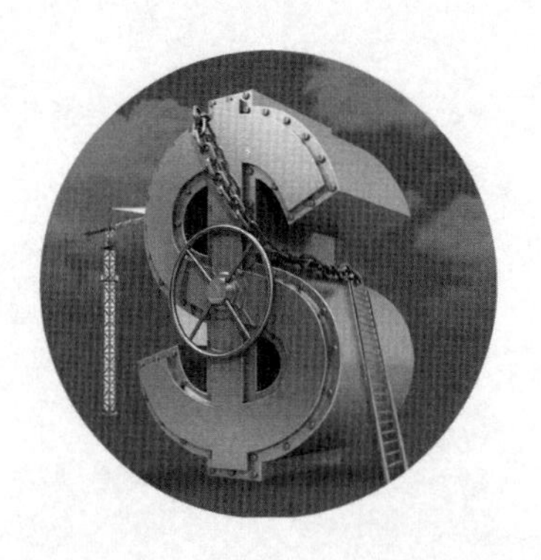

국가안전보장회의법

[시행 2014.1.10] [법률 제12224호, 2014.1.10, 일부개정]

국가안보실 02-770-2334

제1조(목적) 이 법은 「대한민국헌법」 제91조에 따라 국가안전보장회의의 구성과 직무 범위, 그 밖에 필요한 사항을 규정함을 목적으로 한다.

[전문개정 2010.5.25]

제2조(구성) ① 국가안전보장회의(이하 "회의"라 한다)는 대통령, 국무총리, 외교부장관, 통일부장관, 국방부장관 및 국가정보원장과 대통령령으로 정하는 위원으로 구성한다. 〈개정 2013.3.23, 2014.1.10〉

② 대통령은 회의의 의장이 된다.

[전문개정 2010.5.25]

제3조(기능) 회의는 국가안전보장에 관련되는 대외정책, 군사정책 및 국내정책의 수립에 관하여 대통령의 자문에 응한다.

[전문개정 2010.5.25]

제4조(의장의 직무) ① 의장은 회의를 소집하고 주재(主宰)한다.

② 의장은 국무총리로 하여금 그 직무를 대행하게 할 수 있다.

[전문개정 2010.5.25]

제5조 삭제 〈1998.5.25〉

제6조(출석 및 발언) 의장은 필요하다고 인정하는 경우에는 관계 부처의 장, 합동참모회의(合同參謀會議) 의장 또는 그 밖의 관계자를 회의에 출석시켜 발언하게 할 수 있다.

[전문개정 2010.5.25]

제7조 삭제 〈2008.2.29〉

제7조의2(상임위원회) ① 회의에서 위임한 사항을 처리하기 위하여 상임위원회를

둔다.

② 상임위원회는 위원 중에서 대통령령으로 정하는 자로 구성한다.

③ 상임위원회의 구성과 운영, 그 밖에 필요한 사항은 대통령령으로 정한다.

[본조신설 2014.1.10]

제8조(사무기구) ① 회의의 회의운영지원 등의 사무를 처리하기 위하여 국가안전보장회의사무처(이하 이 조에서 "사무처"라 한다)를 둔다.

② 사무처에 사무처장 1명과 필요한 공무원을 두되, 사무처장은 정무직으로 한다.

③ 사무처의 조직과 직무범위, 사무처에 두는 공무원의 종류와 정원, 그 밖에 필요한 사항은 대통령령으로 정한다.

[전문개정 2014.1.10]

제9조(관계 부처의 협조) 회의는 관계 부처에 자료의 제출과 그 밖에 필요한 사항에 관하여 협조를 요구할 수 있다.

[전문개정 2010.5.25]

제10조(국가정보원과의 관계) 국가정보원장은 국가안전보장에 관련된 국내외 정보를 수집 · 평가하여 회의에 보고함으로써 심의에 협조하여야 한다.

[전문개정 2010.5.25]

부칙 〈제12224호, 2014.1.10〉

이 법은 공포한 날부터 시행한다.

민방위기본법

[시행 2014.1.7] [법률 제12204호, 2014.1.7, 일부개정]

안전행정부(비상대비정책과) 02-2100-2803

제1조(목적) 이 법은 전시·사변 또는 이에 준하는 비상사태나 국가적 재난으로부터 주민의 생명과 재산을 보호하기 위하여 민방위에 관한 기본적인 사항과 민방위대의 설치·조직·편성과 동원 등에 관한 사항을 규정함을 목적으로 한다. 〈개정 2012.2.22〉

제2조(정의) 이 법에서 사용하는 용어의 뜻은 다음과 같다. 〈개정 2012.2.22, 2013.3.23〉

1. "민방위"란 다음 각 목의 어느 하나에 해당하는 상황(이하 "민방위사태"라 한다)으로부터 주민의 생명과 재산을 보호하기 위하여 정부의 지도하에 주민이 수행하여야 할 방공(防空), 응급적인 방재(防災)·구조·복구 및 군사 작전상 필요한 노력 지원 등의 모든 자위적 활동을 말한다.
   가. 전시·사변 또는 이에 준하는 비상사태
   나. 「통합방위법」 제2조제3호에 따른 통합방위사태
   다. 「재난 및 안전관리 기본법」 제36조제1항에 따른 재난사태 선포 또는 같은 법 제60조제1항에 따른 특별재난지역 선포 등의 국가적 재난, 그 밖에 안전행정부장관이 정하는 재난사태
2. "중앙관서의 장"이란 「대한민국헌법」 또는 「정부조직법」, 그 밖의 법률에 따라 설치된 중앙행정기관의 장을 말한다. 다만, 국회사무총장, 법원행정처장, 헌법재판소사무처장 및 중앙선거관리위원회사무총장은 제외한다.

제3조(국가·지방자치단체와 국민의 의무) ① 국가 및 지방자치단체는 민방위사태로부터 국가와 지역사회의 안전을 보장하고 국민의 생명과 재산을 보호하기 위한 계획을 수립·시행하여야 하며, 민방위사태를 신속히 수습·복구하여야 한다. 〈개정 2012.2.22〉

② 모든 국민은 국가 및 지방자치단체의 민방위 시책에 협조하고, 이 법에서 규정한 각자의 민방위에 관한 의무를 성실히 이행하여야 한다.

제4조(재정상의 조치) ① 국가 및 지방자치단체는 민방위사태의 예방과 신속한 수습 및 복구 등을 위하여 필요한 재정상의 조치를 강구하여야 한다.

② 국가는 지방자치단체에 대하여 대통령령으로 정하는 바에 따라 제1항에 따른 조치에 필요한 경비의 전부 또는 일부를 보조하는 등 재정상의 지원을 할 수 있다.

제5조(다른 법률과의 관계) 이 법은 민방위에 관하여 다른 법률에 우선하여 적용된다. 다만, 군사적 필요에 따라 제정된 법률은 이 법에 우선하여 적용된다.

제6조(중앙민방위협의회) ① 민방위에 관한 국가의 중요 정책을 심의하기 위하여 국무총리 소속으로 중앙민방위협의회를 둔다.

② 중앙민방위협의회의 구성 · 조직 · 운영, 그 밖에 필요한 사항은 대통령령으로 정한다.

③ 중앙민방위협의회는 필요에 따라 분과위원회를 둘 수 있다.

제7조(지역민방위협의회) ① 민방위 업무에 필요한 사항을 심의하기 위하여 지역민방위협의회를 두되, 특별시장 · 광역시장 · 도지사 · 특별자치도지사(이하 "시 · 도지사"라 한다) 소속으로 특별시 · 광역시 · 도민방위협의회(이하 "시 · 도협의회"라 한다)를, 시장 · 군수 · 구청장 소속으로 시 · 군 · 구민방위협의회(이하 "시 · 군 · 구협의회"라 한다)를, 읍 · 면 · 동장 소속으로 읍 · 면 · 동민방위협의회(이하 "읍 · 면 · 동협의회"라 한다)를 각각 둔다. 〈개정 2012.2.22〉

② 지역민방위협의회의 구성 · 조직 · 운영, 그 밖에 필요한 사항은 안전행정부령으로 정한다. 〈개정 2008.2.29, 2013.3.23〉

제8조(총괄 및 집행 기관) ① 국무총리는 안전행정부장관의 보좌를 받아 민방위에 관한 사항을 총괄 · 조정한다. 〈개정 2008.2.29, 2013.3.23〉

② 각 중앙관서의 장은 민방위에 관한 「정부조직법」상의 소관 업무를 집행한다.

제9조(협조) ① 각 중앙관서의 장은 민방위사태에서 민방위대의 동원(動員)이 필요하면 소방방재청장에게 동원을 요청할 수 있다. 다만, 긴급하면 지방행정기관의 장이나 군부대의 장은 그 소재지를 관할하는 시 · 도지사 또는 시장 · 군수 · 구청

장에게 민방위대의 동원을 요청할 수 있다.

② 소방방재청장은 민방위 업무 수행상 필요하다고 인정하면 관계 중앙관서의 장에게 협조를 요청할 수 있으며, 요청을 받은 중앙관서의 장은 특별한 사유가 없으면 이에 따라야 한다.

③ 소방방재청장은 민방위 업무 수행상 필요하다고 인정하면 공공단체·사회단체, 그 밖의 민간 사업체(이하 "공공단체 등"이라 한다)의 장에게 협조를 요청할 수 있으며, 요청을 받은 공공단체 등의 장은 특별한 사유가 없으면 이에 따라야 한다.

④ 시·도지사 또는 시장·군수·구청장은 민방위 업무 수행상 필요하다고 인정하면 지방행정기관의 장이나 공공단체 등의 장에게 협조를 요청할 수 있으며, 요청을 받은 지방행정기관의 장이나 공공단체 등의 장은 특별한 사유가 없으면 이에 따라야 한다. 지방행정기관의 장이나 공공단체 등의 장의 시·도지사 또는 시장·군수·구청장에 대한 협조 요청의 경우에도 또한 같다.

제10조(민방위 계획의 종류) 민방위 업무에 관한 계획은 기본 계획, 집행 계획, 특별시·광역시·도 계획(이하 "시·도계획"이라 한다)과 시·군·구 계획으로 나눈다.

제11조(기본 계획) ① 국무총리는 대통령령으로 정하는 바에 따라 민방위에 관한 기본 계획 지침을 작성하여 이를 관계 중앙관서의 장에게 알려야 한다.

② 관계 중앙관서의 장은 제1항의 기본 계획 지침에 따라 소관 민방위 업무에 관한 기본 계획안을 작성하여 안전행정부장관과 협의한 후 국무총리에게 제출하여야 한다. 〈개정 2008.2.29, 2013.3.23〉

③ 국무총리는 제2항에 따라 관계 중앙관서의 장이 제출한 기본 계획안을 종합하여 중앙민방위협의회의 심의를 거쳐 기본 계획을 작성하고 국무회의의 심의를 거쳐 대통령의 승인을 받아 확정한다.

④ 국무총리는 확정된 기본 계획을 관계 중앙관서의 장에게 알려야 한다.

제12조(집행 계획) ① 중앙관서의 장은 제11조제4항에 따라 시달(示達)받은 기본 계획에 따라 소관 민방위 업무에 관한 집행 계획을 작성하고 안전행정부장관과 협

의한 후 국무총리의 승인을 받아 확정한다. 〈개정 2008.2.29, 2013.3.23〉

② 중앙관서의 장은 확정된 집행 계획을 시 · 도지사와 대통령령으로 정하는 소속 지방행정기관, 공공단체 또는 사회단체의 장이나 제10조에 따른 민방위 계획상 중요한 시설의 관리자(이하 "지정행정기관의 장"이라 한다)에게 알려야 한다. 〈개정 2012.2.22〉

③ 지정행정기관의 장은 제2항에 따라 시달받은 집행 계획에 맞추어 세부 집행 계획을 작성하고 관할 시 · 도지사와 협의한 후 소속 중앙관서의 장의 승인을 받아 확정한다.

제13조(시 · 도계획) ① 시 · 도지사는 제12조제2항에 따라 시달받은 집행 계획에 따라 소관 민방위 업무에 관한 시 · 도계획을 작성하여 시 · 도협의회의 심의를 거쳐 확정하고, 안전행정부장관에게 이를 보고하여야 한다. 〈개정 2008.2.29, 2013.3.23〉

② 시 · 도지사는 확정된 시 · 도계획을 시장 · 군수 · 구청장에게 알려야 한다.

제14조(시 · 군 · 구 계획) 시장 · 군수 · 구청장은 제13조제2항에 따라 시달받은 시 · 도계획에 따라 소관 민방위 업무에 관한 시 · 군 · 구 계획을 작성하여 시 · 군 · 구협의회의 심의를 거쳐 확정하고, 시 · 도지사에게 이를 보고하여야 한다.

제15조(민방위 준비) ① 중앙관서의 장, 시 · 도지사 및 시장 · 군수 · 구청장은 제10조에 따른 민방위 계획에 따라 다음 각 호의 민방위 준비를 하여야 한다.

1. 대피호 등 비상대피시설의 설치
2. 소방과 방공 장비의 비치(備置) 및 정비
3. 그 밖에 대통령령으로 정하는 물자의 비축과 시설 및 장비의 설치 · 정비

② 중앙관서의 장, 시 · 도지사 및 시장 · 군수 · 구청장은 주거용으로 사용하는 단독주택 외의 다음 각 호의 건축물이나 시설물의 소유자 · 점유자 · 관리자에게 제1항의 민방위 준비를 명할 수 있다. 〈개정 2013.3.23〉

1. 「건축법」 제2조제1항제5호에 따른 지하층을 두고 있는 건축물
2. 「소방시설 설치 · 유지 및 안전관리에 관한 법률」 제9조 및 「소방기본법」 제13조에 따라 소방시설을 설치하거나 유지 · 관리하여야 하는 건축물 및 시설물
3. 그 밖에 민방위 장비를 비치하고 정비하기 위하여 안전행정부령으로 정하는

건축물 및 시설물

③ 중앙관서의 장, 시·도지사 및 시장·군수·구청장은 제1항 및 제2항에 따른 시설·장비 또는 물자의 위치와 활용 방법을 지역 주민이 알 수 있도록 필요한 조치를 하여야 한다.

[전문개정 2012.2.22]

제15조의2(점검 등) ① 시장·군수·구청장은 제15조제1항 및 제2항에 따른 시설·장비 또는 물자를 주기적으로 점검하여 시·도지사에게 보고하여야 하며, 시·도지사는 이를 종합하여 소방방재청장에게 보고하여야 한다.

② 소방방재청장은 제1항에 따른 보고결과를 검토하여 정비 또는 교체가 필요하다고 인정하는 시설·장비 등에 대하여는 대통령령으로 정하는 바에 따라 그 정비 또는 교체 등에 필요한 비용의 전부 또는 일부를 지원할 수 있다.

③ 소방방재청장은 제1항에 따른 점검의 주기·방법 및 보고 절차에 관한 사항을 정하여 시·도지사 및 시장·군수·구청장에게 통보하여야 한다.

[본조신설 2012.2.22]

제16조(출입·확인 등) ① 시장·군수·구청장은 제15조제2항에 따른 민방위 준비상황을 확인하기 위하여 필요하다고 인정하면 관계자에게 자료의 제공을 명하거나, 소속 공무원에게 관계 지역에 출입하여 확인하도록 하거나 관계자에게 질문하게 할 수 있다. 〈개정 2012.2.22〉

② 제1항에 따라 소속 공무원이 직무를 수행하는 때에는 그 권한을 표시하는 증표를 지니고 이를 관계자에게 내보여야 한다.

제17조(설치) 민방위를 수행하게 하기 위하여 지역 및 직장 단위로 민방위대를 둔다.

제18조(조직) ① 민방위대는 20세가 되는 해의 1월 1일부터 40세가 되는 해의 12월 31일까지의 대한민국 국민인 남성으로 조직한다. 다만, 다음 각 호의 자는 제외한다. 〈개정 2012.2.22, 2013.6.4〉

1. 국회의원
2. 지방의회의원
3. 교육위원회의 교육위원

4. 경찰공무원
5. 소방공무원
6. 교정직공무원
7. 소년보호직공무원
8. 군인
9. 군무원
10. 향토예비군
11. 등대원
12. 청원경찰
13. 의용소방대원
14. 주한 외국군 부대의 고용원
15. 원양 어선 또는 외항선의 선원으로서 연 6개월 이상 승선(乘船)하는 자
16. 「도서 · 벽지 교육진흥법」 제2조에 따른 도서벽지(島嶼僻地)에서 근무하는 교원
17. 현역병 입영 대상자(사회복무요원 소집 대상자를 포함한다)
18. 그 밖에 다음 각 목의 자 중 대통령령으로 정하는 자
   가. 학생
   나. 공공 직업능력개발 훈련생
   다. 심신 장애인
   라. 만성 허약자

② 제1항에서 규정한 자 외의 남성 및 여성은 지원하여 민방위대의 대원(隊員)이 될 수 있다. 〈개정 2012.2.22〉

③ 국무총리는 제1항 본문에도 불구하고 제2조제1호가목에 해당하는 상황이 발생하면 중앙민방위협의회의 심의를 거쳐 20세가 되는 해의 1월 1일부터 50세가 되는 해의 12월 31일까지의 대한민국 국민인 남성으로 민방위대를 조직하게 할 수 있다. 〈개정 2012.2.22〉

제19조(편성) ① 민방위대는 주소지를 단위로 하는 지역 민방위대와 직장을 단위로 하는 직장 민방위대로 편성한다. 다만, 대통령령으로 정하는 소규모 민방위대는

다른 민방위대와 통합하여 편성할 수 있다.
② 제1항의 지역 민방위대는 통·리를 단위로 하는 통·리 민방위대와 시· 군·구를 단위로 하는 시·군·구 민방위 기술지원대(이하 “민방위기술지원대”라 한다)로 구분한다.
③ 통·리 민방위대는 해당 통·리에 거주하는 제18조에서 규정한 민방위 대원으로 편성하며, 민방위기술지원대는 수방·방공·의료·전기·통신·토목·건축·화생방 등의 기술을 가진 민방위 대원 중에서 읍·면·동장이나 직장 민방위 대장의 추천을 받아 시장·군수·구청장이 선발한 사람으로 편성한다.
④ 직장 민방위대를 두어야 할 직장은 다음 각 호와 같다.
1. 대통령령으로 정하는 국가와 지방자치단체의 기관
2. 대통령령으로 정하는 공공기관 및 업체
⑤ 통·리 민방위 대원과 민방위기술지원 대원 및 직장 민방위 대원은 중복하여 편성하지 아니한다.
⑥ 통·리 민방위대의 대장은 통장·이장으로, 민방위기술지원대의 대장은 시장·군수·구청장으로 한다. 다만, 민방위사태 발생 시 통·리 민방위대의 대장이 65세 이상의 고령, 심신 허약 등의 사유로 현장 지휘를 하기 어렵다고 판단되는 경우에는 읍·면·동장이 지정하는 자를 통·리 민방위대의 대장으로 할 수 있다. 〈개정 2014.1.7〉
⑦ 직장 민방위대의 대장은 직장의 장으로 한다. 다만, 직장의 장은 해당 직장에서 민방위 업무를 총괄하는 부서의 장을 직장 민방위대의 대장으로 지정할 수 있다. 〈신설 2014.1.7〉
⑧ 제6항 및 제7항의 경우에는 제18조제1항 각 호 외의 부분 단서에도 불구하고 통장·이장, 시장·군수·구청장 또는 직장의 장이나 직장의 장으로부터 지정을 받은 자가 향토예비군의 대원인 때에도 민방위대의 대장(隊長)이 될 수 있다. 이 경우 향토예비군인 민방위대의 대장에 대하여는 「향토예비군설치법」 제5조와 제6조에 따른 동원과 훈련 의무를 면제한다. 〈개정 2014.1.7〉
⑨ 읍·면·동장과 시장·군수·구청장은 민방위를 위하여 둘 이상의 민방위대

가 공동대처하는 것이 필요하다고 인정하면 대통령령으로 정하는 바에 따라 연합 민방위대를 구성하여 운영하게 할 수 있다. 이 경우 연합 민방위 대장은 소속 민방위 대장 중에서 대통령령으로 정하는 사람이 된다. 〈개정 2014.1.7〉

⑩ 민방위대에는 자문 위원을 둘 수 있다. 〈개정 2014.1.7〉

⑪ 이 법에서 규정된 사항 외에 민방위대의 조직에 필요한 사항은 대통령령으로 정한다. 〈개정 2014.1.7〉

제20조(편성 절차 등) ① 읍·면·동장이나 직장 민방위 대장은 제18조제1항에 해당하는 자에 대하여 대통령령으로 정하는 바에 따라 주민등록표나 그 밖에 민방위 대원 편성 대상자임을 확인할 수 있는 서류에 따라 직권으로 민방위대를 편성한다. 다만, 민방위대 조직에서 제외되는 사유가 발생한 자와 그 사유가 소멸된 자는 그 사실을 거주지의 읍·면·동장이나 직장 민방위 대장에게 신고하여야 한다.

② 직장 민방위 대장은 소속 민방위 대원 중 퇴직하거나 해당 직장 민방위대에 새로 편입한 자가 있으면 읍·면·동장에게 신고하여야 한다.

③ 읍·면·동장은 제1항에 따른 민방위대 편성 결과와 제2항에 따라 신고받은 사항을 통·리 민방위 대장에게 알려야 한다.

④ 직장 민방위 대장은 직장 민방위대를 편성·해체·이전 또는 명의를 변경한 때에는 안전행정부령으로 정하는 바에 따라 관할 시장·군수·구청장에게 신고하여야 한다. 〈개정 2008.2.29, 2013.3.23〉

⑤ 제18조제1항 단서에 따라 민방위대의 조직에서 제외되는 자가 속한 직장의 장은 그 소속원이 신분을 취득하거나 상실한 때에는 안전행정부령으로 정하는 바에 따라 그 소속원의 거주지 읍·면·동장에게 신고하여야 한다. 〈개정 2008.2.29, 2013.3.23〉

⑥ 시장·군수·구청장은 제19조제3항에 따라 민방위기술지원대원을 선발하면 지체 없이 읍·면·동장이나 직장 민방위 대장에게 알려야 한다.

⑦ 읍·면·동장이나 직장 민방위 대장은 매년 민방위대를 편성한 후 소속 민방위 대원에게 민방위대 편성 사실과 소속 및 임무 등을 알려야 한다.

제21조(민방위대의 지휘 · 감독) ① 민방위대는 해당 민방위 대장이 지휘한다.

② 읍 · 면 · 동장은 관내의 통 · 리 민방위 대장을 지휘 · 감독하고, 시장 · 군수 · 구청장은 관내의 직장 민방위 대장을 지휘 · 감독한다. 다만, 제19조제9항에 따라 연합 민방위대를 구성한 경우에 민방위사태가 발생하거나 발생할 우려가 있는 때의 민방위를 위한 민방위대의 활동에 관하여는 연합 민방위 대장이 읍 · 면 · 동장 또는 시장 · 군수 · 구청장의 명을 받아 소속 민방위 대장을 지휘한다. 〈개정 2014.1.7〉

③ 민방위대의 운용에 관하여는 시장 · 군수 · 구청장은 읍 · 면 · 동장을 지휘 · 감독하고, 시 · 도지사는 시장 · 군수 · 구청장을 지휘 · 감독하며, 소방방재청장은 시 · 도지사를 지휘 · 감독한다.

제22조(검열) 소방방재청장, 시 · 도지사 또는 시장 · 군수 · 구청장은 민방위대의 운영개선과 발전을 위하여 대통령령으로 정하는 바에 따라 민방위대 편성 현황, 교육훈련 현황, 시설 · 장비 현황 등에 대하여 검열을 실시할 수 있다.

제23조(민방위 대원의 교육훈련) ① 민방위 대원은 대통령령으로 정하는 바에 따라 연 10일, 총 50시간의 범위에서 민방위에 관한 교육 및 훈련을 받아야 한다. 이 경우 민방위대의 간부 요원과 기술 및 기능 요원(이하 "민방위대요원"이라 한다)에 대하여는 필요에 따라 교육 및 훈련 기간을 연장할 수 있으며, 전지(轉地) 교육훈련을 실시할 수 있다.

② 교육 및 훈련 명령을 받은 자는 이에 따라야 하며, 교육훈련 중에 있는 민방위 대원은 민방위 대장과 훈련 담당 교관의 교육훈련상의 명령에 복종하여야 한다.

③ 제1항의 교육 및 훈련을 받아야 할 사람 중 다음 각 호의 어느 하나에 해당하는 사람에 대하여는 대통령령으로 정하는 바에 따라 교육 및 훈련을 면제할 수 있다.

1. 금고 이상의 형을 선고받고 집행 중에 있는 사람
2. 3개월 이상 외국에 여행 또는 체류 중인 사람
3. 재해가 발생하거나 발생할 우려가 있는 경우 그 재해의 예방 · 응급대책 또는 복구활동에 참여하는 사람으로서 소방방재청장이 지정하는 사람
4. 의료 · 전기 · 통신, 그 밖에 민방위와 관련된 특수기능소지자로서 소방방재청

장이 지정하는 사람. 다만, 해당 특수 기능분야에 관한 교육훈련에 한정하여 이를 면제한다.

5. 제4항에 따라 교육훈련이 유예된 사람으로서 해당 교육훈련계획기간이 종료할 때까지 그 유예사유가 소멸되지 아니한 사람

④ 제1항의 교육 및 훈련에 관하여는 제26조제3항을 준용한다.

⑤ 소방방재청장이나 시 · 도지사는 민방위대요원의 교육 및 훈련을 위하여 필요한 교육 기관을 따로 둘 수 있다.

⑥ 제1항에 따른 교육과 훈련은 대통령, 국회의원, 지방의회 의원과 지방자치단체의 장의 선거 기간 중에는 실시하지 아니한다.

제24조(교육훈련 통지서의 전달 등) ① 민방위 대원에게 교육훈련을 실시하려면 대통령령으로 정하는 바에 따라 본인에게 교육훈련 통지서를 전달하여야 한다. 다만, 본인이 없으면 교육훈련 통지서를 지역 민방위대에서는 같은 세대 안의 세대주나 가족 중 성년자에게 전달하고, 직장 민방위대에서는 직장의 장에게 전달하여야 한다.

② 제1항 단서에 따라 본인을 갈음하여 교육훈련 통지서를 받은 자는 이를 지체 없이 본인에게 전달하여야 한다.

제25조(민방위 훈련) ① 소방방재청장은 매월 15일을 민방위의 날로 정하여 민방위 사태에 대한 대처능력을 습득하기 위한 민방위 훈련을 실시할 수 있으며, 소방방재청장은 필요하다고 인정할 때에는 훈련일정과 그 실시 여부를 조정하거나 추가하여 실시할 수 있다.

② 주민은 제1항에 따른 훈련에 참여하여야 하고 중앙관서의 장, 시 · 도지사, 시장 · 군수 · 구청장은 훈련에 참여한 공공단체 등에 대하여 필요한 경비를 지원할 수 있다.

[전문개정 2012.2.22]

제26조(동원) ① 소방방재청장, 시 · 도지사 또는 시장 · 군수 · 구청장은 민방위사태가 발생하거나 발생할 우려가 있는 때에 민방위를 위하여 민방위대의 동원이 필요하다고 인정하면 대통령령으로 정하는 바에 따라 동원을 명할 수 있다. 이 경

우 시·도지사 또는 시장·군수·구청장은 지체 없이 소방방재청장에게 그 사실을 보고하여야 한다.

② 읍·면·동장은 제32조제1항의 경우에 대통령령으로 정하는 바에 따라 민방위대의 동원을 명할 수 있다. 이 경우 동원 명령자는 지체 없이 그 사실을 시장·군수·구청장에게 보고하여야 한다.

③ 제1항과 제2항의 경우에 동원 명령자는 동원 명령을 받은 자가 다음 각 호의 어느 하나에 해당하는 사유가 있으면 직권 또는 신청에 따라 동원을 미룰 수 있다.

1. 신체장애로 동원에 응할 수 없는 경우
2. 관혼상제(冠婚喪祭), 재해, 그 밖의 부득이한 사유가 있는 경우

④ 제1항과 제2항에 따라 동원된 민방위 대원은 민방위 대장의 민방위 수행상의 명령에 복종하여야 한다.

⑤ 동원 명령자는 제1항과 제2항에 따라 민방위 대원을 동원한 후 동원 사유가 해소(解消)된 때에는 지체 없이 그 동원을 해제하여야 한다.

제27조(직장 보장) 타인을 고용하는 자는 고용하는 자가 민방위 대원으로 동원되거나 교육 또는 훈련을 받은 때에는 그 기간을 휴무로 하거나 이를 이유로 불이익이 되는 처우(處遇)를 하여서는 아니 된다.

제28조(재해 등에 대한 보상) ① 민방위 대원으로서 동원되어 임무 수행 중 또는 교육훈련 통지서를 받고 교육훈련 중에 부상을 입거나 사망(부상으로 인하여 사망한 경우를 포함한다)하면 재해 보상금을 지급하고, 제29조에 따른 치료로 인하여 생업에 종사하지 못하면 그 기간 동안 휴업 보상금을 지급한다. 다만, 다른 법령에 따라 국가 또는 지방자치단체의 부담으로 같은 종류의 보상금을 받은 자에게는 그 보상금에 상당하는 금액은 지급하지 아니한다.

② 제1항에 따른 보상금은 국가나 지방자치단체가 부담한다.

③ 제1항과 제2항에 따른 보상금의 액수와 지급 등에 필요한 사항은 대통령령으로 정한다.

제29조(보상 및 치료) 민방위 대원으로서 동원되어 임무를 수행하던 중 또는 교육훈련 통지서를 받고 교육훈련을 받던 중에 부상을 입은 자와 사망(부상으로 인하여

사망한 경우를 포함한다)한 자의 유족에 대하여는 대통령령으로 정하는 바에 따라 「국가유공자 등 예우 및 지원에 관한 법률」 또는 「보훈보상대상자 지원에 관한 법률」을 적용하여 보상 또는 치료한다. 〈개정 2011.9.15〉

제30조(실비변상 등) ① 제23조제1항 후단에 따라 전지(轉地) 교육훈련을 받는 민방위대요원에 대하여는 대통령령으로 정하는 바에 따라 급식을 하거나 그 밖의 실비(實費)를 지급하여야 한다.

② 제26조제1항 또는 제2항에 따라 동원된 민방위 대원에 대하여는 대통령령으로 정하는 바에 따라 급식을 하거나 그 밖의 실비(實費)를 지급할 수 있다. 동원되지 아니한 민방위 대원이 민방위사태의 수습(收拾)에 참여하여 대통령령으로 정하는 절차와 방법에 따라 부여받은 임무를 수행하는 경우에도 또한 같다.

③ 제26조제1항 또는 제2항에 따라 동원된 민방위 대원이 중장비 등의 기계 및 기구를 동원에 사용하는 경우에는 대통령령으로 정하는 바에 따라 그에 따른 사용료를 지급할 수 있다. 〈신설 2012.2.22〉

[제목개정 2012.2.22]

제31조(정치 운동 등의 금지) ① 민방위 대장은 그 지위를 이용하여 소속 대원에게 이 법에 규정된 임무 외의 업무를 하게 하거나 소속 대원의 권리 행사를 방해하여서는 아니 된다.

② 민방위대는 편성된 조직체로서 정치 운동에 관여할 수 없다.

제32조(응급조치와 보상) ① 소방방재청장, 시·도지사 또는 시장·군수·구청장은 민방위사태가 발생하거나 발생할 것이 확실하여 민방위를 위하여 응급조치를 취하여야 할 급박한 사정이 있으면 대통령령으로 정하는 바에 따라 민방위에 필요한 범위에서 다음 각 호의 조치를 할 수 있다. 다만, 응급조치를 명령할 시간적 여유가 없으면 필요한 조치를 직접 할 수 있으며, 응급조치 명령에 따르지 아니하면 「행정대집행법」 제3조제3항에 따라 대집행(代執行)할 수 있다.

1. 주민의 피난, 인마(人馬)의 통행, 철도· 궤도(軌度)·차량이나 그 밖의 교통수단에 의한 사람 또는 물건의 이동과 등화(燈火) 및 음향(音響)의 제한 또는 금지 명령

2. 민방위상 지장이 있는 시설 · 물건이나 사업의 관리자 · 소유자 또는 사업주에 대한 시설 등의 개선 · 이전 · 분산 · 소개(疏開) 또는 전환 명령
3. 민방위상 지장이 있는 영업 또는 그 밖의 업무의 금지 · 제한이나 민방위상 꼭 필요한 영업 또는 그 밖의 업무의 계속 · 재개 명령
4. 다른 사람의 토지 · 건물 · 공작물 · 시설 · 장비나 그 밖의 물품의 일시 사용 또는 임무 수행에 지장이 있는 장애물의 변경 · 제거 명령이나 조치

② 제1항제2호부터 제4호까지의 조치에 따라 손실을 입은 자는 그 처분을 한 행정기관의 장에게 보상(補償)을 청구할 수 있다.

③ 제2항에 따른 손실 보상의 경우에는 그 처분을 한 행정기관의 장이 손실을 입은 자와 협의하여야 한다.

④ 제3항에 따른 협의가 성립되지 아니하면 「공익사업을 위한 토지 등의 취득 및 보상에 관한 법률」 제51조에 따른 관할 토지수용위원회에 재결(裁決)을 신청할 수 있다.

⑤ 제1항부터 제3항까지의 규정에 따른 응급조치의 방법 · 절차와 보상 등에 필요한 사항은 대통령령으로 정한다.

제32조의2(수습 및 복구) 소방방재청장, 시 · 도지사 또는 시장 · 군수 · 구청장은 민방위사태가 발생하였을 경우에는 대통령령으로 정하는 바에 따라 다음 각 호의 조치를 하여야 한다.

1. 인명구조
2. 진화 · 수방 및 그 밖의 응급조치
3. 피해시설의 응급복구 및 방역과 방범
4. 임시주거시설, 생활필수품의 제공 및 그 밖의 구호조치
5. 그 밖에 수습 및 복구와 관련하여 중앙민방위협의회 및 지역민방위협의회에서 심의 · 결정한 사항

[본조신설 2012.2.22]

제33조(민방위 경보) ①소방방재청장, 시 · 도지사, 시장 · 군수 · 구청장, 「접경지역 지원 특별법」에 따른 접경지역의 읍장 · 면장 · 동장 또는 대통령령으로 정하는

자는 민방위사태가 발생하거나 발생할 우려가 있는 때 또는 민방위 훈련을 실시하는 때에는 대통령령으로 정하는 바에 따라 민방위 경보를 발할 수 있다. 〈개정 2012.2.22〉

② 소방방재청장 및 시 · 도지사는 신속한 민방위 경보 발령과 전파를 위하여 민방위 경보 통제소를 설치 · 운영하여야 한다. 〈신설 2012.2.22〉

제34조(권한의 위임) 중앙관서의 장은 이 법에서 규정한 권한의 일부를 대통령령으로 정하는 바에 따라 시 · 도지사나 대통령령으로 지정하는 소속 지방행정기관의 장에게 위임할 수 있으며, 위임받은 시 · 도지사와 지방행정기관의 장은 시장 · 군수 · 구청장과 해당 지방행정기관의 산하 행정기관의 장에게 이를 재위임할 수 있다. 다만, 시 · 도지사와 지방행정기관의 장이 재위임한 경우에는 지체 없이 중앙관서의 장에게 그 내용을 보고하여야 한다.

제35조(벌칙) 다음 각 호의 어느 하나에 해당하는 자는 2년 이하의 징역 또는 200만원 이하의 벌금이나 구류에 처한다.

1. 제31조제1항을 위반하여 소속 대원에게 임무 외의 업무를 행하게 하거나 소속 대원의 권리 행사를 방해한 자
2. 제31조제2항을 위반하여 정치 운동에 관여한 자

제36조(벌칙) 다음 각 호의 어느 하나에 해당하는 자는 1년 이하의 징역 또는 100만원 이하의 벌금이나 구류에 처한다. 〈개정 2012.2.22〉

1. 제2조제1호가목에 해당하는 상황이 발생하거나 발생할 우려가 있는 경우 정당한 사유 없이 제26조제1항 및 제2항에 따른 동원 명령에 응하지 아니한 자
2. 제2조제1호가목에 해당하는 상황이 발생하거나 발생할 우려가 있는 경우 정당한 사유 없이 제26조제4항에 따른 명령을 이행하지 아니한 자
3. 제27조를 위반하여 불이익한 처우를 행한 자

제37조(벌칙) 다음 각 호의 어느 하나에 해당하는 자는 6개월 이하의 징역 또는 50만원 이하의 벌금이나 구류에 처한다. 〈개정 2012.2.22〉

1. 정당한 사유 없이 제15조제2항에 따른 민방위 준비 명령에 따르지 아니한 자
2. 제2조제1호가목에 해당하는 상황이 발생하거나 발생할 우려가 있는 경우 정당

한 사유 없이 제20조에 따른 신고를 하지 아니한 자

3. 정당한 사유 없이 제32조제1항 각 호에 따른 명령이나 조치에 따르지 아니하거나 방해한 자

제38조(벌칙) 제2조제1호가목에 해당하는 상황이 발생하거나 발생할 우려가 있는 경우 정당한 사유 없이 제23조제2항 또는 제24조제2항을 위반한 자는 30만원 이하의 벌금이나 구류에 처한다. 〈개정 2012.2.22〉

제39조(과태료) ① 다음 각 호의 어느 하나에 해당하는 자에게는 30만원 이하의 과태료를 부과한다. 다만, 제36조제1호 및 제2호, 제37조제2호 또는 제38조에 해당하는 경우에는 그러하지 아니 하다.

1. 정당한 사유 없이 제20조제1항 단서·제2항·제4항 또는 제5항에 따른 신고를 하지 아니한 자(제20조제1항 단서에 따라 민방위대 조직에서 제외되는 사유가 발생한 자는 제외한다)
2. 정당한 사유 없이 제23조제2항 또는 제24조제2항을 위반한 자
3. 정당한 사유 없이 제26조제1항 및 제2항에 따른 동원 명령에 불응한 자 및 제26조제4항에 따른 명령을 이행하지 아니한 자

② 제1항에 따른 과태료는 대통령령으로 정하는 바에 따라 시장·군수·구청장이 부과·징수한다.

③ 삭제 〈2012.2.22〉

④ 삭제 〈2012.2.22〉

⑤ 삭제 〈2012.2.22〉

부칙 〈제12204호, 2014.1.7〉

이 법은 공포한 날부터 시행한다.

통합방위법

[시행 2013.6.23] [법률 제11635호, 2013.3.22, 일부개정]

국방부(합동참모본부 통합방위과) 02-748-3465

제1장 총칙 〈신설 2009.5.21〉

제1조(목적) 이 법은 적(敵)의 침투 · 도발이나 그 위협에 대응하기 위하여 국가 총력전(總力戰)의 개념을 바탕으로 국가방위요소를 통합 · 운용하기 위한 통합방위 대책을 수립 · 시행하기 위하여 필요한 사항을 규정함을 목적으로 한다.

[전문개정 2009.5.21]

제2조(정의) 이 법에서 사용하는 용어의 뜻은 다음과 같다.

1. "통합방위"란 적의 침투 · 도발이나 그 위협에 대응하기 위하여 각종 국가방위요소를 통합하고 지휘체계를 일원화하여 국가를 방위하는 것을 말한다.
2. "국가방위요소"란 통합방위작전의 수행에 필요한 다음 각 목의 방위전력(防衛戰力) 또는 그 지원 요소를 말한다.
   가. 「국군조직법」 제2조에 따른 국군
   나. 경찰청 · 해양경찰청 및 그 소속 기관과 「제주특별자치도 설치 및 국제자유도시 조성을 위한 특별법」에 따른 자치경찰기구
   다. 국가기관 및 지방자치단체(가목과 나목의 경우는 제외한다)
   라. 「향토예비군설치법」 제1조에 따른 향토예비군
   마. 「민방위기본법」 제17조에 따른 민방위대
   바. 제6조에 따라 통합방위협의회를 두는 직장
3. "통합방위사태"란 적의 침투 · 도발이나 그 위협에 대응하여 제6호부터 제8호까지의 구분에 따라 선포하는 단계별 사태를 말한다.
4. "통합방위작전"이란 통합방위사태가 선포된 지역에서 제15조에 따라 통합방위

본부장, 지역군사령관, 함대사령관 또는 지방경찰청장(이하 "작전지휘관"이라 한다)이 국가방위요소를 통합하여 지휘·통제하는 방위작전을 말한다.

5. "지역군사령관"이란 통합방위작전 관할구역에 있는 군부대의 여단장급(旅團長級) 이상 지휘관 중에서 통합방위본부장이 정하는 사람을 말한다.
6. "갑종사태"란 일정한 조직체계를 갖춘 적의 대규모 병력 침투 또는 대량살상무기(大量殺傷武器) 공격 등의 도발로 발생한 비상사태로서 통합방위본부장 또는 지역군사령관의 지휘·통제 하에 통합방위작전을 수행하여야 할 사태를 말한다.
7. "을종사태"란 일부 또는 여러 지역에서 적이 침투·도발하여 단기간 내에 치안이 회복되기 어려워 지역군사령관의 지휘·통제 하에 통합방위작전을 수행하여야 할 사태를 말한다.
8. "병종사태"란 적의 침투·도발 위협이 예상되거나 소규모의 적이 침투하였을 때에 지방경찰청장, 지역군사령관 또는 함대사령관의 지휘·통제 하에 통합방위작전을 수행하여 단기간 내에 치안이 회복될 수 있는 사태를 말한다.
9. "침투"란 적이 특정 임무를 수행하기 위하여 대한민국 영역을 침범한 상태를 말한다.
10. "도발"이란 적이 특정 임무를 수행하기 위하여 대한민국 국민 또는 영역에 위해(危害)를 가하는 모든 행위를 말한다.
11. "위협"이란 대한민국을 침투·도발할 것으로 예상되는 적의 침투·도발 능력과 기도(企圖)가 드러난 상태를 말한다.
12. "방호"란 적의 각종 도발과 위협으로부터 인원·시설 및 장비의 피해를 방지하고 모든 기능을 정상적으로 유지할 수 있도록 보호하는 작전 활동을 말한다.
13. "국가중요시설"이란 공공기관, 공항·항만, 주요 산업시설 등 적에 의하여 점령 또는 파괴되거나 기능이 마비될 경우 국가안보와 국민생활에 심각한 영향을 주게 되는 시설을 말한다.

[전문개정 2009.5.21]

제3조(통합방위태세의 확립 등) ① 정부는 국가방위요소의 육성 및 통합방위태세의

확립을 위하여 필요한 시책을 마련하여야 한다.

② 각 지방자치단체의 장은 관할구역별 통합방위태세의 확립에 필요한 시책을 마련하여야 한다.

③ 각급 행정기관 및 군부대의 장은 통합방위작전을 원활하게 수행하기 위하여 서로 지원하고 협조하여야 한다.

④ 정부는 통합방위사태의 선포에 따른 국가방위요소의 동원 비용을 대통령령으로 정하는 바에 따라 예산의 범위에서 해당 지방자치단체에 지원할 수 있다.

[전문개정 2009.5.21]

제2장 통합방위기구 운용 <신설 2009.5.21>

제4조(중앙 통합방위협의회) ① 국무총리 소속으로 중앙 통합방위협의회(이하 "중앙협의회"라 한다)를 둔다.

② 중앙협의회의 의장은 국무총리가 되고, 위원은 기획재정부장관, 미래창조과학부장관, 교육부장관, 외교부장관, 통일부장관, 법무부장관, 국방부장관, 안전행정부장관, 문화체육관광부장관, 농림축산식품부장관, 산업통상자원부장관, 보건복지부장관, 환경부장관, 고용노동부장관, 여성가족부장관, 국토교통부장관, 해양수산부장관, 국무조정실장, 법제처장, 국가보훈처장, 식품의약품안전처장, 국가정보원장 및 통합방위본부장과 그 밖에 대통령령으로 정하는 사람이 된다. <개정 2010.1.18, 2010.6.4, 2013.3.23>

③ 중앙협의회에 간사 1명을 두고, 간사는 통합방위본부의 부본부장이 된다.

④ 중앙협의회는 다음 각 호의 사항을 심의한다.

1. 통합방위 정책
2. 통합방위작전 · 훈련 및 지침
3. 통합방위사태의 선포 또는 해제
4. 그 밖에 통합방위에 관하여 대통령령으로 정하는 사항

⑤ 중앙협의회의 운영 등에 필요한 사항은 대통령령으로 정한다.

[전문개정 2009.5.21]

第5조(지역 통합방위협의회) ① 특별시장·광역시장·특별자치시장·도지사·특별자치도지사(이하 "시·도지사"라 한다) 소속으로 특별시·광역시·특별자치시·도·특별자치도 통합방위협의회(이하 "시·도 협의회"라 한다)를 두고, 그 의장은 시·도지사가 된다. 〈개정 2013.3.22〉

② 시장·군수·구청장(자치구의 구청장을 말한다. 이하 같다) 소속으로 시·군·구 통합방위협의회를 두고, 그 의장은 시장·군수·구청장이 된다.

③ 시·도 협의회와 시·군·구 통합방위협의회(이하 "지역협의회"라 한다)는 다음 각 호의 사항을 심의한다. 다만, 제1호 및 제3호의 사항은 시·도 협의회에 한한다.

1. 적이 침투하거나 숨어서 활동하기 쉬운 지역(이하 "취약지역"이라 한다)의 선정 또는 해제
2. 통합방위 대비책
3. 을종사태 및 병종사태의 선포 또는 해제
4. 통합방위작전·훈련의 지원 대책
5. 국가방위요소의 효율적 육성·운용 및 지원 대책

④ 지역협의회의 구성 및 운영 등에 필요한 사항은 대통령령으로 정하는 기준에 따라 조례로 정한다.

[전문개정 2009.5.21]

第6조(직장 통합방위협의회) ① 직장에는 직장 통합방위협의회(이하 "직장협의회"라 한다)를 두고, 그 의장은 직장의 장이 된다.

② 직장협의회를 두어야 하는 직장의 범위와 직장협의회의 운영 등에 필요한 사항은 대통령령으로 정한다.

[전문개정 2009.5.21]

第7조(협의회의 통합·운영) 중앙협의회, 지역협의회 및 직장협의회는 대통령령으로 정하는 기준에 따라 각각 다음 각 호의 기구와 통합·운영할 수 있다.

1. 「향토예비군설치법」 제14조의3제2항에 따른 방위협의회

2. 「민방위기본법」 제6조 또는 제7조에 따른 중앙민방위협의회 또는 지역민방위 협의회

[전문개정 2009.5.21]

제8조(통합방위본부) ① 합동참모본부에 통합방위본부를 둔다.

② 통합방위본부에는 본부장과 부본부장 1명씩을 두되, 통합방위본부장은 합동참모의장이 되고 부본부장은 합동참모본부 합동작전본부장이 된다.

③ 통합방위본부는 다음 각 호의 사무를 분장한다.

1. 통합방위 정책의 수립 · 조정
2. 통합방위 대비태세의 확인 · 감독
3. 통합방위작전 상황의 종합 분석 및 대비책의 수립
4. 통합방위작전, 훈련지침 및 계획의 수립과 그 시행의 조정 · 통제
5. 통합방위 관계기관 간의 업무 협조 및 사업 집행사항의 협의 · 조정

④ 통합방위본부에 통합방위에 관한 정부 내 업무 협조와 그 밖에 통합방위 업무의 원활한 수행을 위하여 통합방위 실무위원회(이하 "실무위원회"라 한다)를 둔다.

⑤ 실무위원회의 구성 및 운영 등에 필요한 사항은 대통령령으로 정한다.

[전문개정 2009.5.21]

제9조(통합방위 지원본부) ① 시 · 도지사 소속으로 시 · 도 통합방위 지원본부를 두고, 시장 · 군수 · 구청장 · 읍장 · 면장 · 동장 소속으로 시 · 군 · 구 · 읍 · 면 · 동 통합방위 지원본부를 둔다.

② 시 · 도 통합방위 지원본부와 시 · 군 · 구 · 읍 · 면 · 동 통합방위 지원본부(이하 "각 통합방위 지원본부"라 한다)는 관할지역별로 다음 각 호의 사무를 분장한다.

1. 통합방위작전 및 훈련에 대한 지원계획의 수립 · 시행
2. 통합방위 종합상황실의 설치 · 운영
3. 국가방위요소의 육성 · 지원
4. 통합방위 취약지역을 대상으로 한 주민신고 체제의 확립
5. 그 밖에 대통령령 또는 조례로 정하는 사항

③ 각 통합방위 지원본부의 조직과 운영에 필요한 사항은 대통령령으로 정하는

기준에 따라 조례로 정한다.

[전문개정 2009.5.21]

제10조(합동보도본부 등) ① 작전지휘관은 대통령령으로 정하는 바에 따라 언론기관의 취재 활동을 지원하여야 한다.

② 작전지휘관은 통합방위 진행 상황 및 대국민 협조사항 등을 알리기 위하여 필요하면 합동보도본부를 설치·운영할 수 있다.

③ 통합방위작전을 수행할 때에 병력 또는 장비의 이동·배치·성능이나 작전계획에 관련된 사항은 공개하지 아니한다. 다만, 통합방위작전의 수행에 지장을 주지 아니하는 범위에서 국민이나 지역 주민에게 알릴 필요가 있는 사항은 그러하지 아니하다.

[전문개정 2009.5.21]

[제16조에서 이동 , 종전 제10조는 제12조로 이동 〈2009.5.21〉]

제3장 경계태세 및 통합방위사태 〈신설 2009.5.21〉

제11조(경계태세) ① 대통령령으로 정하는 군부대의 장 및 경찰관서의 장(이하 이 조에서 "발령권자"라 한다)은 적의 침투·도발이나 그 위협이 예상될 경우 통합방위작전을 준비하기 위하여 경계태세를 발령할 수 있다.

② 제1항에 따라 경계태세가 발령된 때에는 해당 지역의 국가방위요소는 적의 침투·도발이나 그 위협에 대응하기 위하여 필요한 지휘·협조체계를 구축하여야 한다.

③ 발령권자는 경계태세 상황이 종료되거나 상급 지휘관의 지시가 있는 경우 경계태세를 해제하여야 하고, 제12조에 따라 통합방위사태가 선포된 때에는 경계태세는 해제된 것으로 본다.

④ 경계태세의 종류, 발령·해제 절차 및 경계태세 발령 시 국가방위요소 간 지휘·협조체계 구축 등에 필요한 사항은 대통령령으로 정한다.

[본조신설 2009.5.21]

[종전 제11조는 제13조로 이동 〈2009.5.21〉]

제12조(통합방위사태의 선포) ① 통합방위사태는 갑종사태, 을종사태 또는 병종사태로 구분하여 선포한다.

② 제1항의 사태에 해당하는 상황이 발생하면 다음 각 호의 구분에 따라 해당하는 사람은 즉시 국무총리를 거쳐 대통령에게 통합방위사태의 선포를 건의하여야 한다. 〈개정 2013.3.23, 2013.3.22〉

1. 갑종사태에 해당하는 상황이 발생하였을 때 또는 둘 이상의 특별시·광역시·특별자치시·도·특별자치도(이하 "시·도"라 한다)에 걸쳐 을종사태에 해당하는 상황이 발생하였을 때: 국방부장관
2. 둘 이상의 시·도에 걸쳐 병종사태에 해당하는 상황이 발생하였을 때: 안전행정부장관 또는 국방부장관

③ 대통령은 제2항에 따른 건의를 받았을 때에는 중앙협의회와 국무회의의 심의를 거쳐 통합방위사태를 선포할 수 있다.

④ 지방경찰청장, 지역군사령관 또는 함대사령관은 을종사태나 병종사태에 해당하는 상황이 발생한 때에는 즉시 시·도지사에게 통합방위사태의 선포를 건의하여야 한다. 〈개정 2013.3.22〉

⑤ 시·도지사는 제4항에 따른 건의를 받은 때에는 시·도 협의회의 심의를 거쳐 을종사태 또는 병종사태를 선포할 수 있다.

⑥ 시·도지사는 제5항에 따라 을종사태 또는 병종사태를 선포한 때에는 지체 없이 안전행정부장관 및 국방부장관과 국무총리를 거쳐 대통령에게 그 사실을 보고하여야 한다. 〈개정 2013.3.23〉

⑦ 제3항이나 제5항에 따라 통합방위사태를 선포할 때에는 그 이유, 종류, 선포일시, 구역 및 작전지휘관에 관한 사항을 공고하여야 한다.

⑧ 시·도지사가 통합방위사태를 선포한 지역에 대하여 대통령이 통합방위사태를 선포한 때에는 그 때부터 시·도지사가 선포한 통합방위사태는 효력을 상실한다.

⑨ 제1항부터 제8항까지에서 규정한 사항 외에 통합방위사태의 구체적인 선포 요

건 · 절차 및 공고 방법 등에 관하여 필요한 사항은 대통령령으로 정한다.

[전문개정 2009.5.21]

[제10조에서 이동, 종전 제12조는 제14조로 이동 〈2009.5.21〉]

제13조(국회 또는 시 · 도의회에 대한 통고 등) ① 대통령은 통합방위사태를 선포한 때에는 지체 없이 그 사실을 국회에 통고하여야 한다.

② 시 · 도지사는 통합방위사태를 선포한 때에는 지체 없이 그 사실을 시 · 도의회에 통고하여야 한다.

③ 대통령 또는 시 · 도지사는 제1항이나 제2항에 따른 통고를 할 때에 국회 또는 시 · 도의회가 폐회 중이면 그 소집을 요구하여야 한다.

[전문개정 2009.5.21]

[제11조에서 이동, 종전 제13조는 제15조로 이동 〈2009.5.21〉]

제14조(통합방위사태의 해제) ① 대통령은 통합방위사태가 평상 상태로 회복되거나 국회가 해제를 요구하면 지체 없이 그 통합방위사태를 해제하고 그 사실을 공고하여야 한다.

② 대통령은 제1항에 따라 통합방위사태를 해제하려면 중앙협의회와 국무회의의 심의를 거쳐야 한다. 다만, 국회가 해제를 요구한 경우에는 그러하지 아니한다.

③ 국방부장관 또는 안전행정부장관은 통합방위사태가 평상 상태로 회복된 때에는 국무총리를 거쳐 대통령에게 통합방위사태의 해제를 건의하여야 한다. 〈개정 2013.3.23〉

④ 시 · 도지사는 통합방위사태가 평상 상태로 회복되거나 시 · 도의회에서 해제를 요구하면 지체 없이 통합방위사태를 해제하고 그 사실을 공고하여야 한다. 이 경우 시 · 도지사는 그 통합방위사태의 해제사실을 안전행정부장관 및 국방부장관과 국무총리를 거쳐 대통령에게 보고하여야 한다. 〈개정 2013.3.23〉

⑤ 시 · 도지사는 제4항 전단에 따라 통합방위사태를 해제하려면 시 · 도 협의회의 심의를 거쳐야 한다. 다만, 시 · 도의회가 해제를 요구하였을 때에는 그러하지 아니한다.

⑥ 지방경찰청장, 지역군사령관 또는 함대사령관은 통합방위사태가 평상 상태로

회복된 때에는 시 · 도지사에게 통합방위사태의 해제를 건의하여야 한다. 〈개정 2013.3.22〉

[전문개정 2009.5.21]

[제12조에서 이동, 종전 제14조는 제16조로 이동 〈2009.5.21〉]

제4장 통합방위작전 및 훈련 〈신설 2009.5.21〉

제15조(통합방위작전) ① 통합방위작전의 관할구역은 다음 각 호와 같이 구분한다.

1. 지상 관할구역: 특정경비지역, 군관할지역 및 경찰관할지역
2. 해상 관할구역: 특정경비해역 및 일반경비해역
3. 공중 관할구역: 비행금지공역(空域) 및 일반공역

② 지방경찰청장, 지역군사령관 또는 함대사령관은 통합방위사태가 선포된 때에는 즉시 다음 각 호의 구분에 따라 통합방위작전(공군작전사령관의 경우에는 통합방위 지원작전)을 신속하게 수행하여야 한다. 다만, 을종사태가 선포된 경우에는 지역군사령관이 통합방위작전을 수행하고, 갑종사태가 선포된 경우에는 통합방위본부장 또는 지역군사령관이 통합방위작전을 수행한다.

1. 경찰관할지역: 지방경찰청장
2. 특정경비지역 및 군관할지역: 지역군사령관
3. 특정경비해역 및 일반경비해역: 함대사령관
4. 비행금지공역 및 일반공역: 공군작전사령관

③ 통합방위사태가 선포된 때에는 해당 지역의 모든 국가방위요소는 대통령령으로 정하는 바에 따라 통합방위작전을 효율적으로 수행하기 위하여 필요한 지휘 · 협조체계를 구축하여야 한다.

④ 제1항부터 제3항까지에서 규정한 사항 외에 통합방위작전 관할구역의 세부 범위 및 통합방위작전의 시행 등에 필요한 사항은 실무위원회의 심의를 거쳐 통합방위본부장이 정한다.

⑤ 통합방위작전의 임무를 수행하는 사람은 그 작전지역에서 대통령령으로 정하

는 바에 따라 임무 수행에 필요한 검문을 할 수 있다.

[전문개정 2009.5.21]

[제13조에서 이동, 종전 제15조는 제17조로 이동 〈2009.5.21〉]

제15조의2

[제15조의2는 제21조로 이동 〈2009.5.21〉]

제16조(통제구역 등) ① 시·도지사 또는 시장·군수·구청장은 다음 각 호의 어느 하나에 해당하면 대통령령으로 정하는 바에 따라 인명·신체에 대한 위해를 방지하기 위하여 필요한 통제구역을 설정하고, 통합방위작전 또는 경계태세 발령에 따른 군·경 합동작전에 관련되지 아니한 사람에 대하여는 출입을 금지·제한하거나 그 통제구역으로부터 퇴거할 것을 명할 수 있다. 〈개정 2013.3.22〉

1. 통합방위사태가 선포된 경우

2. 적의 침투·도발 징후가 확실하여 경계태세 1급이 발령된 경우

② 제1항에 따른 통제구역의 설정 기준·절차 및 공고 방법 등에 관하여 필요한 사항은 대통령령으로 정한다.

[전문개정 2009.5.21]

[제14조에서 이동, 종전 제16조는 제10조로 이동 〈2009.5.21〉]

제17조(대피명령) ① 시·도지사 또는 시장·군수·구청장은 통합방위사태가 선포된 때에는 인명·신체에 대한 위해를 방지하기 위하여 즉시 작전지역에 있는 주민이나 체류 중인 사람에게 대피할 것을 명할 수 있다.

② 제1항에 따른 대피명령(이하 "대피명령"이라 한다)은 방송·확성기·벽보, 그 밖에 대통령령으로 정하는 방법에 따라 공고하여야 한다.

③ 안전대피방법과 대피명령의 실시방법·절차 등에 관하여 필요한 사항은 대통령령으로 정한다.

[전문개정 2009.5.21]

[제15조에서 이동, 종전 제17조는 제22조로 이동 〈2009.5.21〉]

제17조의2

[제17조의2는 제18조로 이동 〈2009.5.21〉]

제18조(검문소의 운용) ① 지방경찰청장, 지방해양경찰청장(대통령령으로 정하는 해양경찰서장을 포함한다. 이하 같다), 지역군사령관 및 함대사령관은 관할구역 중에서 적의 침투가 예상되는 곳 등에 검문소를 설치·운용할 수 있다. 다만, 지방해양경찰청장이 검문소를 설치하는 경우에는 미리 관할 함대사령관과 협의하여야 한다.

② 검문소의 지휘·통신체계 및 운용 등에 필요한 사항은 대통령령으로 정한다.

[전문개정 2009.5.21]

[제17조의2에서 이동, 종전 제18조는 제19조로 이동 〈2009.5.21〉]

제19조(신고) 적의 침투 또는 출현이나 그러한 흔적을 발견한 사람은 누구든지 그 사실을 지체 없이 군부대 또는 행정기관에 신고하여야 한다.

[전문개정 2009.5.21]

[제18조에서 이동, 종전 제19조는 제23조로 이동 〈2009.5.21〉]

제20조(통합방위훈련) 통합방위본부장은 효율적인 통합방위작전 수행 및 지원에 대한 절차를 숙달하기 위하여 대통령이 정하는 바에 따라 국가방위요소가 참여하는 통합방위훈련을 실시한다.

[본조신설 2009.5.21]

[종전 제20조는 제24조로 이동 〈2009.5.21〉]

제5장 국가중요시설 및 취약지역 관리 〈신설 2009.5.21〉

제21조(국가중요시설의 경비·보안 및 방호) ① 국가중요시설의 관리자(소유자를 포함한다. 이하 같다)는 경비·보안 및 방호책임을 지며, 통합방위사태에 대비하여 자체방호계획을 수립하여야 한다. 이 경우 국가중요시설의 관리자는 자체방호계획을 수립하기 위하여 필요하면 지방경찰청장 또는 지역군사령관에게 협조를 요청할 수 있다.

② 지방경찰청장 또는 지역군사령관은 통합방위사태에 대비하여 국가중요시설에 대한 방호지원계획을 수립·시행하여야 한다.

③ 국가중요시설의 평시 경비·보안활동에 대한 지도·감독은 관계 행정기관의 장과 국가정보원장이 수행한다.

④ 국가중요시설은 국방부장관이 관계 행정기관의 장 및 국가정보원장과 협의하여 지정한다.

⑤ 국가중요시설의 자체방호, 방호지원계획, 그 밖에 필요한 사항은 대통령령으로 정한다.

[전문개정 2009.5.21]

[제15조의2에서 이동 〈2009.5.21〉]

제22조(취약지역의 선정 및 관리 등) ① 시·도지사는 다음 각 호의 어느 하나에 해당하는 지역을 대통령령으로 정하는 바에 따라 연 1회 분석하여 시·도 협의회의 심의를 거쳐 취약지역으로 선정하거나 선정된 취약지역을 해제할 수 있다. 이 경우 선정하거나 해제한 결과를 통합방위본부장에게 통보하여야 한다.

1. 교통·통신시설이 낙후되어 즉각적인 통합방위작전이 어려운 오지(奧地) 또는 벽지(僻地)
2. 간첩이나 무장공비가 침투한 사실이 있거나 이들이 숨어서 활동하기 쉬운 지역
3. 적이 저공(低空) 침투하거나 저속 항공기가 착륙하기 쉬운 탁 트인 곳 또는 호수
4. 그 밖에 대통령령으로 정하는 지역

② 제1항에도 불구하고 통합방위본부장은 둘 이상의 시·도에 걸쳐 있거나 국가적인 통합방위 대비책이 필요한 지역을 실무위원회의 심의를 거쳐 취약지역으로 선정하거나 선정된 취약지역을 해제할 수 있다. 이 경우 선정하거나 해제한 결과를 관할 시·도지사에게 통보하여야 한다.

③ 시·도지사는 제1항과 제2항에 따라 선정된 취약지역에 장애물을 설치하는 등 취약지역의 통합방위를 위하여 필요한 대비책을 마련하여야 한다.

④ 지역군사령관은 취약지역 중 방호 활동이 필요하다고 인정되는 해안 또는 강안(江岸)에 철책 등 차단시설을 설치하고 대통령령으로 정하는 바에 따라 민간인의 출입을 제한할 수 있다.

⑤ 제3항에 따른 취약지역의 통합방위 대비책에 관하여 필요한 사항은 대통령령

으로 정하는 기준에 따라 시 · 도의 조례로 정한다.

[전문개정 2009.5.21]

[제17조에서 이동 〈2009.5.21〉]

제6장 보칙 〈신설 2009.5.21〉

제23조(문책 및 시정요구 등) ① 통합방위본부장은 통합방위 업무를 담당하는 공무원 또는 통합방위작전 및 훈련에 참여한 사람이 그 직무를 게을리하여 국가안전보장이나 통합방위 업무에 중대한 지장을 초래한 경우에는 그 소속 기관 또는 직장의 장에게 해당자의 명단을 통보할 수 있다.

② 제1항에 따른 통보를 받은 소속 기관 또는 직장의 장은 특별한 사유가 없으면 징계 등 적절한 조치를 하여야 하고, 그 결과를 통합방위본부장에게 통보하여야 한다.

③ 통합방위본부장은 국가중요시설에 대한 방호태세 유지를 위하여 필요하면 제21조제1항 및 제2항에 따라 수립된 국가중요시설의 자체방호계획 및 방호지원계획의 시정을 요구할 수 있다.

[전문개정 2009.5.21]

[제19조에서 이동 〈2009.5.21〉]

제7장 벌칙 〈신설 2009.5.21〉

제24조(벌칙) ① 제16조제1항의 출입 금지 · 제한 또는 퇴거명령을 위반한 사람은 1년 이하의 징역 또는 500만원 이하의 벌금에 처한다.

② 제17조제1항의 대피명령을 위반한 사람은 300만원 이하의 벌금에 처한다.

[전문개정 2009.5.21]

[제20조에서 이동 〈2009.5.21〉]

부칙 〈제11690호, 2013.3.23〉 (정부조직법)

제1조(시행일) ① 이 법은 공포한 날부터 시행한다.

② 생략

제2조부터 제5조까지 생략

제6조(다른 법률의 개정) ①부터 〈148〉까지 생략

〈149〉 통합방위법 일부를 다음과 같이 개정한다.

제4조제2항 중 "교육과학기술부장관, 통일부장관, 외교통상부장관"을 "미래창조과학부장관, 교육부장관, 외교부장관, 통일부장관"으로, "행정안전부장관"을 "안전행정부장관"으로, "농림수산식품부장관, 지식경제부장관"을 "농림축산식품부장관, 산업통상자원부장관"으로, "국토해양부장관"을 "국토교통부장관, 해양수산부장관"으로, "국무총리실장"을 "국무조정실장"으로, "국가보훈처장"을 "국가보훈처장, 식품의약품안전처장"으로 한다.

제12조제2항제2호, 같은 조 제6항, 제14조제3항 및 같은 조 제4항 후단 중 "행정안전부장관"을 각각 "안전행정부장관"으로 한다.

〈150〉부터 〈710〉까지 생략

제7조 생략

재난 및 안전관리 기본법

[시행 2014.2.7] [법률 제11994호, 2013.8.6, 일부개정]

안전행정부(재난총괄과) 02-2100-1816

제1장 총칙 〈개정 2010.6.8〉

제1조(목적) 이 법은 각종 재난으로부터 국토를 보존하고 국민의 생명 · 신체 및 재산을 보호하기 위하여 국가와 지방자치단체의 재난 및 안전관리체제를 확립하고, 재난의 예방 · 대비 · 대응 · 복구와 안전문화활동, 그 밖에 재난 및 안전관리에 필요한 사항을 규정함을 목적으로 한다. 〈개정 2013.8.6〉

[전문개정 2010.6.8]

제2조(기본이념) 이 법은 재난을 예방하고 재난이 발생한 경우 그 피해를 최소화하는 것이 국가와 지방자치단체의 기본적 의무임을 확인하고, 모든 국민과 국가 · 지방자치단체가 국민의 생명 및 신체의 안전과 재산보호에 관련된 행위를 할 때에는 안전을 우선적으로 고려함으로써 국민이 재난으로부터 안전한 사회에서 생활할 수 있도록 함을 기본이념으로 한다.

[전문개정 2010.6.8]

제3조(정의) 이 법에서 사용하는 용어의 뜻은 다음과 같다. 〈개정 2009.12.29, 2011.3.29, 2012.2.22, 2013.3.23, 2013.8.6〉

1. "재난"이란 국민의 생명 · 신체 · 재산과 국가에 피해를 주거나 줄 수 있는 것으로서 다음 각 목의 것을 말한다.
   가. 자연재난: 태풍, 홍수, 호우(豪雨), 강풍, 풍랑, 해일(海溢), 대설, 낙뢰, 가뭄, 지진, 황사(黃砂), 조류(藻類) 대발생, 조수(潮水), 그 밖에 이에 준하는 자연현상으로 인하여 발생하는 재해
   나. 사회재난: 화재 · 붕괴 · 폭발 · 교통사고 · 화생방사고 · 환경오염사고 등으

로 인하여 발생하는 대통령령으로 정하는 규모 이상의 피해와 에너지·통신·교통·금융·의료·수도 등 국가기반체계의 마비, 「감염병의 예방 및 관리에 관한 법률」에 따른 감염병 또는 「가축전염병예방법」에 따른 가축전염병의 확산 등으로 인한 피해

다. 삭제 〈2013.8.6〉

2. "해외재난"이란 대한민국의 영역 밖에서 대한민국 국민의 생명·신체 및 재산에 피해를 주거나 줄 수 있는 재난으로서 정부차원에서 대처할 필요가 있는 재난을 말한다.

3. "재난관리"란 재난의 예방·대비·대응 및 복구를 위하여 하는 모든 활동을 말한다.

4. "안전관리"란 재난이나 그 밖의 각종 사고로부터 사람의 생명·신체 및 재산의 안전을 확보하기 위하여 하는 모든 활동을 말한다.

4의2. "안전기준"이란 각종 시설 및 물질 등의 제작, 유지관리 과정에서 안전을 확보할 수 있도록 적용하여야 할 기술적 기준을 체계화한 것을 말하며, 안전기준의 분야, 범위 등에 관하여는 대통령령으로 정한다.

5. "재난관리책임기관"이란 재난관리업무를 하는 다음 각 목의 기관을 말한다.

가. 중앙행정기관 및 지방자치단체(「제주특별자치도 설치 및 국제자유도시 조성을 위한 특별법」 제15조제2항에 따른 행정시를 포함한다)

나. 지방행정기관·공공기관·공공단체(공공기관 및 공공단체의 지부 등 지방조직을 포함한다) 및 재난관리의 대상이 되는 중요시설의 관리기관 등으로서 대통령령으로 정하는 기관

5의2. "재난관리주관기관"이란 재난이나 그 밖의 각종 사고에 대하여 그 유형별로 예방·대비·대응 및 복구 등의 업무를 주관하여 수행하도록 대통령령으로 정하는 관계 중앙행정기관을 말한다.

6. "긴급구조"란 재난이 발생할 우려가 현저하거나 재난이 발생하였을 때에 국민의 생명·신체 및 재산을 보호하기 위하여 긴급구조기관과 긴급구조지원기관이 하는 인명구조, 응급처치, 그 밖에 필요한 모든 긴급한 조치를 말한다.

7. “긴급구조기관”이란 소방방재청 · 소방본부 및 소방서를 말한다. 다만, 해양에서 발생한 재난의 경우에는 해양경찰청 · 지방해양경찰청 및 해양경찰서를 말한다.
8. “긴급구조지원기관”이란 긴급구조에 필요한 인력 · 시설 및 장비, 운영체계 등 긴급구조능력을 보유한 기관이나 단체로서 대통령령으로 정하는 기관과 단체를 말한다.
9. “국가재난관리기준”이란 모든 유형의 재난에 공통적으로 활용할 수 있도록 재난관리의 전 과정을 통일적으로 단순화 · 체계화한 것으로서 안전행정부장관이 고시한 것을 말한다.

9의2. “안전문화활동”이란 안전교육, 안전훈련, 홍보 등을 통하여 안전에 관한 가치와 인식을 높이고 안전을 생활화하도록 하는 등 재난이나 그 밖의 각종 사고로부터 안전한 사회를 만들어가기 위한 활동을 말한다.

10. “재난관리정보”란 재난관리를 위하여 필요한 재난상황정보, 동원가능 자원정보, 시설물정보, 지리정보를 말한다.

[전문개정 2010.6.8]

제4조(국가 등의 책무) ① 국가와 지방자치단체는 재난이나 그 밖의 각종 사고로부터 국민의 생명 · 신체 및 재산을 보호할 책무를 지고, 재난이나 그 밖의 각종 사고를 예방하고 피해를 줄이기 위하여 노력하여야 하며, 발생한 피해를 신속히 대응 · 복구하기 위한 계획을 수립 · 시행하여야 한다. 〈개정 2013.8.6〉

② 제3조제5호나목에 따른 재난관리책임기관의 장은 소관 업무와 관련된 안전관리에 관한 계획을 수립하고 시행하여야 하며, 그 소재지를 관할하는 특별시 · 광역시 · 특별자치시 · 도 · 특별자치도(이하 “시 · 도”라 한다)와 시 · 군 · 구(자치구를 말한다. 이하 같다)의 재난 및 안전관리업무에 협조하여야 한다. 〈개정 2012.2.22〉

[전문개정 2010.6.8]

제5조(국민의 책무) 국민은 국가와 지방자치단체가 재난 및 안전관리업무를 수행할 때 최대한 협조하여야 하고, 자기가 소유하거나 사용하는 건물 · 시설 등으로부터

재난이나 그 밖의 각종 사고가 발생하지 아니하도록 노력하여야 한다. 〈개정 2013.8.6〉

[전문개정 2010.6.8]

제6조 삭제 〈2013.8.6〉

제7조 삭제 〈2013.8.6〉

제8조(다른 법률과의 관계 등) ① 재난 및 안전관리에 관하여 다른 법률을 제정하거나 개정하는 경우에는 이 법의 목적과 기본이념에 맞도록 하여야 한다.

② 재난 및 안전관리에 관하여 「자연재해대책법」 등 다른 법률에 특별한 규정이 있는 경우를 제외하고는 이 법에서 정하는 바에 따른다. 〈개정 2013.8.6〉

③ 삭제 〈2013.8.6〉

④ 삭제 〈2013.8.6〉

[전문개정 2010.6.8]

제2장 안전관리기구 및 기능

제1절 중앙안전관리위원회 등 〈신설 2013.8.6〉

제9조(중앙안전관리위원회) ① 재난 및 안전관리에 관한 다음 각 호의 사항을 심의하기 위하여 국무총리 소속으로 중앙안전관리위원회(이하 "중앙위원회"라 한다)를 둔다. 〈개정 2013.8.6〉

1. 재난 및 안전관리에 관한 중요 정책에 관한 사항
2. 제22조에 따른 국가안전관리기본계획에 관한 사항
3. 중앙행정기관의 장이 수립·시행하는 계획, 점검·검사, 교육·훈련, 평가, 안전기준 등 재난 및 안전관리업무의 조정에 관한 사항
4. 제36조에 따른 재난사태의 선포에 관한 사항
5. 제60조에 따른 특별재난지역의 선포에 관한 사항
6. 재난이나 그 밖의 각종 사고가 발생하거나 발생할 우려가 있는 경우 이를 수습

하기 위한 관계 기관 간 협력에 관한 중요 사항

7. 중앙행정기관의 장이 시행하는 대통령령으로 정하는 재난 및 사고의 예방사업 추진에 관한 사항
8. 그 밖에 위원장이 회의에 부치는 사항

② 중앙위원회의 위원장은 국무총리가 되고, 위원은 대통령령으로 정하는 중앙행정기관 또는 관계 기관 · 단체의 장이 된다.

③ 중앙위원회의 위원장은 중앙위원회를 대표하며, 중앙위원회의 업무를 총괄한다. 〈신설 2012.2.22〉

④ 중앙위원회에 간사위원 1명을 두며, 간사위원은 안전행정부장관이 된다. 〈개정 2013.8.6〉

⑤ 중앙위원회의 위원장이 사고 또는 부득이한 사유로 직무를 수행할 수 없을 때에는 안전행정부장관, 대통령령으로 정하는 중앙행정기관의 장 순으로 위원장의 직무를 대행한다. 〈개정 2013.8.6〉

⑥ 제5항에 따라 안전행정부장관 등이 중앙위원회 위원장의 직무를 대행할 때에는 소방방재청장이 중앙위원회 간사위원의 직무를 대행한다. 〈개정 2013.8.6〉

⑦ 중앙위원회는 제1항 각 호의 사무가 국가안전보장과 관련된 경우에는 국가안전보장회의와 협의하여야 한다. 〈개정 2013.8.6〉

⑧ 중앙위원회의 위원장은 그 소관 사무에 관하여 재난관리책임기관의 장이나 관계인에게 자료의 제출, 의견 진술, 그 밖에 필요한 사항에 대하여 협조를 요청할 수 있다. 이 경우 요청을 받은 사람은 특별한 사유가 없으면 요청에 따라야 한다. 〈신설 2013.8.6〉

⑨ 중앙위원회의 구성과 운영 등에 필요한 사항은 대통령령으로 정한다. 〈개정 2012.2.22, 2013.8.6〉

[전문개정 2010.6.8]

제9조의2 삭제 〈2013.8.6〉

제10조(안전정책조정위원회) ① 중앙위원회에 상정될 안건을 사전에 검토하고 다음 각 호의 사무를 수행하기 위하여 중앙위원회에 안전정책조정위원회(이하 "조정위

원회"라 한다)를 둔다.

1. 제9조제1항제3호, 제6호 및 제7호의 사항에 대한 사전 조정
2. 제23조에 따른 집행계획의 심의
3. 제26조에 따른 국가기반시설의 지정에 관한 사항의 심의
4. 제71조의2에 따른 재난 및 안전관리기술 종합계획의 심의
5. 그 밖에 중앙위원회가 위임한 사항

② 조정위원회의 위원장은 안전행정부장관이 되고, 위원은 대통령령으로 정하는 중앙행정기관의 차관 또는 차관급 공무원과 재난 및 안전관리에 관한 지식과 경험이 풍부한 사람 중에서 위원장이 임명하거나 위촉하는 사람이 된다.

③ 조정위원회에 간사위원 1명을 두며, 간사위원은 안전행정부에서 안전업무를 담당하는 차관이 된다.

④ 조정위원회의 업무를 효율적으로 처리하기 위하여 조정위원회에 분과위원회를 둘 수 있다.

⑤ 조정위원회의 위원장은 제1항에 따라 조정위원회에서 심의·조정된 사항 중 대통령령으로 정하는 중요 사항에 대해서는 조정위원회의 심의·조정 결과를 중앙위원회의 위원장에게 보고하여야 한다.

⑥ 조정위원회의 위원장은 중앙위원회 또는 조정위원회에서 심의·조정된 사항에 대한 이행상황을 점검하고, 그 결과를 중앙위원회에 보고할 수 있다.

⑦ 조정위원회 및 제4항에 따른 분과위원회의 구성 및 운영 등에 필요한 사항은 대통령령으로 정한다.

[전문개정 2013.8.6]

제10조의2 삭제 〈2013.8.6〉

제10조의3 삭제 〈2013.8.6〉

제11조(지역위원회) ① 지역별 재난 및 안전관리에 관한 다음 각 호의 사항을 심의·조정하기 위하여 특별시장·광역시장·특별자치시장·도지사·특별자치도지사(이하 "시·도지사"라 한다) 소속으로 시·도 안전관리위원회(이하 "시·도위원회"라 한다)를 두고, 시장·군수·구청장(자치구의 구청장을 말한다. 이하 같

다) 소속으로 시 · 군 · 구 안전관리위원회(이하 "시 · 군 · 구위원회"라 한다)를 둔다. 〈개정 2012.2.22, 2013.8.6〉

1. 해당 지역에 대한 재난 및 안전관리정책에 관한 사항
2. 제24조 또는 제25조에 따른 안전관리계획에 관한 사항
3. 해당 지역을 관할하는 재난관리책임기관(중앙행정기관과 상급 지방자치단체는 제외한다)이 수행하는 재난 및 안전관리업무의 추진에 관한 사항
4. 재난이나 그 밖의 각종 사고가 발생하거나 발생할 우려가 있는 경우 이를 수습하기 위한 관계 기관 간 협력에 관한 사항
5. 다른 법령이나 조례에 따라 해당 위원회의 권한에 속하는 사항
6. 그 밖에 해당 위원회의 위원장이 회의에 부치는 사항

② 시 · 도위원회의 위원장은 시 · 도지사가 되고, 시 · 군 · 구위원회의 위원장은 시장 · 군수 · 구청장이 된다.

③ 시 · 도위원회와 시 · 군 · 구위원회(이하 "지역위원회"라 한다)의 회의에 부칠 의안을 검토하고, 재난 및 안전관리에 관한 관계 기관 간의 협의 · 조정 등을 위하여 지역위원회에 안전정책실무조정위원회를 둘 수 있다. 〈개정 2013.8.6〉

④ 삭제 〈2013.8.6〉

⑤ 지역위원회 및 제3항에 따른 안전정책실무조정위원회의 구성과 운영에 필요한 사항은 해당 지방자치단체의 조례로 정한다. 〈개정 2013.8.6〉

[전문개정 2010.6.8]

제12조(재난방송협의회) ① 재난에 관한 예보 · 경보 · 통지나 응급조치 및 재난관리를 위한 재난방송이 원활히 수행될 수 있도록 중앙위원회에 중앙재난방송협의회를 둘 수 있다.

② 지역 차원에서 재난에 대한 예보 · 경보 · 통지나 응급조치 및 재난방송이 원활히 수행될 수 있도록 지역위원회에 시 · 도 또는 시 · 군 · 구 재난방송협의회(이하 이 조에서 "지역재난방송협의회"라 한다)를 둘 수 있다.

③ 중앙재난방송협의회의 구성 및 운영에 필요한 사항은 대통령령으로 정하고, 지역재난방송협의회의 구성 및 운영에 필요한 사항은 해당 지방자치단체의 조례

로 정한다.

[전문개정 2013.8.6]

제12조의2(안전관리민관협력위원회) ① 조정위원회의 위원장은 재난 및 안전관리에 관한 민관 협력관계를 원활히 하기 위하여 중앙안전관리민관협력위원회(이하 이 조에서 "중앙민관협력위원회"라 한다)를 구성·운영할 수 있다.

② 지역위원회의 위원장은 재난 및 안전관리에 관한 지역 차원의 민관 협력관계를 원활히 하기 위하여 시·도 또는 시·군·구 안전관리민관협력위원회(이하 이 조에서 "지역민관협력위원회"라 한다)를 구성·운영할 수 있다.

③ 중앙민관협력위원회의 구성 및 운영에 필요한 사항은 대통령령으로 정하고, 지역민관협력위원회의 구성 및 운영에 필요한 사항은 해당 지방자치단체의 조례로 정한다.

[본조신설 2013.8.6]

제13조(지역위원회 등에 대한 지원 및 지도) 안전행정부장관이나 소방방재청장은 시·도위원회의 운영과 지방자치단체의 재난 및 안전관리업무에 대하여 필요한 지원과 지도를 할 수 있으며, 시·도지사는 관할 구역의 시·군·구위원회의 운영과 시·군·구의 재난 및 안전관리업무에 대하여 필요한 지원과 지도를 할 수 있다. 〈개정 2013.3.23, 2013.8.6〉

[전문개정 2010.6.8]

제2절 중앙재난안전대책본부 등 〈신설 2013.8.6〉

제14조(중앙재난안전대책본부 등) ① 대통령령으로 정하는 대규모 재난(이하 "대규모재난"이라 한다)의 예방·대비·대응·복구 등에 관한 사항을 총괄·조정하고 필요한 조치를 하기 위하여 안전행정부에 중앙재난안전대책본부(이하 "중앙대책본부"라 한다)를 둔다. 〈개정 2013.3.23, 2013.8.6〉

② 중앙대책본부의 본부장(이하 "중앙대책본부장"이라 한다)은 안전행정부장관이 되며, 중앙대책본부장은 중앙대책본부의 업무를 총괄하고 필요하다고 인정하면 중앙재난안전대책본부회의를 소집할 수 있다. 다만, 해외재난의 경우에는 외교부

장관이, 「원자력시설 등의 방호 및 방사능 방재 대책법」 제2조제1항제8호에 따른 방사능재난의 경우에는 같은 법 제25조에 따른 중앙방사능방재대책본부의 장이 각각 중앙대책본부장의 권한을 행사한다. 〈개정 2012.2.22, 2013.3.23, 2013.8.6〉

③ 중앙대책본부장은 대규모재난이 발생하거나 발생할 우려가 있는 경우에는 대통령령으로 정하는 바에 따라 실무반을 편성하고 중앙재난안전대책본부상황실을 설치하는 등 해당 대규모재난에 대하여 효율적으로 대응하기 위한 체계를 갖추어야 한다. 이 경우 제18조제1항제1호에 따른 중앙재난안전상황실 및 같은 조 제2항에 따른 재난안전상황실과 인력, 장비, 시설 등을 통합·운영할 수 있다. 〈개정 2013.8.6〉

④ 중앙대책본부장은 국내 또는 해외에서 발생한 대규모재난의 대비·대응·복구(이하 "수습"이라 한다)를 위하여 필요하면 관계 중앙행정기관 및 관계 기관·단체의 임직원과 재난관리에 관한 전문가 등으로 중앙수습지원단을 구성하여 현지에 파견할 수 있다. 〈개정 2013.8.6〉

⑤ 제1항에 따른 중앙대책본부, 제2항에 따른 중앙재난안전대책본부회의 및 제4항에 따른 중앙수습지원단의 구성과 운영에 필요한 사항은 대통령령으로 정한다. 〈개정 2013.8.6〉

[전문개정 2010.6.8]

제15조(중앙대책본부장의 권한 등) ① 중앙대책본부장은 대규모재난을 효율적으로 수습하기 위하여 관계 재난관리책임기관의 장에게 행정 및 재정상의 조치, 소속 직원의 파견, 그 밖에 필요한 지원을 요청할 수 있다. 이 경우 요청을 받은 관계 재난관리책임기관의 장은 특별한 사유가 없으면 요청에 따라야 한다. 〈개정 2013.8.6〉

② 제1항에 따라 파견된 직원은 대규모재난의 수습에 필요한 소속 기관의 업무를 성실히 수행하여야 하며, 대규모재난의 수습이 끝날 때까지 중앙대책본부에서 상근하여야 한다. 〈개정 2013.8.6〉

③ 중앙대책본부장은 해당 대규모재난의 수습에 필요한 범위에서 제15조의2제2항에 따른 수습본부장 및 제16조제2항에 따른 지역대책본부장을 지휘할 수 있다. 〈개정 2013.8.6〉

④ 삭제 〈2013.8.6〉

⑤ 삭제 〈2013.8.6〉

⑥ 삭제 〈2013.8.6〉

⑦ 삭제 〈2013.8.6〉

[전문개정 2010.6.8]

[제목개정 2013.8.6]

제15조의2(중앙사고수습본부) ① 재난관리주관기관의 장은 재난이 발생하거나 발생할 우려가 있는 경우에는 재난상황을 효율적으로 관리하고 재난을 수습하기 위한 중앙사고수습본부(이하 "수습본부"라 한다)를 신속하게 설치·운영하여야 한다.

② 수습본부의 장(이하 "수습본부장"이라 한다)은 해당 재난관리주관기관의 장이 된다.

③ 수습본부장은 재난정보의 수집·전파, 상황관리, 재난발생 시 초동조치 및 지휘 등을 위한 수습본부상황실을 설치·운영하여야 한다. 이 경우 제18조제3항에 따른 재난안전상황실과 인력, 장비, 시설 등을 통합·운영할 수 있다.

④ 수습본부장은 재난을 수습하기 위하여 필요하면 관계 재난관리책임기관의 장에게 행정상 및 재정상의 조치, 소속 직원의 파견, 그 밖에 필요한 지원을 요청할 수 있다. 이 경우 요청을 받은 관계 재난관리책임기관의 장은 특별한 사유가 없으면 요청에 따라야 한다.

⑤ 수습본부장은 해당 재난의 수습에 필요한 범위에서 시장·군수·구청장(제16조제1항에 따른 시·군·구대책본부가 운영되는 경우에는 해당 본부장을 말한다)을 지휘할 수 있다.

⑥ 수습본부장은 재난을 수습하기 위하여 필요하면 대통령령으로 정하는 바에 따라 제14조제4항에 따른 중앙수습지원단을 구성·운영할 것을 중앙대책본부장에게 요청할 수 있다.

⑦ 수습본부의 구성·운영 등에 필요한 사항은 대통령령으로 정한다.

[전문개정 2013.8.6]

제16조(지역재난안전대책본부) ① 해당 관할 구역에서 재난 및 안전관리에 관한 사

항을 총괄 · 조정하고 필요한 조치를 하기 위하여 시 · 도지사는 시 · 도재난안전대책본부(이하 "시 · 도대책본부"라 한다)를 둘 수 있고, 시장 · 군수 · 구청장은 시 · 군 · 구재난안전대책본부(이하 "시 · 군 · 구대책본부"라 한다)를 둘 수 있다. 다만, 해당 재난과 관련하여 제14조제3항에 따라 대규모재난을 수습하기 위한 중앙대책본부의 대응체계가 구성 · 운영되는 경우에는 시 · 도지사나 시장 · 군수 · 구청장은 시 · 도대책본부나 시 · 군 · 구대책본부(이하 "지역대책본부"라 한다)를 두어야 한다. 〈개정 2013.8.6〉

② 지역대책본부의 본부장(이하 "지역대책본부장"이라 한다)은 시 · 도지사 또는 시장 · 군수 · 구청장이 되며, 지역대책본부장은 지역대책본부의 업무를 총괄하고 필요하다고 인정하면 대통령령으로 정하는 바에 따라 지역재난안전대책본부회의를 소집할 수 있다. 〈개정 2013.8.6〉

③ 시 · 군 · 구대책본부의 장은 재난현장의 총괄 · 지휘 및 조정을 위하여 재난현장 통합지휘소(이하 "통합지휘소"라 한다)를 설치 · 운영할 수 있다. 이 경우 통합지휘소의 장은 긴급구조에 대해서는 제52조에 따른 시 · 군 · 구긴급구조통제단장의 현장지휘에 협력하여야 한다. 〈신설 2013.8.6〉

④ 통합지휘소의 장은 관할 시 · 군 · 구의 부단체장이 되며, 통합지휘소에는 현장지휘관을 두고, 현장지휘관은 해당 시 · 군 · 구에서 재난 및 안전관리업무를 담당하는 공무원 중에서 통합지휘소의 장이 임명한다. 〈신설 2013.8.6〉

⑤ 지역대책본부 및 통합지휘소의 구성과 운영에 필요한 사항은 해당 지방자치단체의 조례로 정한다. 〈개정 2013.8.6〉

[전문개정 2010.6.8]

제17조(지역대책본부장의 권한 등) ① 지역대책본부장은 재난의 수습을 효율적으로 하기 위하여 해당 시 · 도 또는 시 · 군 · 구를 관할 구역으로 하는 제3조제5호나목에 따른 재난관리책임기관의 장에게 행정 및 재정상의 조치나 그 밖에 필요한 업무협조를 요청할 수 있다. 이 경우 요청을 받은 재난관리책임기관의 장은 특별한 사유가 없으면 요청에 따라야 한다. 〈개정 2013.8.6〉

② 지역대책본부장은 재난의 수습을 위하여 필요하다고 인정하면 해당 시 · 도 또

는 시·군·구의 전부 또는 일부를 관할 구역으로 하는 제3조제5호나목에 따른 재난관리책임기관의 장에게 소속 직원의 파견을 요청할 수 있다. 이 경우 요청을 받은 재난관리책임기관의 장은 특별한 사유가 없으면 즉시 요청에 따라야 한다. 〈개정 2013.8.6〉

③ 제2항에 따라 파견된 직원은 지역대책본부장의 지휘에 따라 재난의 수습에 필요한 소속 기관의 업무를 성실히 수행하여야 하며, 재난의 수습이 끝날 때까지 지역대책본부에서 상근하여야 한다. 〈개정 2013.8.6〉

[전문개정 2010.6.8]

[제목개정 2013.8.6]

제3절 재난안전상황실 등 〈신설 2013.8.6〉

제18조(재난안전상황실) ① 안전행정부장관, 시·도지사 및 시장·군수·구청장은 재난정보의 수집·전파, 상황관리, 재난발생 시 초동조치 및 지휘 등의 업무를 수행하기 위하여 다음 각 호의 구분에 따른 상시 재난안전상황실을 설치·운영하여야 한다.

1. 안전행정부장관: 중앙재난안전상황실
2. 시·도지사 및 시장·군수·구청장: 시·도별 및 시·군·구별 재난안전상황실

② 소방방재청장은 「소방기본법」 제4조제1항에 따라 설치·운영하는 종합상황실과 별도로 제3조제1호가목에 따른 자연재난에 관한 정보의 수집·전파, 상황관리, 재난발생 시 초동조치 및 지휘 등의 업무를 수행하기 위한 재난안전상황실을 설치·운영할 수 있다.

③ 중앙행정기관의 장은 소관 업무분야의 재난상황을 관리하기 위하여 재난안전상황실을 설치·운영하거나 재난상황을 관리할 수 있는 체계를 갖추어야 한다.

④ 제3조제5호나목에 따른 재난관리책임기관의 장은 재난에 관한 상황관리를 위하여 재난안전상황실을 설치·운영할 수 있다.

⑤ 제1항제2호 및 제2항부터 제4항까지의 규정에 따른 재난안전상황실은 제1항제1호에 따른 중앙재난안전상황실 및 다른 기관의 재난안전상황실과 유기적인 협조

체제를 유지하고, 재난관리정보를 공유하여야 한다.

[전문개정 2013.8.6]

[제19조에서 이동, 종전 제18조는 제19조로 이동 〈2013.8.6〉]

제19조(재난 신고 등) ① 누구든지 재난의 발생이나 재난이 발생할 징후를 발견하였을 때에는 즉시 그 사실을 시장 · 군수 · 구청장 · 긴급구조기관, 그 밖의 관계 행정기관에 신고하여야 한다.

② 제1항에 따른 신고를 받은 시장 · 군수 · 구청장과 그 밖의 관계 행정기관의 장은 관할 긴급구조기관의 장에게, 긴급구조기관의 장은 그 소재지 관할 시장 · 군수 · 구청장 및 재난관리주관기관의 장에게 통보하여 응급대처방안을 마련할 수 있도록 조치하여야 한다. 〈개정 2013.8.6〉

[제목개정 2013.8.6]

[제18조에서 이동, 종전 제19조는 제18조로 이동 〈2013.8.6〉]

제20조(재난상황의 보고) ① 시장 · 군수 · 구청장은 그 관할구역에서 재난이 발생하거나 발생할 우려가 있으면 대통령령으로 정하는 바에 따라 재난상황에 대해서는 즉시, 응급조치 및 수습현황에 대해서는 지체 없이 각각 안전행정부장관, 소방방재청장, 재난관리주관기관의 장 및 시 · 도지사에게 보고하여야 한다. 이 경우 제3조제1호가목에 따른 자연재난에 대해서는 소방방재청장이, 제3조제1호나목에 따른 사회재난에 대해서는 재난관리주관기관의 장이 각각 보고받은 내용을 종합하여 안전행정부장관에게 통보하여야 한다. 〈개정 2013.8.6〉

② 해양경찰서장은 해양에서 재난이 발생하거나 발생할 우려가 있으면 대통령령으로 정하는 바에 따라 재난상황에 대해서는 즉시, 응급조치 및 수습현황에 대해서는 지체 없이 각각 지방해양경찰청장과 관할 시장 · 군수 · 구청장에게 보고하거나 통보하여야 하고, 지방해양경찰청장은 해양경찰청장과 관할 시 · 도지사에게 보고하거나 통보하여야 하며, 해양경찰청장은 대통령령으로 정하는 재난의 경우에는 안전행정부장관과 재난관리주관기관의 장에게 보고하거나 통보하여야 한다. 〈개정 2013.3.23, 2013.8.6〉

③ 제3조제5호나목에 따른 재난관리책임기관의 장과 제26조제1항에 따른 국가기

반시설의 장은 소관 업무 또는 시설에 관계되는 재난이 발생하면 대통령령으로 정하는 바에 따라 재난상황에 대해서는 즉시, 응급조치 및 수습현황에 대해서는 지체 없이 각각 재난관리주관기관의 장, 관할 시·도지사와 시장·군수·구청장에게 보고하거나 통보하여야 한다. 이 경우 관계 중앙행정기관의 장은 보고받은 사항이 제26조제1항에 따른 국가기반시설에 대한 것일 때에는 보고받은 내용을 종합하여 즉시 안전행정부장관에게 통보하여야 한다. 〈개정 2013.3.23, 2013.8.6〉

④ 시장·군수·구청장이나 소방서장은 재난이 발생한 경우 또는 재난 발생을 신고받거나 통보받은 경우에는 즉시 관계 재난관리책임기관의 장에게 통보하여야 한다.

[전문개정 2010.6.8]

제21조(해외재난상황의 보고 및 관리) ① 재외공관의 장은 관할 구역에서 해외재난이 발생하거나 발생할 우려가 있으면 즉시 그 상황을 외교부장관에게 보고하여야 한다. 〈개정 2013.3.23〉

② 제1항의 보고를 받은 외교부장관은 지체 없이 해외재난 발생 또는 발생 우려 지역에 거주하거나 체류하는 대한민국 국민(이하 이 조에서 "해외재난국민"이라 한다)의 생사확인 등 안전 여부를 확인하고, 안전행정부장관과 소방방재청장 및 관계 중앙행정기관의 장과 협의하여 해외재난국민의 보호를 위한 방안을 마련하여 시행하여야 한다. 〈개정 2013.8.6〉

③ 해외재난국민의 가족 등은 외교부장관에게 해외재난국민의 생사확인 등 안전 여부 확인을 요청할 수 있다. 이 경우 외교부장관은 특별한 사유가 없으면 그 요청에 따라야 한다. 〈신설 2013.8.6〉

④ 제2항 및 제3항에 따른 안전 여부 확인과 가족 등의 범위는 대통령령으로 정한다. 〈신설 2013.8.6〉

[전문개정 2010.6.8]

[제목개정 2013.8.6]

제3장 안전관리계획

제22조(국가안전관리기본계획의 수립 등) ① 국무총리는 대통령령으로 정하는 바에 따라 국가의 재난 및 안전관리업무에 관한 기본계획(이하 "국가안전관리기본계획"이라 한다)의 수립지침을 작성하여 관계 중앙행정기관의 장에게 시달하여야 한다. 〈개정 2013.8.6〉

② 제1항에 따른 수립지침에는 부처별로 중점적으로 추진할 안전관리기본계획의 수립에 관한 사항과 국가재난관리체계의 기본방향이 포함되어야 한다.

③ 관계 중앙행정기관의 장은 제1항에 따른 수립지침에 따라 그 소관에 속하는 재난 및 안전관리업무에 관한 기본계획을 작성한 후 국무총리에게 제출하여야 한다. 〈개정 2013.8.6〉

④ 국무총리는 제3항에 따라 관계 중앙행정기관의 장이 제출한 기본계획을 종합하여 국가안전관리기본계획을 작성하여 중앙위원회의 심의를 거쳐 확정한 후 이를 관계 중앙행정기관의 장에게 시달하여야 한다. 〈개정 2012.2.22, 2013.8.6〉

⑤ 중앙행정기관의 장은 제4항에 따라 확정된 국가안전관리기본계획 중 그 소관사항을 관계 재난관리책임기관(중앙행정기관과 지방자치단체는 제외한다)의 장에게 시달하여야 한다.

⑥ 국가안전관리기본계획을 변경하는 경우에는 제1항부터 제5항까지를 준용한다.

⑦ 국가안전관리기본계획과 제23조의 집행계획, 제24조의 시·도안전관리계획 및 제25조의 시·군·구안전관리계획은 「민방위기본법」에 따른 민방위계획 중 재난관리분야의 계획으로 본다.

⑧ 국가안전관리기본계획의 구체적인 내용은 대통령령으로 정한다.

[전문개정 2010.6.8]

제23조(집행계획) ① 관계 중앙행정기관의 장은 제22조제4항에 따라 시달받은 국가안전관리기본계획에 따라 그 소관 업무에 관한 집행계획을 작성하여 조정위원회의 심의를 거쳐 국무총리의 승인을 받아 확정한다. 〈개정 2013.3.23, 2013.8.6〉

② 관계 중앙행정기관의 장은 확정된 집행계획을 안전행정부장관에게 통보하고, 시·도지사 및 제3조제5호나목에 따른 재난관리책임기관의 장에게 시달하여야

한다. 〈개정 2013.3.23〉

③ 제3조제5호나목에 따른 재난관리책임기관의 장은 제2항에 따라 시달받은 집행계획에 따라 세부집행계획을 작성하여 관할 시·도지사와 협의한 후 소속 중앙행정기관의 장의 승인을 받아 이를 확정하여야 한다. 이 경우 그 재난관리책임기관의 장이 공공기관이나 공공단체의 장인 경우에는 그 내용을 지부 등 지방조직에 통보하여야 한다.

[전문개정 2010.6.8]

제23조의2(국가안전관리기본계획 등과의 연계) 관계 중앙행정기관의 장은 소관 개별 법령에 따른 재난 및 안전과 관련된 계획을 수립하는 때에는 국가안전관리기본계획 및 제23조에 따른 집행계획과 연계하여 작성하여야 한다.

[본조신설 2012.2.22]

제24조(시·도안전관리계획의 수립) ① 안전행정부장관은 소방방재청장의 의견을 들어 제22조제4항에 따른 국가안전관리기본계획과 제23조제1항에 따른 집행계획에 따라 시·도의 재난 및 안전관리업무에 관한 계획(이하 "시·도안전관리계획"이라 한다)의 수립지침을 작성하여 이를 시·도지사에게 시달하여야 한다. 〈개정 2013.3.23, 2013.8.6〉

② 시·도의 전부 또는 일부를 관할 구역으로 하는 제3조제5호나목에 따른 재난관리책임기관의 장은 그 소관 재난 및 안전관리업무에 관한 계획을 작성하여 관할 시·도지사에게 제출하여야 한다. 〈개정 2013.8.6〉

③ 시·도지사는 제1항에 따라 시달받은 수립지침과 제2항에 따라 제출받은 재난 및 안전관리업무에 관한 계획을 종합하여 시·도안전관리계획을 작성하고 시·도위원회의 심의를 거쳐 확정한다. 〈개정 2013.8.6〉

④ 시·도지사는 제3항에 따라 확정된 시·도안전관리계획을 안전행정부장관에게 보고하고, 제2항에 따른 재난관리책임기관의 장에게 통보하여야 한다. 〈개정 2013.3.23〉

[전문개정 2010.6.8]

제25조(시·군·구안전관리계획의 수립) ① 시·도지사는 제24조제3항에 따라 확

정된 시 · 도안전관리계획에 따라 시 · 군 · 구의 재난 및 안전관리업무에 관한 계획(이하 "시 · 군 · 구안전관리계획"이라 한다)의 수립지침을 작성하여 시장 · 군수 · 구청장에게 시달하여야 한다. 〈개정 2013.8.6〉

② 시 · 군 · 구의 전부 또는 일부를 관할 구역으로 하는 제3조제5호나목에 따른 재난관리책임기관의 장은 그 소관 재난 및 안전관리업무에 관한 계획을 작성하여 시장 · 군수 · 구청장에게 제출하여야 한다. 〈개정 2013.8.6〉

③ 시장 · 군수 · 구청장은 제1항에 따라 시달받은 수립지침과 제2항에 따라 제출받은 재난 및 안전관리업무에 관한 계획을 종합하여 시 · 군 · 구안전관리계획을 작성하고 시 · 군 · 구위원회의 심의를 거쳐 확정한다. 〈개정 2013.8.6〉

④ 시장 · 군수 · 구청장은 제3항에 따라 확정된 시 · 군 · 구안전관리계획을 시 · 도지사에게 보고하고, 제2항에 따른 재난관리책임기관의 장에게 통보하여야 한다.

[전문개정 2010.6.8]

제4장 재난의 예방 〈개정 2013.8.6〉

제25조의2(재난관리책임기관의 장의 재난예방조치) ① 재난관리책임기관의 장은 소관 관리대상 업무의 분야에서 재난 발생을 사전에 방지하기 위하여 다음 각 호의 조치를 하여야 한다. 〈개정 2013.8.6〉

1. 재난에 대응할 조직의 구성 및 정비
2. 재난의 예측과 정보전달체계의 구축
3. 재난 발생에 대비한 교육 · 훈련과 재난관리예방에 관한 홍보
4. 재난이 발생할 위험이 높은 분야에 대한 안전관리체계의 구축 및 안전관리규정의 제정
5. 제26조에 따라 지정된 국가기반시설의 관리
6. 제27조제1항에 따른 특정관리대상시설등의 지정 · 관리 및 정비
7. 제29조에 따른 재난방지시설의 점검 · 관리

7의2. 제34조에 따른 재난관리자원의 비축 및 장비 · 인력의 지정

8. 그 밖에 재난을 예방하기 위하여 필요하다고 인정되는 사항

② 재난관리책임기관의 장은 제1항에 따른 재난예방조치를 효율적으로 시행하기 위하여 필요한 사업비를 확보하여야 한다.

③ 재난관리책임기관의 장은 다른 재난관리책임기관의 장에게 재난을 예방하기 위하여 필요한 협조를 요청할 수 있다. 이 경우 요청을 받은 다른 재난관리책임기관의 장은 특별한 사유가 없으면 요청에 따라야 한다.

④ 재난관리책임기관의 장은 재난관리의 실효성을 확보할 수 있도록 제1항제4호에 따른 안전관리체계 및 안전관리규정을 정비·보완하여야 한다.

⑤ 삭제 〈2013.8.6〉

⑥ 삭제 〈2013.8.6〉

[제26조에서 이동, 종전 제25조의2는 제26조로 이동 〈2013.8.6〉]

제25조의3 삭제 〈2013.8.6〉

제26조(국가기반시설의 지정 및 관리 등) ① 관계 중앙행정기관의 장은 소관 분야의 기반시설 중 제3조제1호나목에 따른 국가기반체계를 보호하기 위하여 계속적으로 관리할 필요가 있다고 인정되는 시설(이하 "국가기반시설"이라 한다)을 다음 각 호의 기준에 따라 조정위원회의 심의를 거쳐 지정할 수 있다. 〈개정 2013.8.6〉

1. 다른 기반시설이나 체계 등에 미치는 연쇄효과
2. 둘 이상의 중앙행정기관의 공동대응 필요성
3. 재난이 발생하는 경우 국가안전보장과 경제·사회에 미치는 피해 규모 및 범위
4. 재난의 발생 가능성 또는 그 복구의 용이성

② 관계 중앙행정기관의 장은 제1항에 따른 지정 여부를 결정하기 위하여 필요한 자료의 제출을 소관 재난관리책임기관의 장에게 요청할 수 있다.

③ 관계 중앙행정기관의 장은 소관 재난관리책임기관이 해당 업무를 폐지·정지 또는 변경하는 경우에는 조정위원회의 심의를 거쳐 국가기반시설의 지정을 취소할 수 있다. 〈개정 2013.8.6〉

④ 안전행정부장관은 국가기반시설에 대한 데이터베이스를 구축·운영하고, 국무총리 및 관계 중앙행정기관의 장이 재난관리정책의 수립 등에 이용할 수 있도록 통합지원할 수 있다. 〈신설 2013.8.6〉

⑤ 국가기반시설의 지정 및 지정취소 등에 필요한 사항은 대통령령으로 정한다. 〈개정 2013.8.6〉

[제목개정 2013.8.6]

[제25조의2에서 이동, 종전 제26조는 제25조의2로 이동 〈2013.8.6〉]

제27조(특정관리대상시설등의 지정 및 관리 등) ① 재난관리책임기관의 장은 재난이 발생할 위험이 높거나 재난예방을 위하여 계속적으로 관리할 필요가 있다고 인정되는 시설 및 지역(이하 "특정관리대상시설등"이라 한다)을 대통령령으로 정하는 바에 따라 지정하고, 관리 · 정비하여야 한다.

② 재난관리책임기관의 장은 제1항에 따라 특정관리대상시설등을 지정하면 대통령령으로 정하는 바에 따라 다음 각 호의 조치를 하여야 한다.

1. 특정관리대상시설등으로부터 재난 발생의 위험성을 제거하기 위한 장기 · 단기 계획의 수립 · 시행
2. 특정관리대상시설등에 대한 안전점검 또는 정밀 안전진단

③ 재난관리책임기관의 장은 제1항 및 제2항에 따른 지정 및 조치 결과를 대통령령으로 정하는 바에 따라 소방방재청장에게 보고하거나 통보하여야 한다.

④ 소방방재청장은 제3항에 따라 보고받거나 통보받은 사항을 대통령령으로 정하는 바에 따라 정기적으로 또는 수시로 국무총리에게 보고하여야 한다.

⑤ 국무총리는 제4항에 따라 보고받은 사항 중 재난을 예방하기 위하여 필요하다고 인정하는 사항에 대해서는 관계 재난관리책임기관의 장에게 시정조치나 보완을 요구할 수 있다.

⑥ 제1항부터 제5항까지에서 규정한 사항 외에 특정관리대상시설등의 지정, 관리 및 정비에 필요한 사항은 대통령령으로 정한다.

[전문개정 2013.8.6]

제28조(지방자치단체에 대한 지원 등) 소방방재청장은 제27조제2항에 따른 지방자치단체의 조치 등에 필요한 지원 및 지도를 할 수 있고, 관계 중앙행정기관의 장에게 협조를 요청할 수 있다. 〈개정 2013.8.6〉

[전문개정 2010.6.8]

제29조(재난방지시설의 관리) ① 재난관리책임기관의 장은 관계 법령 또는 제3장의 안전관리계획에서 정하는 바에 따라 대통령령으로 정하는 재난방지시설을 점검·관리하여야 한다.

② 안전행정부장관 또는 소방방재청장은 재난방지시설의 관리 실태를 점검하고 필요한 경우 보수·보강 등의 조치를 재난관리책임기관의 장에게 요청할 수 있다. 이 경우 요청을 받은 재난관리책임기관의 장은 신속하게 조치를 이행하여야 한다.

[본조신설 2013.8.6]

[종전 제29조는 제33조의2로 이동 〈2013.8.6〉]

제29조의2(재난안전분야 종사자 교육) ① 재난관리책임기관에서 재난 및 안전관리 업무를 담당하는 공무원이나 직원은 안전행정부장관 또는 소방방재청장이 실시하는 전문교육(이하 "전문교육"이라 한다)을 받아야 한다.

② 안전행정부장관 또는 소방방재청장은 필요하다고 인정하면 대통령령으로 정하는 전문인력 및 시설기준을 갖춘 교육기관으로 하여금 전문교육을 대행하게 할 수 있다.

③ 전문교육의 종류 및 대상, 그 밖에 전문교육의 실시에 필요한 사항은 안전행정부령으로 정한다.

[본조신설 2013.8.6]

[종전 제29조의2는 제33조의3으로 이동 〈2013.8.6〉]

제30조(재난예방을 위한 긴급안전점검 등) ① 안전행정부장관, 소방방재청장 또는 재난관리책임기관(행정기관만을 말한다. 이하 이 조에서 같다)의 장은 대통령령으로 정하는 시설 및 지역에 재난이 발생할 우려가 있는 등 대통령령으로 정하는 긴급한 사유가 있으면 소속 공무원으로 하여금 긴급안전점검을 하게 하고, 안전행정부장관 또는 소방방재청장은 다른 재난관리책임기관의 장에게 긴급안전점검을 하도록 요구할 수 있다. 이 경우 요구를 받은 재난관리책임기관의 장은 특별한 사유가 없으면 요구에 따라야 한다. 〈개정 2013.8.6〉

② 제1항에 따라 긴급안전점검을 하는 공무원은 관계인에게 필요한 질문을 하거

나 관계 서류 등을 열람할 수 있다.

③ 제1항에 따른 긴급안전점검의 절차 및 방법, 긴급안전점검결과의 기록·유지 등에 필요한 사항은 대통령령으로 정한다.

④ 제1항에 따라 긴급안전점검을 하는 공무원은 그 권한을 표시하는 증표를 지니고 이를 관계인에게 보여주어야 한다.

⑤ 안전행정부장관 또는 소방방재청장은 제1항에 따라 긴급안전점검을 하면 그 결과를 해당 재난관리책임기관의 장에게 통보하여야 한다. 〈개정 2013.8.6〉

[전문개정 2010.6.8]

제31조(재난예방을 위한 긴급안전조치) ① 안전행정부장관, 소방방재청장 또는 재난관리책임기관(행정기관만을 말한다. 이하 이 조에서 같다)의 장은 제30조에 따른 긴급안전점검 결과 재난 발생의 위험이 높다고 인정되는 시설 또는 지역에 대하여는 대통령령으로 정하는 바에 따라 그 소유자·관리자 또는 점유자에게 다음 각 호의 안전조치를 할 것을 명할 수 있다. 〈개정 2013.3.23, 2013.8.6〉

1. 정밀안전진단(시설만 해당한다). 이 경우 다른 법령에 시설의 정밀안전진단에 관한 기준이 있는 경우에는 그 기준에 따르고, 다른 법령의 적용을 받지 아니하는 시설에 대하여는 안전행정부령으로 정하는 기준에 따른다.
2. 보수(補修) 또는 보강 등 정비
3. 재난을 발생시킬 위험요인의 제거

② 제1항에 따른 안전조치명령을 받은 소유자·관리자 또는 점유자는 이행계획서를 작성하여 안전행정부장관, 소방방재청장 또는 재난관리책임기관의 장에게 제출한 후 안전조치를 하고, 안전행정부령으로 정하는 바에 따라 그 결과를 안전행정부장관, 소방방재청장 또는 재난관리책임기관의 장에게 통보하여야 한다. 〈개정 2012.2.22, 2013.3.23, 2013.8.6〉

③ 안전행정부장관, 소방방재청장 또는 재난관리책임기관의 장은 제1항에 따른 안전조치명령을 받은 자가 그 명령을 이행하지 아니하거나 이행할 수 없는 상태에 있고, 안전조치를 이행하지 아니할 경우 공중의 안전에 위해를 끼칠 수 있어 재난의 예방을 위하여 긴급하다고 판단하면 그 시설 또는 지역에 대하여 사용을

제한하거나 금지시킬 수 있다. 이 경우 그 제한하거나 금지하는 내용을 보기 쉬운 곳에 게시하여야 한다. 〈개정 2012.2.22, 2013.8.6〉

④ 안전행정부장관, 소방방재청장 또는 재난관리책임기관의 장은 제1항제2호 또는 제3호에 따른 안전조치명령을 받아 이를 이행하여야 하는 자가 그 명령을 이행하지 아니하거나 이행할 수 없는 상태에 있고, 재난예방을 위하여 긴급하다고 판단하면 그 명령을 받아 이를 이행하여야 할 자를 갈음하여 필요한 안전조치를 할 수 있다. 이 경우 「행정대집행법」을 준용한다. 〈개정 2013.8.6〉

⑤ 안전행정부장관, 소방방재청장 또는 재난관리책임기관의 장은 제3항에 따른 안전조치를 할 때에는 미리 해당 소유자·관리자 또는 점유자에게 서면으로 이를 알려 주어야 한다. 다만, 긴급한 경우에는 구두로 알리되, 미리 구두로 알리는 것이 불가능하거나 상당한 시간이 걸려 공중의 안전에 위해를 끼칠 수 있는 경우에는 안전조치를 한 후 그 결과를 통보할 수 있다. 〈개정 2012.2.22, 2013.8.6〉

[전문개정 2010.6.8]

제32조(정부합동 안전 점검) ① 국무총리 또는 안전행정부장관은 재난관리책임기관의 재난 및 안전관리 실태를 점검하기 위하여 대통령령으로 정하는 바에 따라 정부합동안전점검단(이하 "정부합동점검단"이라 한다)을 편성하여 안전 점검을 실시할 수 있다.

② 국무총리 또는 안전행정부장관은 정부합동점검단을 편성하기 위하여 필요하면 관계 재난관리책임기관의 장에게 관련 공무원 또는 직원의 파견을 요청할 수 있다. 이 경우 요청을 받은 관계 재난관리책임기관의 장은 특별한 사유가 없으면 요청에 따라야 한다.

③ 국무총리 또는 안전행정부장관은 제1항에 따른 점검을 실시하면 점검결과를 관계 재난관리책임기관의 장에게 통보하고, 보완이나 개선이 필요한 사항에 대한 조치를 관계 재난관리책임기관의 장에게 요구할 수 있다.

④ 제3항에 따라 점검결과 및 조치 요구사항을 통보받은 관계 재난관리책임기관의 장은 조치계획을 수립하여 필요한 조치를 한 후 그 결과를 국무총리 또는 안전행정부장관에게 통보하여야 한다.

[전문개정 2013.8.6]

제33조(안전관리전문기관에 대한 자료요구 등) ① 안전행정부장관 또는 소방방재청장은 재난 예방을 효율적으로 추진하기 위하여 대통령령으로 정하는 안전관리전문기관에 안전점검결과, 주요시설물의 설계도서 등 대통령령으로 정하는 안전관리에 필요한 자료를 요구할 수 있다. 〈개정 2013.8.6〉

② 제1항에 따라 자료를 요구받은 안전관리전문기관의 장은 특별한 사유가 없으면 요구에 따라야 한다.

[전문개정 2010.6.8]

제33조의2(재난관리체계 등에 대한 평가 등) ① 안전행정부장관이나 소방방재청장은 대통령령으로 정하는 바에 따라 다음 각 호의 사항을 정기적으로 평가할 수 있다. 〈개정 2013.3.23, 2013.8.6〉

1. 대규모재난의 발생에 대비한 단계별 예방 · 대응 및 복구과정
2. 제25조의2제1항제1호에 따른 재난에 대응할 조직의 구성 및 정비 실태
3. 제25조의2제4항에 따른 안전관리체계 및 안전관리규정

② 제1항에도 불구하고 공공기관에 대하여는 관할 중앙행정기관의 장이 평가를 하고, 시 · 군 · 구에 대하여는 시 · 도지사가 평가를 한다. 다만, 제4항에 따라 우수한 기관을 선정하기 위하여 필요한 경우에는 안전행정부장관이나 소방방재청장이 확인평가를 할 수 있다. 〈개정 2013.3.23〉

③ 안전행정부장관은 제1항과 제2항 단서에 따른 평가 결과를 중앙위원회에 종합 보고한다. 〈개정 2013.3.23〉

④ 안전행정부장관 또는 소방방재청장은 필요하다고 인정하면 해당 재난관리책임기관의 장에게 시정조치나 보완을 요구할 수 있으며, 우수한 기관에 대하여는 예산지원 및 포상 등 필요한 조치를 할 수 있다. 다만, 공공기관의 장 및 시장 · 군수 · 구청장에게 시정조치나 보완 요구를 하려는 경우에는 관할 중앙행정기관의 장 및 시 · 도지사에게 한다. 〈개정 2013.3.23〉

[전문개정 2010.6.8]

[제목개정 2013.8.6]

[제29조에서 이동 〈2013.8.6〉]

제33조의3(재난관리 실태 공시 등) ① 시장·군수·구청장은 다음 각 호의 사항이 포함된 재난관리 실태를 매년 1회 이상 관할 지역 주민에게 공시하여야 한다. 〈개정 2013.8.6〉

1. 전년도 재난의 발생 및 수습 현황
2. 제25조의2제1항에 따른 재난예방조치 실적
3. 제67조에 따른 재난관리기금의 적립 현황
4. 그 밖에 대통령령으로 정하는 재난관리에 관한 중요 사항

② 안전행정부장관, 소방방재청장 또는 시·도지사는 제33조의2에 따른 평가 결과를 공개할 수 있다. 〈개정 2013.3.23, 2013.8.6〉

③ 제1항 및 제2항에 따른 공시 방법 및 시기 등 필요한 사항은 대통령령으로 정한다.

[본조신설 2012.2.22]

[제29조의2에서 이동 〈2013.8.6〉]

제5장 재난의 대비 〈신설 2013.8.6〉

제34조(재난관리자원의 비축·관리) ① 재난관리책임기관의 장은 재난의 수습활동에 필요한 대통령령으로 정하는 장비, 물자 및 자재(이하 "재난관리자원"이라 한다)를 비축·관리하여야 한다.

② 안전행정부장관, 소방방재청장, 시·도지사 또는 시장·군수·구청장은 재난 발생에 대비하여 민간기관·단체 또는 소유자와 협의하여 제37조에 따라 응급조치에 사용할 장비와 인력을 지정·관리할 수 있다.

③ 안전행정부장관과 소방방재청장은 제1항에 따라 재난관리책임기관의 장이 비축·관리하는 재난관리자원을 체계적으로 관리 및 활용할 수 있도록 재난관리자원공동활용시스템(이하 "자원관리시스템"이라 한다)을 구축·운영할 수 있다.

④ 안전행정부장관과 소방방재청장은 자원관리시스템을 공동으로 활용하기 위하여 재난관리자원의 공동활용 기준을 정하여 재난관리책임기관의 장에게 통보할

수 있다. 이 경우 재난관리책임기관의 장은 통보받은 재난관리자원의 공동활용 기준에 따라 재난관리자원을 관리하여야 한다.

⑤ 제2항에 따른 장비와 인력의 지정 · 관리와 자원관리시스템의 구축 · 운영 등에 필요한 사항은 안전행정부령으로 정한다.

[전문개정 2013.8.6]

제34조의2(재난현장 긴급통신수단의 마련) ① 재난관리책임기관의 장은 재난의 발생으로 인하여 통신이 끊기는 상황에 대비하여 미리 유선이나 무선 또는 위성통신망을 활용할 수 있도록 긴급통신수단을 마련하여야 한다.

② 안전행정부장관과 소방방재청장은 재난현장에서 제1항에 따른 긴급통신수단(이하 "긴급통신수단"이라 한다)이 공동 활용될 수 있도록 하기 위하여 재난관리책임기관, 긴급구조기관 및 긴급구조지원기관에서 보유하고 있는 긴급통신수단의 보유 현황 등을 조사하고, 긴급통신수단을 관리하기 위한 체계를 구축 · 운영할 수 있다.

③ 안전행정부장관과 소방방재청장은 제2항에 따른 조사를 위하여 필요한 자료의 제출을 재난관리책임기관, 긴급구조기관 및 긴급구조지원기관의 장에게 요청할 수 있다. 이 경우 요청을 받은 관계 기관의 장은 특별한 사유가 없으면 요청에 따라야 한다.

④ 긴급통신수단을 관리하기 위한 체계를 구축 · 운영하는 데 필요한 사항은 대통령령으로 정한다.

[본조신설 2013.8.6]

[종전 제34조의2는 제34조의4로 이동 〈2013.8.6〉]

제34조의3(국가재난관리기준의 제정 · 운용 등) ① 안전행정부장관은 재난관리를 효율적으로 수행하기 위하여 다음 각 호의 사항이 포함된 국가재난관리기준을 제정하여 운용하여야 한다. 다만, 「산업표준화법」 제12조에 따른 한국산업표준을 적용할 수 있는 사항에 대하여는 한국산업표준을 반영할 수 있다. 〈개정 2013.3.23〉

1. 재난분야 용어정의 및 표준체계 정립
2. 국가재난 대응체계에 대한 원칙

3. 재난경감 · 상황관리 · 자원관리 · 유지관리 등에 관한 일반적 기준
4. 그 밖의 대통령령으로 정하는 사항

② 제1항의 기준을 제정 또는 개정할 때에는 미리 관계 중앙행정기관의 장의 의견을 들어야 한다.

③ 안전행정부장관은 재난관리책임기관의 장이 재난관리업무를 수행함에 있어 제1항의 국가재난관리기준을 적용하도록 권고할 수 있다. 〈개정 2013.3.23〉

[본조신설 2010.6.8]

제34조의4(기능별 재난대응 활동계획의 작성 · 활용) ① 재난관리책임기관의 장은 재난관리가 효율적으로 이루어질 수 있도록 대통령령으로 정하는 바에 따라 기능별 재난대응 활동계획(이하 "재난대응활동계획"이라 한다)을 작성하여 활용하여야 한다.

② 안전행정부장관은 재난대응활동계획의 작성에 필요한 작성지침을 재난관리책임기관의 장에게 통보할 수 있다.

③ 안전행정부장관은 재난관리책임기관의 장이 작성한 재난대응활동계획을 확인 · 점검하고, 필요하면 관계 재난관리책임기관의 장에게 시정을 요청할 수 있다. 이 경우 시정 요청을 받은 재난관리책임기관의 장은 특별한 사유가 없으면 요청에 따라야 한다.

④ 제1항부터 제3항까지에서 규정한 사항 외에 재난대응활동계획의 작성 · 운용 · 관리 등에 필요한 사항은 대통령령으로 정한다.

[전문개정 2013.8.6]

[제34조의2에서 이동 〈2013.8.6〉]

제34조의5(재난분야 위기관리 매뉴얼 작성 · 운용) ① 재난관리책임기관의 장은 재난을 효율적으로 관리하기 위하여 재난유형에 따라 다음 각 호의 위기관리 매뉴얼을 작성 · 운용하여야 한다.

1. 위기관리 표준매뉴얼: 국가적 차원에서 관리가 필요한 재난에 대하여 재난관리 체계와 관계 기관의 임무와 역할을 규정한 문서로 위기대응 실무매뉴얼의 작성 기준이 되며, 재난관리주관기관의 장이 작성한다.

2. 위기대응 실무매뉴얼: 위기관리 표준매뉴얼에서 규정하는 기능과 역할에 따라 실제 재난대응에 필요한 조치사항 및 절차를 규정한 문서로 재난관리기관의 장과 관계 기관의 장이 작성한다.
3. 현장조치 행동매뉴얼: 재난현장에서 임무를 직접 수행하는 기관의 행동조치 절차를 구체적으로 수록한 문서로 위기대응 실무매뉴얼을 작성한 기관의 장이 지정한 기관의 장이 작성한다. 다만, 시장 · 군수 · 구청장은 재난 유형별 현장 조치 행동매뉴얼을 통합하여 작성할 수 있다.

② 안전행정부장관은 재난유형별 위기관리 매뉴얼의 작성 및 운용기준을 정하여 관계 중앙행정기관의 장 및 재난관리책임기관의 장에게 통보할 수 있다.

③ 재난관리주관기관의 장이 작성한 위기관리 표준매뉴얼은 안전행정부장관과 협의 · 조정하여 이를 확정하고, 위기대응 실무매뉴얼과 연계하여 운용하여야 한다.

④ 안전행정부장관은 재난유형별 위기관리 매뉴얼의 표준화 및 실효성 제고를 위하여 대통령령으로 정하는 위기관리 매뉴얼협의회를 구성 · 운영할 수 있다.

⑤ 재난관리주관기관의 장은 소관 분야 재난유형의 위기대응 실무매뉴얼 및 현장조치 행동매뉴얼을 조정 · 승인하고 지도 · 관리를 하여야 하며, 소관분야 위기관리 매뉴얼을 새로이 작성하거나 변경한 때에는 이를 안전행정부장관에게 통보하여야 한다.

⑥ 시장 · 군수 · 구청장이 작성한 현장조치 행동매뉴얼에 대하여는 시 · 도지사의 승인을 받아야 한다. 시 · 도지사는 현장조치 행동매뉴얼을 승인하는 때에는 재난관리주관기관의 장이 작성한 위기대응 실무매뉴얼과 연계되도록 하여야 하며, 승인 결과를 재난관리주관기관의 장 및 안전행정부장관에게 보고하여야 한다.

⑦ 안전행정부장관은 위기관리 매뉴얼의 체계적인 운용을 위하여 관리시스템을 구축 · 운영할 수 있으며, 제3항부터 제6항까지의 규정에 따른 위기관리 매뉴얼의 작성 · 운용 등 필요한 사항은 대통령령으로 정한다.

⑧ 안전행정부장관 및 소방방재청장은 재난관리업무를 효율적으로 하기 위하여 대통령령으로 정하는 바에 따라 위기관리에 필요한 표준화된 매뉴얼을 연구 · 개

발하여 보급할 수 있다.

[본조신설 2013.8.6]

제34조의6(안전기준의 등록 및 심의 등) ① 안전행정부장관은 안전기준을 체계적으로 관리·운용하기 위하여 안전기준을 통합적으로 관리할 수 있는 체계를 갖추어야 한다.

② 중앙행정기관의 장은 관계 법률에서 정하는 바에 따라 안전기준을 신설 또는 변경하는 때에는 안전행정부장관에게 안전기준의 등록을 요청하여야 한다.

③ 안전행정부장관은 제2항에 따라 안전기준의 등록을 요청받은 때에는 안전기준심의회의 심의를 거쳐 이를 확정한 후 관계 중앙행정기관의 장에게 통보하여야 한다.

④ 중앙행정기관의 장이 신설 또는 변경하는 안전기준은 제34조의3에 따른 국가재난관리기준에 어긋나지 아니하여야 한다.

⑤ 안전기준의 등록 방법 및 절차와 안전기준심의회 구성 및 운영에 관하여는 대통령령으로 정한다.

[본조신설 2013.8.6]

[시행일 : 2014.8.7] 제34조의6

제35조(재난대비훈련) ① 안전행정부장관, 소방방재청장, 시·도지사, 시장·군수·구청장 및 긴급구조기관(이하 이 조에서 "훈련주관기관"이라 한다)의 장은 대통령령으로 정하는 바에 따라 정기적으로 또는 수시로 재난관리책임기관, 긴급구조지원기관 및 군부대 등 관계 기관(이하 이 조에서 "훈련참여기관"이라 한다)과 합동으로 재난대비훈련을 실시할 수 있다.

② 훈련주관기관의 장은 제1항에 따른 재난대비훈련을 실시하려면 재난대비훈련 계획을 수립하여 훈련참여기관의 장에게 통보하여야 한다.

③ 훈련참여기관의 장은 제1항에 따른 재난대비훈련을 실시하면 훈련상황을 점검하고, 그 결과를 대통령령으로 정하는 바에 따라 훈련주관기관의 장에게 제출하여야 한다.

④ 훈련주관기관의 장은 대통령령으로 정하는 바에 따라 훈련참여기관의 훈련과

정 및 훈련결과를 점검 · 평가하고, 훈련과정에서 나타난 미비사항이나 개선 · 보완이 필요한 사항에 대한 보완조치를 훈련참여기관의 장에게 요구할 수 있다.
[전문개정 2013.8.6]

제6장 재난의 대응 〈신설 2013.8.6〉

제1절 응급조치 등 〈신설 2013.8.6〉

제36조(재난사태 선포) ① 중앙대책본부장은 대통령령으로 정하는 재난이 발생하거나 발생할 우려가 있는 경우 사람의 생명 · 신체 및 재산에 미치는 중대한 영향이나 피해를 줄이기 위하여 긴급한 조치가 필요하다고 인정하면 중앙위원회의 심의를 거쳐 다음 각 호의 구분에 따라 국무총리에게 재난사태를 선포할 것을 건의하거나 직접 선포할 수 있다. 다만, 중앙대책본부장은 재난상황이 긴급하여 중앙위원회의 심의를 거칠 시간적 여유가 없다고 인정하는 경우에는 중앙위원회의 심의를 거치지 아니하고 국무총리에게 재난사태를 선포할 것을 건의하거나 직접 선포할 수 있다. 〈개정 2013.8.6〉

1. 재난사태 선포 대상지역이 3개 시 · 도 이상인 경우: 국무총리에게 선포 건의
2. 재난사태 선포 대상지역이 2개 시 · 도 이하인 경우: 중앙대책본부장이 선포

② 제1항에 따라 건의를 받은 국무총리는 해당 지역에 대하여 재난사태를 선포할 수 있다.

③ 국무총리가 제1항 단서에 따라 재난사태를 선포하거나 중앙대책본부장이 제1항 단서에 따라 재난사태를 선포한 경우에는 지체 없이 중앙위원회의 승인을 받아야 하며, 승인을 받지 못하면 선포된 재난사태를 즉시 해제하여야 한다. 〈개정 2013.8.6〉

④ 중앙대책본부장과 지역대책본부장은 제1항이나 제2항에 따라 재난사태가 선포된 지역에 대하여 다음 각 호의 조치를 할 수 있다. 〈개정 2013.8.6〉

1. 재난경보의 발령, 인력 · 장비 및 물자의 동원, 위험구역 설정, 대피명령, 응급지원 등 이 법에 따른 응급조치

2. 해당 지역에 소재하는 행정기관 소속공무원의 비상소집

3. 해당 지역에 대한 여행 등 이동 자제 권고

4. 그 밖에 재난예방에 필요한 조치

⑤ 국무총리 또는 중앙대책본부장은 재난이 추가적으로 발생할 우려가 없어진 경우에는 제1항이나 제2항에 따라 선포된 재난사태를 즉시 해제하여야 한다. 〈개정 2013.8.6〉

[전문개정 2010.6.8]

제37조(응급조치) ① 제50조제2항에 따른 시·도긴급구조통제단 및 시·군·구긴급구조통제단의 단장(이하 "지역통제단장"이라 한다)과 시장·군수·구청장은 재난이 발생할 우려가 있거나 재난이 발생하였을 때에는 즉시 관계 법령이나 재난대응활동계획 및 위기관리 매뉴얼에서 정하는 바에 따라 수방(水防)·진화·구조 및 구난(救難), 그 밖에 재난 발생을 예방하거나 피해를 줄이기 위하여 필요한 다음 각 호의 응급조치를 하여야 한다. 다만, 지역통제단장의 경우에는 제2호 중 진화에 관한 응급조치와 제4호 및 제6호의 응급조치만 하여야 한다. 〈개정 2013.8.6〉

1. 경보의 발령 또는 전달이나 피난의 권고 또는 지시

1의2. 제31조에 따른 긴급안전조치

2. 진화·수방·지진방재, 그 밖의 응급조치와 구호

3. 피해시설의 응급복구 및 방역과 방범, 그 밖의 질서 유지

4. 긴급수송 및 구조 수단의 확보

5. 급수 수단의 확보, 긴급피난처 및 구호품의 확보

6. 현장지휘통신체계의 확보

7. 그 밖에 재난 발생을 예방하거나 줄이기 위하여 필요한 사항

② 시·군·구의 관할 구역에 소재하는 재난관리책임기관의 장은 시장·군수·구청장이나 지역통제단장이 요청하면 관계 법령이나 시·군·구안전관리계획에서 정하는 바에 따라 시장·군수·구청장이나 지역통제단장의 지휘 또는 조정하에 그 소관 업무에 관계되는 응급조치를 실시하거나 시장·군수·구청장이나 지

역통제단장이 실시하는 응급조치에 협력하여야 한다.

[전문개정 2010.6.8]

제38조(재난 예보 · 경보의 발령 등) ① 중앙대책본부장, 수습본부장, 시 · 도지사(시 · 도대책본부가 운영되는 경우에는 해당 본부장을 말한다. 이하 이 조에서 같다) 또는 시장 · 군수 · 구청장(시 · 군 · 구대책본부가 운영되는 경우에는 해당 본부장을 말한다. 이하 이 조에서 같다)은 대통령령으로 정하는 재난으로 인하여 사람의 생명 · 신체 및 재산에 대한 피해가 예상되면 그 피해를 예방하거나 줄이기 위하여 재난에 관한 예보 또는 경보를 발령할 수 있다. 〈개정 2013.8.6〉

② 제1항에 따른 예보 또는 경보의 재난유형별 발령권자는 대통령령으로 정한다. 〈신설 2013.8.6〉

③ 재난책임관리기관의 장은 제1항에 따른 예보 또는 경보가 신속하게 발령될 수 있도록 재난과 관련한 위험정보를 취득하면 즉시 중앙대책본부장, 수습본부장, 시 · 도지사 및 시장 · 군수 · 구청장에게 통보하여야 한다. 〈신설 2013.8.6〉

④ 중앙대책본부장, 시 · 도지사 또는 시장 · 군수 · 구청장은 재난에 관한 예보 · 경보 · 통지나 응급조치를 실시하기 위하여 필요하면 다음 각 호의 조치를 요청할 수 있다. 다만, 다른 법령에 특별한 규정이 있을 때에는 그러하지 아니하다. 〈개정 2012.2.22, 2013.8.6〉

1. 전기통신시설의 소유자 또는 관리자에 대한 전기통신시설의 우선 사용
2. 「전기통신사업법」 제2조제8호에 따른 전기통신사업자 중 대통령령으로 정하는 주요 전기통신사업자에 대한 필요한 정보의 문자나 음성 송신 또는 인터넷 홈페이지 게시
3. 「방송법」 제2조제3호에 따른 방송사업자에 대한 필요한 정보의 신속한 방송
4. 「신문 등의 진흥에 관한 법률」 제2조제3호 및 제4호에 따른 신문사업자 및 인터넷신문사업자 중 대통령령으로 정하는 주요 신문사업자 및 인터넷신문사업자에 대한 필요한 정보의 게재

⑤ 제4항에 따른 요청을 받은 전기통신시설의 소유자 또는 관리자, 전기통신사업자, 방송사업자, 신문사업자 및 인터넷신문사업자는 특별한 사유가 없으면 요청

에 따라야 한다. 〈개정 2012.2.22, 2013.8.6〉

⑥ 전기통신사업자나 방송사업자, 휴대전화 또는 내비게이션 제조업자는 제1항 및 제4항에 따른 재난의 예보·경보 발령 사항이 사용자의 휴대전화 등의 수신기 화면에 반드시 표시될 수 있도록 소프트웨어나 기계적 장치를 갖추어야 한다. 〈신설 2012.2.22, 2013.8.6〉

[전문개정 2010.6.8]

제38조의2(재난 예보·경보체계 구축 종합계획의 수립) ① 시장·군수·구청장은 제41조에 따른 위험구역 및 「자연재해대책법」 제12조에 따른 자연재해위험개선지구 등 재난으로 인하여 사람의 생명·신체 및 재산에 대한 피해가 예상되는 지역에 대하여 그 피해를 예방하기 위하여 시·군·구 재난 예보·경보체계 구축 종합계획(이하 이 조에서 "시·군·구종합계획"이라 한다)을 5년 단위로 수립하여 시·도지사에게 제출하여야 한다. 〈개정 2012.10.22〉

② 시·도지사는 제1항에 따른 시·군·구종합계획을 기초로 시·도 재난 예보·경보체계 구축 종합계획(이하 이 조에서 "시·도종합계획"이라 한다)을 수립하여 소방방재청장에게 제출하여야 하며, 소방방재청장은 필요한 경우 시·도지사에게 시·도종합계획의 보완을 요청할 수 있다.

③ 시·도종합계획과 시·군·구종합계획에는 다음 각 호의 사항이 포함되어야 한다.

1. 재난 예보·경보체계의 구축에 관한 기본방침
2. 재난 예보·경보체계 구축 종합계획 수립 대상지역의 선정에 관한 사항
3. 종합적인 재난 예보·경보체계의 구축과 운영에 관한 사항
4. 그 밖에 재난으로부터 인명 피해와 재산 피해를 예방하기 위하여 필요한 사항

④ 시·도지사와 시장·군수·구청장은 각각 시·도종합계획과 시·군·구종합계획에 대한 사업시행계획을 매년 수립하여 소방방재청장에게 제출하여야 한다.

⑤ 시·도지사와 시장·군수·구청장이 각각 시·도종합계획과 시·군·구종합계획을 변경하려는 경우에는 제1항과 제2항을 준용한다.

⑥ 시·도종합계획, 시·군·구종합계획 및 사업시행계획의 수립 등에 필요한 사

항은 대통령령으로 정한다.

[전문개정 2010.6.8]

제39조(동원명령 등) ① 중앙대책본부장과 시장 · 군수 · 구청장(시 · 군 · 구대책본부가 운영되는 경우에는 해당 본부장을 말한다. 이하 제40조부터 제45조까지에서 같다)은 재난이 발생하거나 발생할 우려가 있다고 인정하면 다음 각 호의 조치를 할 수 있다. 〈개정 2013.8.6〉

1. 「민방위기본법」 제26조에 따른 민방위대의 동원
2. 응급조치를 위하여 재난관리책임기관의 장에 대한 관계 직원의 출동 또는 재난관리자원 및 제34조제2항에 따라 지정된 장비 · 인력의 동원 등 필요한 조치의 요청
3. 동원 가능한 장비와 인력 등이 부족한 경우에는 국방부장관에 대한 군부대의 지원 요청

② 제1항에 따라 필요한 조치의 요청을 받은 기관의 장은 특별한 사유가 없으면 요청에 따라야 한다.

[전문개정 2010.6.8]

제40조(대피명령) ① 시장 · 군수 · 구청장과 지역통제단장(대통령령으로 정하는 권한을 행사하는 경우에만 해당한다. 이하 이 조에서 같다)은 재난이 발생하거나 발생할 우려가 있는 경우에 사람의 생명 또는 신체에 대한 위해를 방지하기 위하여 필요하면 해당 지역 주민이나 그 지역 안에 있는 사람에게 대피하거나 선박 · 자동차 등을 대피시킬 것을 명할 수 있다. 이 경우 미리 대피장소를 지정할 수 있다. 〈개정 2012.2.22〉

② 제1항에 따른 대피명령을 받은 경우에는 즉시 명령에 따라야 한다. 〈개정 2012.2.22〉

[전문개정 2010.6.8]

제41조(위험구역의 설정) ① 시장 · 군수 · 구청장과 지역통제단장(대통령령으로 정하는 권한을 행사하는 경우에만 해당한다. 이하 이 조에서 같다)은 재난이 발생하거나 발생할 우려가 있는 경우에 사람의 생명 또는 신체에 대한 위해 방지나 질서의 유지를 위하여 필요하면 위험구역을 설정하고, 응급조치에 종사하지 아니하는

사람에게 다음 각 호의 조치를 명할 수 있다.

1. 위험구역에 출입하는 행위나 그 밖의 행위의 금지 또는 제한

2. 위험구역에서의 퇴거 또는 대피

② 시장·군수·구청장과 지역통제단장은 제1항에 따라 위험구역을 설정할 때에는 그 구역의 범위와 제1항제1호에 따라 금지되거나 제한되는 행위의 내용, 그 밖에 필요한 사항을 보기 쉬운 곳에 게시하여야 한다.

③ 관계 중앙행정기관의 장은 재난이 발생하거나 발생할 우려가 있는 경우로서 사람의 생명 또는 신체에 대한 위해 방지나 질서의 유지를 위하여 필요하다고 인정되는 경우에는 시장·군수·구청장과 지역통제단장에게 위험구역의 설정을 요청할 수 있다. 〈신설 2013.8.6〉

[전문개정 2010.6.8]

제42조(강제대피조치) ①시장·군수·구청장과 지역통제단장(대통령령으로 정하는 권한을 행사하는 경우에만 해당한다. 이하 이 조에서 같다)은 제40조제1항에 따른 대피명령을 받은 사람 또는 제41조제1항제2호에 따른 위험구역에서의 퇴거나 대피명령을 받은 사람이 그 명령을 이행하지 아니하여 위급하다고 판단되면 그 지역 또는 위험구역 안의 주민이나 그 안에 있는 사람을 강제로 대피시키거나 퇴거시킬 수 있다. 〈개정 2012.2.22〉

② 시장·군수·구청장 및 지역통제단장은 제1항에 따라 주민 등을 강제로 대피 또는 퇴거시키기 위하여 필요하다고 인정하면 관할 경찰관서의 장에게 필요한 인력 및 장비의 지원을 요청할 수 있다. 〈신설 2012.2.22〉

③ 제2항에 따른 요청을 받은 경찰관서의 장은 특별한 사유가 없는 한 이에 응하여야 한다. 〈신설 2012.2.22〉

[전문개정 2010.6.8]

제43조(통행제한 등) ① 시장·군수·구청장과 지역통제단장(대통령령으로 정하는 권한을 행사하는 경우에만 해당한다)은 응급조치에 필요한 물자를 긴급히 수송하거나 진화·구조 등을 하기 위하여 필요하면 대통령령으로 정하는 바에 따라 경찰관서의 장에게 도로의 구간을 지정하여 해당 긴급수송 등을 하는 차량 외의 차

량의 통행을 금지하거나 제한하도록 요청할 수 있다.

② 제1항에 따른 요청을 받은 경찰관서의 장은 특별한 사유가 없으면 요청에 따라야 한다.

[전문개정 2010.6.8]

제44조(응원) ① 시장 · 군수 · 구청장은 응급조치를 하기 위하여 필요하면 다른 시 · 군 · 구나 관할 구역에 있는 군부대 및 관계 행정기관의 장, 그 밖의 민간기관 · 단체의 장에게 인력 · 장비 · 자재 등 필요한 응원(應援)을 요청할 수 있다. 이 경우 응원을 요청받은 군부대의 장과 관계 행정기관의 장은 특별한 사유가 없으면 요청에 따라야 한다. 〈개정 2013.8.6〉

② 제1항에 따라 응원에 종사하는 사람은 그 응원을 요청한 시장 · 군수 · 구청장의 지휘에 따라 응급조치에 종사하여야 한다.

[전문개정 2010.6.8]

제45조(응급부담) 시장 · 군수 · 구청장과 지역통제단장(대통령령으로 정하는 권한을 행사하는 경우에만 해당한다)은 그 관할 구역에서 재난이 발생하거나 발생할 우려가 있어 응급조치를 하여야 할 급박한 사정이 있으면 해당 재난현장에 있는 사람이나 인근에 거주하는 사람에게 응급조치에 종사하게 하거나 대통령령으로 정하는 바에 따라 다른 사람의 토지 · 건축물 · 인공구조물, 그 밖의 소유물을 일시 사용할 수 있으며, 장애물을 변경하거나 제거할 수 있다.

[전문개정 2010.6.8]

제46조(시 · 도지사가 실시하는 응급조치 등) ① 시 · 도지사는 다음 각 호의 경우에는 제39조부터 제45조까지의 규정에 따른 응급조치를 할 수 있다. 〈개정 2013.8.6〉

1. 관할 구역에서 재난이 발생하거나 발생할 우려가 있는 경우로서 대통령령으로 정하는 경우
2. 둘 이상의 시 · 군 · 구에 걸쳐 재난이 발생하거나 발생할 우려가 있는 경우

② 시 · 도지사는 제1항에 따른 응급조치를 하기 위하여 필요하면 이 절에 따라 응급조치를 하여야 할 시장 · 군수 · 구청장에게 필요한 지시를 하거나 다른 시장 · 군수 · 구청장에게 응원을 요청할 수 있다. 〈개정 2013.8.6〉

[전문개정 2010.6.8]

제47조(재난관리책임기관의 장의 응급조치) 제3조제5호나목에 따른 재난관리책임기관의 장은 재난이 발생하거나 발생할 우려가 있으면 즉시 그 소관 업무에 관하여 필요한 응급조치를 하고, 이 절에 따라 시·도지사, 시장·군수·구청장 또는 지역통제단장이 실시하는 응급조치가 원활히 수행될 수 있도록 필요한 협조를 하여야 한다. 〈개정 2013.8.6〉

[전문개정 2010.6.8]

제48조(지역통제단장의 응급조치 등) ① 지역통제단장은 긴급구조를 위하여 필요하면 중앙대책본부장, 시·도지사(시·도대책본부가 운영되는 경우에는 해당 본부장을 말한다. 이하 이 조에서 같다) 또는 시장·군수·구청장(시·군·구대책본부가 운영되는 경우에는 해당 본부장을 말한다. 이하 이 조에서 같다)에게 제37조, 제38조, 제39조 및 제44조에 따른 응급대책을 요청할 수 있고, 중앙대책본부장, 시·도지사 또는 시장·군수·구청장은 특별한 사유가 없으면 요청에 따라야 한다. 〈개정 2013.8.6〉

② 지역통제단장은 제37조에 따른 응급조치 및 제40조부터 제43조까지와 제45조에 따른 응급대책을 실시하였을 때에는 이를 즉시 해당 시장·군수·구청장에게 통보하여야 한다.

[전문개정 2010.6.8]

제2절 긴급구조 〈신설 2013.8.6〉

제49조(중앙긴급구조통제단) ① 긴급구조에 관한 사항의 총괄·조정, 긴급구조기관 및 긴급구조지원기관이 하는 긴급구조활동의 역할 분담과 지휘·통제를 위하여 소방방재청에 중앙긴급구조통제단(이하 "중앙통제단"이라 한다)을 둔다.

② 중앙통제단에는 단장 1명을 두되, 소방방재청장이 단장이 된다.

③ 중앙통제단장은 긴급구조를 위하여 필요하면 긴급구조지원기관 간의 공조체제를 유지하기 위하여 관계 기관·단체의 장에게 소속 직원의 파견을 요청할 수 있다. 이 경우 요청을 받은 기관·단체의 장은 특별한 사유가 없으면 요청에 따라

야 한다.

④ 중앙통제단의 구성 · 기능 및 운영에 필요한 사항은 대통령령으로 정한다.

[전문개정 2010.6.8]

제50조(지역긴급구조통제단) ① 지역별 긴급구조에 관한 사항의 총괄 · 조정, 해당 지역에 소재하는 긴급구조기관 및 긴급구조지원기관 간의 역할분담과 재난현장에서의 지휘 · 통제를 위하여 시 · 도의 소방본부에 시 · 도긴급구조통제단을 두고, 시 · 군 · 구의 소방서에 시 · 군 · 구긴급구조통제단을 둔다.

② 시 · 도긴급구조통제단과 시 · 군 · 구긴급구조통제단(이하 "지역통제단"이라 한다)에는 각각 단장 1명을 두되, 시 · 도긴급구조통제단의 단장은 소방본부장이 되고 시 · 군 · 구긴급구조통제단의 단장은 소방서장이 된다.

③ 지역통제단장은 긴급구조를 위하여 필요하면 긴급구조지원기관 간의 공조체제를 유지하기 위하여 관계 기관 · 단체의 장에게 소속 직원의 파견을 요청할 수 있다. 이 경우 요청을 받은 기관 · 단체의 장은 특별한 사유가 없으면 요청에 따라야 한다.

④ 지역통제단의 기능과 운영에 관한 사항은 대통령령으로 정한다.

[전문개정 2010.6.8]

제51조(긴급구조) ① 지역통제단장은 재난이 발생하면 소속 긴급구조요원을 재난현장에 신속히 출동시켜 필요한 긴급구조활동을 하게 하여야 한다.

② 지역통제단장은 긴급구조를 위하여 필요하면 긴급구조지원기관의 장에게 소속 긴급구조지원요원을 현장에 출동시키는 등 긴급구조활동을 지원할 것을 요청할 수 있다. 이 경우 요청을 받은 기관의 장은 특별한 사유가 없으면 즉시 요청에 따라야 한다.

③ 제2항에 따른 요청에 따라 긴급구조활동에 참여한 민간 긴급구조지원기관에 대하여는 대통령령으로 정하는 바에 따라 그 경비의 전부 또는 일부를 지원할 수 있다.

④ 긴급구조활동을 하기 위하여 회전익항공기(이하 이 항에서 "헬기"라 한다)를 운항할 필요가 있으면 긴급구조기관의 장이 헬기의 운항과 관련되는 사항을 헬기

운항통제기관에 통보하고 헬기를 운항할 수 있다. 이 경우 관계 법령에 따라 해당 헬기의 운항이 승인된 것으로 본다.

[전문개정 2010.6.8]

제52조(긴급구조 현장지휘) ① 재난현장에서는 시·군·구긴급구조통제단장이 긴급구조활동을 지휘한다. 다만, 치안활동과 관련된 사항은 관할 경찰관서의 장과 협의하여야 한다.

② 제1항에 따른 현장지휘는 다음 각 호의 사항에 관하여 한다.

1. 재난현장에서 인명의 탐색·구조
2. 긴급구조기관 및 긴급구조지원기관의 인력·장비의 배치와 운용
3. 추가 재난의 방지를 위한 응급조치
4. 긴급구조지원기관 및 자원봉사자 등에 대한 임무의 부여
5. 사상자의 응급처치 및 의료기관으로의 이송
6. 긴급구조에 필요한 물자의 관리
7. 현장접근 통제, 현장 주변의 교통정리, 그 밖에 긴급구조활동을 효율적으로 하기 위하여 필요한 사항

③ 시·도긴급구조통제단장은 필요하다고 인정하면 제1항에도 불구하고 직접 현장지휘를 할 수 있다.

④ 중앙통제단장은 대통령령으로 정하는 대규모 재난이 발생하거나 그 밖에 필요하다고 인정하면 제1항 및 제3항에도 불구하고 직접 현장지휘를 할 수 있다.

⑤ 재난현장에서 긴급구조활동을 하는 긴급구조요원은 제1항·제3항 및 제4항에 따라 현장지휘를 하는 각급 통제단장의 지휘·통제에 따라야 한다.

⑥ 중앙통제단장과 지역통제단장은 재난현장의 긴급구조 등 현장지휘를 효과적으로 하기 위하여 재난현장에 현장지휘소를 설치·운영할 수 있다. 이 경우 긴급구조활동에 참여하는 긴급구조지원기관의 현장지휘자는 현장지휘소에 대통령령으로 정하는 바에 따라 연락관을 파견하여야 한다.

[전문개정 2010.6.8]

[제목개정 2013.8.6]

제53조(긴급구조활동에 대한 평가) ① 중앙통제단장과 지역통제단장은 재난상황이 끝난 후 대통령령으로 정하는 바에 따라 긴급구조지원기관의 활동에 대하여 종합평가를 하여야 한다.

② 제1항에 따른 종합평가결과는 시 · 군 · 구긴급구조통제단장은 시 · 도긴급구조통제단장 및 시장 · 군수 · 구청장에게, 시 · 도긴급구조통제단장은 소방방재청장에게 보고하거나 통보하여야 한다.

[전문개정 2010.6.8]

제54조(긴급구조대응계획의 수립) 긴급구조기관의 장은 재난이 발생하는 경우 긴급구조기관과 긴급구조지원기관이 신속하고 효율적으로 긴급구조를 수행할 수 있도록 대통령령으로 정하는 바에 따라 재난의 규모와 유형에 따른 긴급구조대응계획을 수립 · 시행하여야 한다.

[전문개정 2010.6.8]

제55조(재난대비능력 보강) ① 국가와 지방자치단체는 재난관리에 필요한 인력 · 장비 · 시설의 확충, 통신망의 설치 · 정비 등 긴급구조능력을 보강하기 위하여 노력하고, 필요한 재정상의 조치를 마련하여야 한다.

② 긴급구조기관의 장은 긴급구조활동을 신속하고 효과적으로 할 수 있도록 긴급구조지휘대 등 긴급구조체제를 구축하고, 상시 소속 긴급구조요원 및 장비의 출동태세를 유지하여야 한다.

③ 긴급구조업무와 재난관리책임기관(행정기관 외의 기관만 해당한다)의 재난관리업무에 종사하는 사람은 대통령령으로 정하는 바에 따라 긴급구조에 관한 교육을 받아야 한다. 다만, 다른 법령에 따라 긴급구조에 관한 교육을 받은 경우에는 이 법에 따른 교육을 받은 것으로 본다.

④ 소방방재청장과 시 · 도지사는 제3항에 따른 교육을 담당할 교육기관을 지정할 수 있다. 〈개정 2013.8.6〉

[전문개정 2010.6.8]

제55조의2(긴급구조지원기관의 능력에 대한 평가) ① 긴급구조지원기관은 대통령령으로 정하는 바에 따라 긴급구조에 필요한 능력을 유지하여야 한다.

② 긴급구조기관의 장은 긴급구조지원기관의 능력을 평가할 수 있다. 다만, 상시 출동체계 및 자체 평가제도를 갖춘 기관과 민간 긴급구조지원기관에 대하여는 대통령령으로 정하는 바에 따라 평가를 하지 아니할 수 있다.

③ 긴급구조기관의 장은 제2항에 따른 평가 결과를 해당 긴급구조지원기관의 장에게 통보하여야 한다.

④ 제1항부터 제3항까지에서 규정한 사항 외에 긴급구조지원기관의 능력 평가에 필요한 사항은 대통령령으로 정한다.

[본조신설 2010.6.8]

第56조(해상에서의 긴급구조) ① 해양경찰청장은 해상에서 선박이나 항공기 등의 조난사고가 발생하면 「수난구호법」 등 관계 법령에 따라 긴급구조활동을 하여야 한다.

② 해양경찰청장은 긴급구조를 효율적으로 하기 위하여 필요하다고 인정하면 중앙행정기관의 장이나 소방방재청장에게 구조대의 지원이나 그 밖에 필요한 협조를 요청할 수 있다. 이 경우 요청을 받은 중앙행정기관의 장이나 소방방재청장은 특별한 사유가 없으면 요청에 따라야 한다.

[전문개정 2010.6.8]

第57조(항공기 등 조난사고 시의 긴급구조 등) ① 소방방재청장은 항공기 조난사고가 발생한 경우 항공기 수색과 인명구조를 위하여 항공기 수색·구조계획을 수립·시행하여야 한다. 다만, 다른 법령에 항공기의 수색·구조에 관한 특별한 규정이 있는 경우에는 그 법령에 따른다.

② 항공기의 수색·구조에 필요한 사항은 대통령령으로 정한다.

③ 국방부장관은 항공기나 선박의 조난사고가 발생하면 관계 법령에 따라 긴급구조업무에 책임이 있는 기관의 긴급구조활동에 대한 군의 지원을 신속하게 할 수 있도록 다음 각 호의 조치를 취하여야 한다.

1. 탐색구조본부의 설치·운영
2. 탐색구조부대의 지정 및 출동대기태세의 유지
3. 조난 항공기에 관한 정보 제공

④ 제3항제1호에 따른 탐색구조본부의 구성과 운영에 필요한 사항은 국방부령으로 정한다.

[전문개정 2010.6.8]

제7장 재난의 복구 〈개정 2010.6.8〉

제1절 피해조사 및 복구계획 〈신설 2013.8.6〉

제58조(재난피해의 조사) ① 재난관리책임기관의 장은 재난으로 인하여 발생한 피해상황을 신속하게 조사한 후 그 결과를 중앙대책본부장에게 통보하여야 한다.

② 중앙대책본부장은 재난피해의 조사를 위하여 필요한 경우에는 대통령령으로 정하는 바에 따라 관계 중앙행정기관 및 관계 재난관리책임기관의 장과 합동으로 중앙재난피해합동조사단을 편성하여 재난피해 상황을 조사할 수 있다.

③ 중앙대책본부장은 제2항에 따른 중앙재난피해합동조사단(이하 "재난피해조사단"이라 한다)을 편성하기 위하여 관계 재난관리책임기관의 장에게 소속 공무원이나 직원의 파견을 요청할 수 있다. 이 경우 요청을 받은 관계 재난관리책임기관의 장은 특별한 사유가 없으면 요청에 따라야 한다.

④ 제1항에 따른 피해상황 조사의 방법 및 기준 등 필요한 사항은 중앙대책본부장이 정한다.

[본조신설 2013.8.6]

제59조(재난복구계획의 수립 · 시행) ① 재난관리책임기관의 장은 제58조제1항에 따른 피해조사를 마치면 지체 없이 자체복구계획을 수립 · 시행하여야 한다. 다만, 제58조제2항에 따라 중앙재난피해합동조사단이 편성되어 피해상황을 조사하는 경우에는 제2항에 따라 중앙대책본부장으로부터 재난피해복구계획을 통보받은 후에 수립 · 시행할 수 있다.

② 중앙대책본부장은 제58조제2항에 따라 중앙재난피해합동조사단을 편성한 경우에는 피해조사를 한 후 제14조제2항 본문에 따른 중앙재난안전대책본부회의의 심의를 거쳐 재난피해복구계획을 수립하고, 이를 관계 재난관리책임기관의 장에

게 통보하여야 한다.

③ 재난관리책임기관의 장은 제2항에 따라 재난피해복구계획을 통보받으면 이를 기초로 소관 사항에 대한 자체복구계획을 수립ㆍ시행하여야 한다. 이 경우 지방자치단체의 장은 자체복구계획을 수립하면 지체 없이 재해복구를 위하여 필요한 경비를 지방자치단체의 예산에 계상(計上)하여야 한다.

[본조신설 2013.8.6]

[종전 제59조는 제60조로 이동 〈2013.8.6〉]

제2절 특별재난지역 선포 및 지원 〈신설 2013.8.6〉

제60조(특별재난지역의 선포) ① 중앙대책본부장은 대통령령으로 정하는 규모의 재난이 발생하여 국가의 안녕 및 사회질서의 유지에 중대한 영향을 미치거나 피해를 효과적으로 수습하기 위하여 특별한 조치가 필요하다고 인정하거나 제3항에 따른 지역대책본부장의 요청이 타당하다고 인정하는 경우에는 중앙위원회의 심의를 거쳐 해당 지역을 특별재난지역으로 선포할 것을 대통령에게 건의할 수 있다.

② 제1항에 따라 특별재난지역의 선포를 건의받은 대통령은 해당 지역을 특별재난지역으로 선포할 수 있다.

③ 지역대책본부장은 관할지역에서 발생한 재난으로 인하여 제1항에 따른 사유가 발생한 경우에는 중앙대책본부장에게 특별재난지역의 선포 건의를 요청할 수 있다.

[전문개정 2013.8.6]

[제59조에서 이동, 종전 제60조는 삭제

제61조(특별재난지역에 대한 지원) 국가나 지방자치단체는 제60조에 따라 특별재난지역으로 선포된 지역에 대하여는 제66조제3항에 따른 지원을 하는 외에 대통령령으로 정하는 바에 따라 응급대책 및 재난구호와 복구에 필요한 행정상ㆍ재정상ㆍ금융상ㆍ의료상의 특별지원을 할 수 있다. 〈개정 2013.8.6〉

[전문개정 2010.6.8]

제61조의2 삭제 〈2013.8.6〉

제3절 재정 및 보상 등 〈신설 2013.8.6〉

제62조(비용 부담의 원칙) ① 재난관리에 필요한 비용은 이 법 또는 다른 법령에 특별한 규정이 있는 경우 외에는 이 법 또는 제3장의 안전관리계획에서 정하는 바에 따라 그 시행의 책임이 있는 자(제29조제1항에 따른 재난방지시설의 경우에는 해당 재난방지시설의 유지 · 관리 책임이 있는 자를 말한다)가 부담한다. 다만, 제46조에 따라 시 · 도지사나 시장 · 군수 · 구청장이 다른 재난관리책임기관이 시행할 재난의 응급조치를 시행한 경우 그 비용은 그 응급조치를 시행할 책임이 있는 재난관리책임기관이 부담한다. 〈개정 2013.8.6〉

② 제1항 단서에 따른 비용은 관계 기관이 협의하여 정산한다.

[전문개정 2010.6.8]

[제목개정 2013.8.6]

제63조(응급지원에 필요한 비용) ① 제44조제1항, 제46조 또는 제48조제1항에 따라 응원을 받은 자는 그 응원에 드는 비용을 부담하여야 한다. 〈개정 2013.8.6〉

② 제1항의 경우 그 응급조치로 인하여 다른 지방자치단체가 이익을 받은 경우에는 그 수익의 범위에서 이익을 받은 해당 지방자치단체가 그 비용의 일부를 분담하여야 한다.

③ 제1항과 제2항에 따른 비용은 관계 기관이 협의하여 정산한다.

[전문개정 2010.6.8]

제64조(손실보상) ① 국가나 지방자치단체는 제39조 및 제45조(제46조에 따라 시 · 도지사가 행하는 경우를 포함한다)에 따른 조치로 인하여 손실이 발생하면 보상하여야 한다.

② 제1항에 따른 손실보상에 관하여는 손실을 입은 자와 그 조치를 한 중앙행정기관의 장, 시 · 도지사 또는 시장 · 군수 · 구청장이 협의하여야 한다.

③ 제2항에 따른 협의가 성립되지 아니하면 대통령령으로 정하는 바에 따라 「공

익사업을 위한 토지 등의 취득 및 보상에 관한 법률」 제51조에 따른 관할 토지수용위원회에 재결을 신청할 수 있다.

④ 제3항에 따른 재결에 관하여는 「공익사업을 위한 토지 등의 취득 및 보상에 관한 법률」 제83조부터 제86조까지의 규정을 준용한다.

[전문개정 2010.6.8]

제65조(치료 및 보상) ① 재난 발생 시 긴급구조활동과 응급대책·복구 등에 참여한 자원봉사자, 제45조에 따른 응급조치 종사명령을 받은 사람 및 제51조제2항에 따라 긴급구조활동에 참여한 민간 긴급구조지원기관의 긴급구조지원요원이 응급조치나 긴급구조활동을 하다가 부상을 입은 경우에는 치료를 실시하고, 사망(부상으로 인하여 사망한 경우를 포함한다)하거나 신체에 장애를 입은 경우에는 그 유족이나 장애를 입은 사람에게 보상금을 지급한다. 다만, 다른 법령에 따라 국가나 지방자치단체의 부담으로 같은 종류의 보상금을 받은 사람에게는 그 보상금에 상당하는 금액을 지급하지 아니한다.

② 재난의 응급대책·복구 및 긴급구조 등에 참여한 자원봉사자의 장비 등이 응급대책·복구 또는 긴급구조와 관련하여 고장나거나 파손된 경우에는 그 자원봉사자에게 수리비용을 보상할 수 있다.

③ 제1항에 따른 치료 및 보상금은 국가나 지방자치단체가 부담하며, 그 기준과 절차 등에 관한 사항은 대통령령으로 정한다.

[전문개정 2010.6.8]

제66조(재난지역에 대한 국고보조 등의 지원) ① 국가는 재난(제3조제1호가목에 따른 자연재난과 제3조제1호나목에 따른 사회재난 중 제60조제2항에 따라 특별재난지역으로 선포된 지역의 재난으로 한정한다)의 원활한 복구를 위하여 필요하면 대통령령으로 정하는 바에 따라 그 비용(제65조제1항에 따른 보상금을 포함한다)의 전부 또는 일부를 국고에서 부담하거나 지방자치단체, 그 밖의 재난관리책임자에게 보조할 수 있다. 다만, 제39조제1항(제46조제1항에 따라 시·도지사가 하는 경우를 포함한다) 또는 제40조제1항의 대피명령을 방해하거나 위반하여 발생한 피해에 대하여는 그러하지 아니하다. 〈개정 2013.8.6〉

② 제1항에 따른 재난복구사업의 재원은 대통령령으로 정하는 재난의 구호 및 재난의 복구비용 부담기준에 따라 국고의 부담금 또는 보조금과 지방자치단체의 부담금 · 의연금 등으로 충당하되, 지방자치단체의 부담금 중 시 · 도 및 시 · 군 · 구가 부담하는 기준은 안전행정부령으로 정한다. 〈개정 2013.3.23〉

③ 국가와 지방자치단체는 재난으로 피해를 입은 시설의 복구와 피해주민의 생계안정을 위하여 다음 각 호의 지원을 할 수 있다. 〈개정 2013.8.6〉

1. 사망자 · 실종자 · 부상자 등 피해주민에 대한 구호
2. 주거용 건축물의 복구비 지원
3. 고등학생의 학자금 면제
4. 관계 법령에서 정하는 바에 따라 농업인 · 임업인 · 어업인의 자금 융자, 농업 · 임업 · 어업 자금의 상환기한 연기 및 그 이자의 감면 또는 중소기업 및 소상공인의 자금 융자
5. 세입자 보조 등 생계안정 지원
6. 관계 법령에서 정하는 바에 따라 국세 · 지방세, 건강보험료 · 연금보험료, 통신요금, 전기요금 등의 경감 또는 납부유예 등의 간접지원
7. 주 생계수단인 농업 · 어업 · 임업 · 염생산업(鹽生産業)에 피해를 입은 경우에 해당 시설의 복구를 위한 지원
8. 공공시설 피해에 대한 복구사업비 지원
9. 그 밖에 제14조제2항 본문에 따른 중앙재난안전대책본부회의에서 결정한 지원

④ 제3항에 따른 지원기준은 제3조제1호가목에 따른 자연재난에 대해서는 대통령령으로 정하고, 제3조제1호나목에 따른 사회재난으로서 제60조제2항에 따라 특별재난지역으로 선포된 지역의 재난에 대해서는 관계 중앙행정기관의 장과의 협의 및 제14조제2항 본문에 따른 중앙재난안전대책본부회의의 심의를 거쳐 중앙대책본부장이 정하며, 제3조제1호나목에 따른 사회재난으로서 제60조제2항에 따라 특별재난지역으로 선포되지 아니한 지역의 재난에 대해서는 제16조제2항에 따른 지역재난안전대책본부회의의 심의를 거쳐 지역대책본부장이 정한다. 〈신설 2013.8.6〉

⑤ 국가와 지방자치단체는 재난으로 피해를 입은 사람에 대하여 심리적 안정과

사회 적응을 위한 상담 활동을 지원할 수 있다. 이 경우 구체적인 지원절차와 그 밖에 필요한 사항은 대통령령으로 정한다. 〈개정 2013.8.6〉

[전문개정 2010.6.8]

[제목개정 2013.8.6]

제8장 안전문화 진흥 〈신설 2013.8.6〉

제66조의2(안전문화 진흥을 위한 시책의 추진) ① 중앙행정기관의 장과 지방자치단체의 장은 소관 재난 및 안전관리업무와 관련하여 국민의 안전의식을 높이고 안전문화를 진흥시키기 위한 다음 각 호의 안전문화활동을 적극 추진하여야 한다.

1. 안전교육 및 안전훈련
2. 안전의식을 높이기 위한 캠페인 및 홍보
3. 안전행동요령 및 기준·절차 등에 관한 지침의 개발·보급
4. 안전문화 우수사례의 발굴 및 확산
5. 안전 관련 통계 현황의 관리·활용 및 공개
6. 안전에 관한 각종 조사 및 분석
7. 그 밖에 안전문화를 진흥하기 위한 활동

② 안전행정부장관은 제1항에 따른 안전문화활동의 추진에 관한 총괄·조정 업무를 관장한다.

③ 국가와 지방자치단체는 국민이 안전문화를 실천하고 체험할 수 있는 안전체험시설을 설치·운영할 수 있다.

④ 국가는 지방자치단체 및 그 밖의 기관·단체에서 추진하는 안전문화활동을 위하여 필요한 예산을 지원할 수 있다.

[본조신설 2013.8.6]

제66조의3(안전점검의 날 등) 국가는 대통령령으로 정하는 바에 따라 국민의 안전의식 수준을 높이기 위하여 안전점검의 날과 방재의 날을 정하여 필요한 행사 등을 할 수 있다.

[본조신설 2013.8.6]

제66조의4(안전관리헌장) ① 국무총리는 재난을 예방하고, 재난이 발생할 경우 그 피해를 최소화하기 위하여 재난 및 안전관리업무에 종사하는 자가 지켜야 할 사항 등을 정한 안전관리헌장을 제정 · 고시하여야 한다.

② 재난관리책임기관의 장은 제1항에 따른 안전관리헌장을 실천하는 데 노력하여야 하며, 안전관리헌장을 누구나 쉽게 볼 수 있는 곳에 항상 게시하여야 한다.

[본조신설 2013.8.6]

제66조의5(대국민 안전교육의 실시) ① 중앙행정기관의 장 및 지방자치단체의 장은 안전문화의 정착을 위하여 대국민 안전교육 및 학교 · 사회복지시설 · 다중이용시설 등 안전에 취약한 시설의 종사자 등에 대하여 안전교육을 실시할 수 있다.

② 제1항에 따른 안전교육의 대상, 방법, 시기, 그 밖에 안전교육의 실시에 필요한 사항은 대통령령으로 정한다.

[본조신설 2013.8.6]

제66조의6(안전교육 전문인력 양성 등) ① 국가 및 지방자치단체는 안전교육 전문인력의 양성을 위하여 다음 각 호의 사항에 관한 시책을 수립 · 추진할 수 있다.

1. 안전교육 전문인력의 수급 및 활용에 관한 사항
2. 안전교육 전문인력의 육성 및 교육훈련에 관한 사항
3. 안전교육 전문인력의 경력관리와 경력인증에 관한 사항
4. 그 밖에 안전교육 전문인력의 양성에 필요한 사항으로서 대통령령으로 정하는 사항

② 국가 및 지방자치단체는 제1항에 따른 안전교육 전문인력의 양성을 위한 시책을 추진할 때 필요하면 안전교육 전문인력 양성 등과 관련된 대학, 연구기관 등 대통령령으로 정하는 기관 및 단체를 지원할 수 있다.

[본조신설 2013.8.6]

제66조의7(안전정보의 구축 · 활용) ① 안전행정부장관은 재난 및 각종 사고로부터 국민의 생명과 신체 및 재산을 보호하기 위하여 재난이나 그 밖의 각종 사고에 관한 통계, 지리정보, 안전정책 등에 관한 정보(이하 "안전정보"라 한다)를 수집하여 체계적으로 관리하여야 한다.

② 안전행정부장관은 안전정보의 체계적인 관리를 위하여 안전정보통합관리시스템을 구축·운영하여야 한다.

③ 안전행정부장관은 안전정보통합관리시스템을 관계 행정기관 및 국민이 안전수준을 진단하고 개선하는 데 활용할 수 있도록 하여야 한다.

④ 안전행정부장관은 안전정보통합관리시스템을 구축하기 위하여 관계 행정기관의 장에게 필요한 자료를 요청할 수 있다. 이 경우 요청을 받은 관계 행정기관의 장은 특별한 사유가 없으면 요청에 따라야 한다.

⑤ 안전정보의 수집·관리, 안전정보통합관리시스템의 구축·활용 등에 필요한 사항은 대통령령으로 정한다.

[본조신설 2013.8.6]

제66조의8(안전지수의 공표) ① 안전행정부장관은 지역별 안전수준과 안전의식을 객관적으로 나타내는 지수(이하 "안전지수"라 한다)를 개발·조사하여 그 결과를 공표할 수 있다.

② 안전행정부장관은 안전지수의 조사를 위하여 관계 행정기관의 장에게 필요한 자료를 요청할 수 있다. 이 경우 요청을 받은 관계 행정기관의 장은 특별한 사유가 없으면 요청에 따라야 한다.

③ 안전행정부장관은 안전지수의 개발·조사에 관한 업무를 효율적으로 수행하기 위하여 필요한 경우 대통령령으로 정하는 기관 또는 단체로 하여금 그 업무를 대행하게 할 수 있다.

④ 안전지수의 조사 항목, 방법, 공표절차 등 필요한 사항은 대통령령으로 정한다.

[본조신설 2013.8.6]

제66조의9(지역축제 개최 시 안전관리조치) ① 중앙행정기관의 장 또는 지방자치단체의 장은 대통령령으로 정하는 지역축제를 개최하려면 해당 지역축제가 안전하게 진행될 수 있도록 지역축제 안전관리계획을 수립하고, 그 밖에 안전관리에 필요한 조치를 하여야 한다.

② 안전행정부장관, 소방방재청장 또는 시·도지사는 제1항에 따른 지역축제 안전관리계획의 이행 실태를 지도·점검할 수 있으며, 점검결과 보완이 필요한 사

항에 대해서는 관계 기관의 장에게 시정을 요청할 수 있다. 이 경우 시정 요청을 받은 관계 기관의 장은 특별한 사유가 없으면 요청에 따라야 한다.

③ 제1항에 따른 지역축제 안전관리계획의 내용, 수립절차 등 필요한 사항은 대통령령으로 정한다.

[본조신설 2013.8.6]

제66조의10(안전사업지구의 지정 및 지원) ① 안전행정부장관은 지역사회의 안전수준을 높이기 위하여 시 · 군 · 구를 대상으로 안전사업지구를 지정하여 필요한 지원할 수 있다.

② 제1항에 따른 안전사업지구의 지정기준, 지정절차 등 필요한 사항은 대통령령으로 정한다.

[본조신설 2013.8.6]

제9장 보칙 〈신설 2013.8.6〉

제67조(재난관리기금의 적립) ① 지방자치단체는 재난관리에 드는 비용에 충당하기 위하여 매년 재난관리기금을 적립하여야 한다.

② 제1항에 따른 재난관리기금의 매년도 최저적립액은 최근 3년 동안의 「지방세법」에 의한 보통세의 수입결산액의 평균연액의 100분의 1에 해당하는 금액으로 한다.

[전문개정 2010.6.8]

제68조(재난관리기금의 운용 등) ① 재난관리기금에서 생기는 수입은 그 전액을 재난관리기금에 편입하여야 한다.

② 재난관리기금의 용도 · 운용 및 관리에 필요한 사항은 대통령령으로 정한다.

[전문개정 2010.6.8]

제69조(정부합동 재난원인조사) ① 안전행정부장관은 재난이나 그 밖의 각종 사고의 발생 원인과 재난 발생 시 대응과정에 관한 조사 · 분석 · 평가(이하 "재난원인조사"라 한다)를 효율적으로 수행하기 위하여 재난안전분야 전문가 및 전문기관 등이 공동으로 참여하는 정부합동 재난원인조사단(이하 "재난원인조사단"이라 한

다)을 편성하고, 현지에 파견하여 원인조사·분석을 실시할 수 있다.
② 재난원인조사단은 대통령령으로 정하는 바에 따라 재난발생원인조사 결과를 중앙위원회 및 조정위원회에 보고하여야 한다.
③ 재난원인조사단은 재난원인조사를 위하여 필요하면 관계 기관의 장 또는 관계인에게 자료제출 등의 요청을 할 수 있다. 이 경우 요청을 받은 관계 기관의 장 또는 관계인은 특별한 사유가 없으면 요청에 따라야 한다.
④ 안전행정부장관은 재난원인조사 결과를 관계 기관의 장에게 통보하거나 개선권고 등의 필요한 조치를 요청할 수 있다. 이 경우 요청을 받은 관계 기관의 장은 특별한 사유가 없으면 권고에 따른 조치를 하여야 한다.
⑤ 재난원인조사단의 권한, 편성 및 운영 등에 필요한 사항은 대통령령으로 정한다.
[전문개정 2013.8.6]
[제70조에서 이동, 종전 제69조는 제70조로 이동 〈2013.8.6〉]

제70조(재난상황의 기록 관리) ① 재난관리책임기관의 장은 소관 시설·재산 등에 관한 피해상황을 포함한 재난상황 등을 기록하고, 이를 보관하여야 한다. 이 경우 시장·군수·구청장을 제외한 재난관리책임기관의 장은 그 기록사항을 시장·군수·구청장에게 통보하여야 한다. 〈개정 2013.8.6〉
② 소방방재청장은 매년 재난상황 등을 기록한 재해연보 또는 재난연감을 작성하여야 한다. 〈신설 2013.8.6〉
③ 소방방재청장은 제2항에 따른 재해연보 또는 재해연감을 작성하기 위하여 필요한 경우 재난관리책임기관의 장에게 관련 자료의 제출을 요청할 수 있다. 이 경우 요청을 받은 재난관리책임기관의 장은 요청에 적극 협조하여야 한다. 〈신설 2013.8.6〉
④ 재난상황의 작성·보관 및 관리에 필요한 사항은 대통령령으로 정한다. 〈개정 2013.8.6〉
[제69조에서 이동, 종전 제70조는 제69조로 이동 〈2013.8.6〉]

제71조(재난 및 안전관리에 필요한 과학기술의 진흥 등) ① 정부는 재난 및 안전관리에 필요한 연구·실험·조사·기술개발(이하 "연구개발사업"이라 한다) 및 전

문인력 양성 등 재난 및 안전관리 분야의 과학기술 진흥시책을 마련하여 추진하여야 한다.

② 안전행정부장관과 소방방재청장은 연구개발사업을 하는 데에 드는 비용의 전부 또는 일부를 예산의 범위에서 출연금으로 지원할 수 있다. 〈개정 2013.3.23, 2013.8.6〉

③ 안전행정부장관과 소방방재청장은 연구개발사업을 효율적으로 추진하기 위하여 다음 각 호의 어느 하나에 해당하는 기관 · 단체 또는 사업자와 협약을 맺어 연구개발사업을 실시하게 할 수 있다. 〈개정 2013.3.23〉

1. 국공립 연구기관
2. 「특정연구기관 육성법」에 따른 특정연구기관
3. 「과학기술분야 정부출연연구기관 등의 설립 · 운영 및 육성에 관한 법률」에 따라 설립된 과학기술분야 정부출연연구기관
4. 「고등교육법」에 따른 대학 · 산업대학 · 전문대학 및 기술대학
5. 「민법」 또는 다른 법률에 따라 설립된 법인으로서 재난 또는 안전 분야의 연구기관
6. 「기초연구진흥 및 기술개발지원에 관한 법률」 제14조제1항제2호에 따른 기업부설연구소 또는 기업의 연구개발전담부서

④ 안전행정부장관과 소방방재청장은 연구개발사업을 효율적으로 추진하기 위하여 안전행정부 소속 연구기관이나 그 밖에 대통령령으로 정하는 기관 · 단체 또는 사업자 중에서 연구개발사업의 총괄기관을 지정하여 그 총괄기관에게 연구개발사업의 기획 · 관리 · 평가, 제3항에 따른 협약의 체결, 개발된 기술의 보급 · 진흥 등에 관한 업무를 하도록 할 수 있다. 〈개정 2013.3.23, 2013.8.6〉

⑤ 제2항에 따른 출연금의 지급 · 사용 및 관리와 제3항에 따른 협약의 체결방법 등 연구개발사업의 실시에 필요한 사항은 대통령령으로 정한다.

[전문개정 2011.3.29]

제71조의2(재난 및 안전관리기술개발 종합계획의 수립 등) ① 안전행정부장관은 제71조제1항의 재난 및 안전관리에 관한 과학기술의 진흥을 위하여 5년마다 관계

중앙행정기관의 재난 및 안전관리기술개발에 관한 계획을 종합하여 조정위원회의 심의와 「과학기술기본법」 제9조제1항에 따른 국가과학기술심의회의 심의를 거쳐 재난 및 안전관리기술개발 종합계획(이하 "개발계획"이라 한다)을 수립하여야 한다. 〈개정 2013.3.23, 2013.8.6〉

② 관계 중앙행정기관의 장은 개발계획에 따라 소관 업무에 관한 해당 연도 시행계획을 수립하고 추진하여야 한다.

③ 개발계획 및 시행계획에 포함하여야 할 사항 및 계획수립의 절차 등에 관하여는 대통령령으로 정한다.

[본조신설 2012.2.22]

제72조(연구개발사업 성과의 사업화 지원) ① 안전행정부장관과 소방방재청장은 연구개발사업의 성과를 사업화(개발된 성과를 이용하여 제품을 개발, 생산 및 판매하거나 그 과정의 관련 기술을 향상시키는 것을 말한다. 이하 같다)하는 「중소기업기본법」 제2조에 따른 중소기업(이하 "중소기업"이라 한다)이나 그 밖의 법인 또는 사업자 등에 대하여 다음 각 호의 지원을 할 수 있다. 이 경우 중소기업에 대한 지원을 우선적으로 실시할 수 있다. 〈개정 2013.3.23〉

1. 시제품(試製品)의 개발·제작 및 설비투자에 필요한 비용의 지원
2. 연구개발사업의 성과로 발생한 특허권 등 지식재산권의 전용실시권(專用實施權) 또는 통상실시권(通常實施權)의 설정·허락 또는 그 알선
3. 사업화로 생산된 재난 및 안전 관련 제품 등의 우선 구매
4. 연구개발사업에 사용되거나 생산된 기기·설비 및 시제품 등의 사용권 부여 또는 그 알선
5. 그 밖에 사업화를 위하여 필요한 사항으로서 안전행정부령으로 정하는 사항

② 제1항에 따른 지원의 방법 및 절차 등에 관하여 필요한 사항은 대통령령으로 정한다.

[전문개정 2011.3.29]

제72조의2

[제73조로 이동 〈2013.8.6〉]

제73조(기술료의 징수 및 사용) ① 안전행정부장관과 소방방재청장은 연구개발사업의 성과를 사업화함으로써 수익이 발생할 경우에는 사업자로부터 그 수익의 일부에 해당하는 금액(이하 "기술료"라 한다)을 징수할 수 있다. 〈개정 2013.3.23〉

② 안전행정부장관과 소방방재청장은 기술료를 다음 각 호의 사업에 사용할 수 있다. 〈개정 2013.3.23〉

1. 재난 및 안전관리 연구개발사업
2. 그 밖에 재난 및 안전관리와 관련된 기술의 육성을 위한 사업으로서 대통령령으로 정하는 사업

③ 기술료의 징수대상, 징수방법 및 사용 등에 필요한 사항은 대통령령으로 정한다.

[본조신설 2011.3.29]

[제72조의2에서 이동, 종전 제73조는 삭제

제74조(재난관리정보통신체계의 구축 · 운영) ① 안전행정부장관 또는 소방방재청장과 재난관리책임기관 · 긴급구조기관 및 긴급구조지원기관의 장은 재난관리업무를 효율적으로 추진하기 위하여 대통령령으로 정하는 바에 따라 재난관리정보통신체계를 구축 · 운영할 수 있다. 〈개정 2012.2.22, 2013.3.23, 2013.8.6〉

② 재난관리책임기관 · 긴급구조기관 및 긴급구조지원기관의 장은 제1항에 따른 재난관리정보통신체계의 구축에 필요한 자료를 관계 재난관리책임기관 · 긴급구조기관 및 긴급구조지원기관의 장에게 요청할 수 있다. 이 경우 요청을 받은 기관의 장은 특별한 사유가 없으면 요청에 따라야 한다. 〈신설 2012.2.22, 2013.8.6〉

③ 안전행정부장관은 재난관리책임기관 · 긴급구조기관 및 긴급구조지원기관의 장이 제1항에 따라 구축하는 재난관리정보통신체계가 연계 운영되거나 표준화가 이루어지도록 종합적인 재난관리정보통신체계를 구축 · 운영할 수 있으며, 재난관리책임기관 · 긴급구조기관 및 긴급구조지원기관의 장은 특별한 사유가 없으면 이에 협조하여야 한다. 〈신설 2012.2.22, 2013.3.23, 2013.8.6〉

[전문개정 2010.6.8]

[제목개정 2013.8.6]

제74조의2(재난관리정보의 공동이용) ① 재난관리책임기관 · 긴급구조기관 및 긴급

구조지원기관은 재난관리업무를 효율적으로 처리하기 위하여 수집 · 보유하고 있는 재난관리정보를 다른 재난관리책임기관 · 긴급구조기관 및 긴급구조지원기관과 공동이용하여야 한다.

② 제1항에 따라 공동이용되는 재난관리정보를 제공하는 기관은 해당 정보의 정확성을 유지하도록 노력하여야 한다.

③ 재난관리정보의 처리를 하는 재난관리책임기관 · 긴급구조기관 · 긴급구조지원기관 또는 재난관리업무를 위탁받아 그 업무에 종사하거나 종사하였던 자는 직무상 알게 된 재난관리정보를 누설하거나 권한 없이 다른 사람이 이용하도록 제공하는 등 부당한 목적으로 사용하여서는 아니 된다.

④ 제1항에 따른 공유 대상 재난관리정보의 범위, 재난관리정보의 공동이용절차 등에 관하여 필요한 사항은 대통령령으로 정한다.

[본조신설 2012.2.22]

제75조(안전관리자문단의 구성 · 운영) ① 지방자치단체의 장은 재난 및 안전관리업무의 기술적 자문을 위하여 민간전문가로 구성된 안전관리자문단을 구성 · 운영할 수 있다.

② 제1항에 따른 안전관리자문단의 구성과 운영에 관하여는 해당 지방자치단체의 조례로 정한다.

[전문개정 2010.6.8]

제76조(재난 관련 보험 등의 개발 · 보급) ① 국가는 국민과 지방자치단체가 자기의 책임과 노력으로 재난에 대비할 수 있도록 재난 관련 보험 · 공제를 개발 · 보급하기 위하여 노력하여야 한다.

② 국가는 예산의 범위에서 대통령령으로 정하는 바에 따라 보험료와 공제회비의 일부, 보험 및 공제의 운영과 관리 등에 필요한 비용의 일부를 지원할 수 있다.

[전문개정 2010.6.8]

제76조의2(안전책임관) ① 국가기관과 지방자치단체의 장은 해당 기관의 재난 및 안전관리업무를 총괄하는 안전책임관 및 담당직원을 소속 공무원 중에서 임명할 수 있다.

② 안전책임관은 해당 기관의 재난 및 안전관리업무와 관련하여 다음 각 호의 사항을 담당한다.

1. 재난이나 그 밖의 각종 사고가 발생하거나 발생할 우려가 있는 경우 초기대응 및 보고에 관한 사항
2. 위기관리 매뉴얼의 작성 · 관리에 관한 사항
3. 재난 및 안전관리와 관련된 교육 · 훈련에 관한 사항
4. 그 밖에 해당 중앙행정기관의 장이 재난 및 안전관리업무를 위하여 필요하다고 인정하는 사항

③ 제1항에 따른 안전책임관의 임명 및 운영에 필요한 사항은 대통령령으로 정한다.

[본조신설 2013.8.6]

제77조(재난관리에 대한 문책 요구 등) ① 안전행정부장관, 소방방재청장, 시 · 도지사 및 시장 · 군수 · 구청장은 재난응급대책 · 안전점검 · 재난상황관리 등의 업무를 수행할 때 지시를 위반하거나 부과된 임무를 게을리한 재난관리책임기관의 공무원 또는 직원의 명단을 그 사실을 입증할 수 있는 관계 자료와 함께 그 소속 기관 또는 단체의 장에게 통보할 수 있다. 〈개정 2012.2.22, 2013.3.23, 2013.8.6〉

② 중앙통제단장과 지역통제단장은 제52조제5항에 따른 현장지휘에 따르지 아니하거나 부과된 임무를 게을리한 긴급구조요원의 명단을 그 사실을 입증할 수 있는 관계 자료와 함께 그 소속 기관이나 단체의 장에게 통보할 수 있다. 〈개정 2012.2.22〉

③ 제1항과 제2항에 따라 통보를 받은 소속 기관의 장 또는 단체의 장은 해당 공무원 또는 직원에 대한 문책 등 적절한 조치를 하고 그 결과를 해당 기관의 장에게 통보하여야 한다.

④ 안전행정부장관, 소방방재청장, 시 · 도지사, 시장 · 군수 · 구청장, 중앙통제단장 및 지역통제단장은 제1항 및 제2항에 따른 사실 입증에 필요한 조사를 할 수 있다. 이 경우 조사공무원은 그 권한을 표시하는 증표를 제시하여야 한다. 〈신설 2012.2.22, 2013.3.23〉

⑤ 제1항 · 제2항에 따른 통보 및 제4항에 따른 조사에 필요한 사항은 대통령령으

로 정한다. 〈신설 2012.2.22〉

[전문개정 2010.6.8]

제78조(권한의 위임 및 위탁) ① 이 법에 따른 안전행정부장관이나 소방방재청장의 권한은 그 일부를 대통령령으로 정하는 바에 따라 시·도지사에게 위임할 수 있다. 〈개정 2013.3.23〉

② 안전행정부장관이나 소방방재청장은 제33조의2에 따른 평가 등의 업무의 일부와 제72조에 따른 연구개발사업 성과의 사업화 지원 및 제73조에 따른 기술료의 징수 및 사용에 관한 업무를 대통령령으로 정하는 바에 따라 전문기관 등에 위탁할 수 있다. 〈개정 2011.3.29, 2013.3.23, 2013.8.6〉

[전문개정 2010.6.8]

제78조의2(벌칙 적용 시의 공무원 의제) 제71조제3항에 따라 협약을 체결한 기관·단체 및 제78조제2항에 따라 안전행정부장관 또는 소방방재청장이 위탁한 업무를 수행하는 전문기관 등의 임직원은 「형법」 제127조 및 제129조부터 제132조까지의 벌칙 적용 시 공무원으로 본다. 〈개정 2013.3.23〉

[본조신설 2012.2.22]

제10장 벌칙 〈개정 2010.6.8〉

제79조(벌칙) 다음 각 호의 어느 하나에 해당하는 자는 1년 이하의 징역 또는 500만원 이하의 벌금에 처한다.

1. 정당한 사유 없이 제30조제1항에 따른 긴급안전점검을 거부 또는 기피하거나 방해한 자
2. 제31조제1항에 따른 안전조치명령을 이행하지 아니한 자
3. 정당한 사유 없이 제41조제1항제1호(제46조제1항에 따른 경우를 포함한다)에 따른 위험구역에 출입하는 행위나 그 밖의 행위의 금지명령 또는 제한명령을 위반한 자

[전문개정 2010.6.8]

제80조(벌칙) 다음 각 호의 어느 하나에 해당하는 자는 200만원 이하의 벌금에 처

한다.

1. 정당한 사유 없이 제45조(제46조제1항에 따른 경우를 포함한다)에 따른 토지 · 건축물 · 인공구조물, 그 밖의 소유물의 일시 사용 또는 장애물의 변경이나 제거를 거부 또는 방해한 자
2. 제74조의2제3항을 위반하여 직무상 알게 된 재난관리정보를 누설하거나 권한 없이 다른 사람이 이용하도록 제공하는 등 부당한 목적으로 사용한 자

[전문개정 2012.2.22]

제81조(양벌규정) 법인의 대표자나 법인 또는 개인의 대리인, 사용인, 그 밖의 종업원이 그 법인 또는 개인의 업무에 관하여 제79조 또는 제80조의 위반행위를 하면 그 행위자를 벌하는 외에 그 법인 또는 개인에게도 해당 조문의 벌금형을 과(科)한다. 다만, 법인 또는 개인이 그 위반행위를 방지하기 위하여 해당 업무에 관하여 상당한 주의와 감독을 게을리하지 아니한 경우에는 그러하지 아니하다.

[전문개정 2010.6.8]

제82조(과태료) ① 다음 각 호의 어느 하나에 해당하는 사람에게는 200만원 이하의 과태료를 부과한다.

1. 제40조제1항(제46조제1항에 따른 경우를 포함한다)에 따른 대피명령을 위반한 사람
2. 제41조제1항제2호(제46조제1항에 따른 경우를 포함한다)에 따른 위험구역에서의 퇴거명령 또는 대피명령을 위반한 사람

② 제1항에 따른 과태료는 대통령령으로 정하는 바에 따라 시 · 도지사 또는 시장 · 군수 · 구청장이 부과 · 징수한다.

[전문개정 2010.6.8]

부칙 〈제11994호, 2013.8.6〉

제1조(시행일) 이 법은 공포 후 6개월이 경과한 날부터 시행한다. 다만, 제34조의6의 개정규정은 공포 후 1년이 경과한 날부터 시행한다.

제2조(다른 법률의 개정) ① 급경사지 재해예방에 관한 법률 일부를 다음과 같이 개정한다.

제12조제1항 · 제2항 및 제13조제4항 중 "중앙본부장"을 각각 "중앙대책본부장"으로 한다.

② 비상대비자원 관리법 일부를 다음과 같이 개정한다.

제14조제4항 중 "「재난 및 안전관리기본법」 제73조"를 "「재난 및 안전관리 기본법」 제35조"로 한다.

③ 원자력시설 등의 방호 및 방사능 방재 대책법 일부를 다음과 같이 개정한다.

제22조제3항 중 "「재난 및 안전관리기본법」 제18조"를 "「재난 및 안전관리기본법」 제19조"로 한다.

④ 자연재해대책법 일부를 다음과 같이 개정한다,

제4조제1항 · 제2항제1호 · 제4항 · 제5항, 제6조제1항 · 제3항 전단, 제7조제2항 전단, 제8조제2항, 제9조제1항, 제10조제1항 · 제3항, 제11조제1항, 제16조의4제1항, 제20조제2항, 제21조의2제2항 · 제3항 · 제5항, 제22조, 제25조의2제1항 · 제2항 전단, 제26조의4제2항, 제35조제2항 · 제3항 · 제4항 전단 · 제5항 · 제6항, 제45조제2항, 제46조제2항, 제46조의3제1항 각 호 외의 부분 · 제2항, 제47조제1항 · 제2항 전단, 제48조제1항 · 제2항, 제49조제1항, 제52조제1항 · 제2항, 제53조제2항 전단, 제55조제1항 전단 · 제2항 · 제3항 · 제5항 · 제6항 · 제7항 · 제9항, 제64조제2항, 제66조제2항, 제69조제1항 각 호 외의 부분 · 제2항, 제72조제6항, 제75조의 제목 및 같은 조 제1항 · 제2항, 제76조제1항 · 제2항 중 "중앙본부장"을 각각 "중앙대책본부장"으로 한다.

제4조제1항 · 제4항 · 제5항, 제6조제1항 · 제3항 전단, 제7조제2항 전단, 제8조제2항, 제9조제1항 · 제2항, 제11조제1항, 제21조의2제2항 · 제3항, 제22조, 제25조의2제1항 · 제2항 전단, 제25조의3제2항부터 제4항까지, 제37조제2항제4호, 같은 조 제5항 전단 · 후단 · 제6항, 제46조의3제2항, 제49조제1항, 제53조제2항 전단, 제55조제2항, 제66조제2항, 제72조제6항, 제75조제1항 전단 · 후단 · 제2항 중 "지역본부장"을 각각 "지역대책본부장"으로 한다.

⑤ 재해경감을 위한 기업의 자율활동 지원에 관한 법률 일부를 다음과 같이 개정한다.
제5조제1항, 제6조제1항 전단 · 제3항, 제6조의2제1항 전단, 제7조제1항 · 제3항, 제8조제1항 각 호 외의 부분 본문, 제8조의2제1항 · 제2항, 제8조의3 각 호 외의 부분 본문, 제9조제2항, 제10조제1항부터 제4항까지, 제10조의2, 제19조제2항 · 제3항, 제23조제2항, 제27조제1항, 제28조제1항 각 호 외의 부분 · 제2항 · 제3항 전단, 제29조, 제31조의2제1항 각 호 외의 부분, 제32조제1항, 제33조, 제34조제1항 각 호 외의 부분, 제35조제1항 각 호 외의 부분 · 제4항 중 "중앙본부장"을 각각 "중앙대책본부장"으로 한다.
⑥ 저수지 · 댐의 안전관리 및 재해예방에 관한 법률 일부를 다음과 같이 개정한다.
제2조제3호, 제4조제1항 각 호 외의 부분, 제8조제1항 · 제3항, 제23조제1항 · 제2항, 제26조제1항 · 제2항, 제29조제1항 각 호 외의 부분 · 제2항 · 제3항 중 "중앙본부장"을 각각 "중앙대책본부장"으로 한다.
⑦ 지진재해대책법 일부를 다음과 같이 개정한다.
제8조제1항, 제9조제3항, 제10조제1항, 제11조제2항, 제12조제1항 · 제2항, 제13조제1항, 제14조제2항, 제15조제1항 각 호 외의 부분 · 제3항 · 제4항, 제16조제1항 · 제4항 · 제6항, 제18조제1항부터 제3항까지, 제20조제1항부터 제3항까지, 제22조제1항 · 제2항 · 제3항 전단 · 제4항, 제23조제1항부터 제3항까지, 제24조제1항, 제27조제1항 · 제2항 중 "중앙본부장"을 각각 "중앙대책본부장"으로 한다.
제3조제3항, 제10조제1항 · 제3항, 제11조제1항부터 제3항까지, 제12조제5항, 제18조제1항부터 제3항까지, 제19조, 제20조제1항 · 제5항, 제21조제1항, 제24조제1항, 제27조제1항 · 제2항 중 "지역본부장"을 각각 "지역대책본부장"으로 한다.
제17조제1항 중 "같은 법 제19조에 따른 종합상황실"을 "같은 법 제18조에 따른 재난안전상황실"로 한다.

국가대테러활동지침

[시행 2013.5.21] [대통령훈령 제309호, 2013.5.21, 일부개정]

제1장 총칙

제1조(목적) 이 훈령은 국가의 대테러 업무수행을 위하여 필요한 사항을 규정함을 목적으로 한다.

제2조(정의) 이 훈령에서 사용하는 용어의 정의는 다음과 같다.

1. "테러"라 함은 국가안보 또는 공공의 안전을 위태롭게 할 목적으로 행하는 다음 각목의 어느 하나에 해당하는 행위를 말한다.

가. 국가 또는 국제기구를 대표하는 자 등의 살해·납치 등 「외교관 등 국제적 보호인물에 대한 범죄의 방지 및 처벌에 관한 협약」 제2조에 규정된 행위

나. 국가 또는 국제기구 등에 대하여 작위·부작위를 강요할 목적의 인질억류·감금 등「인질억류 방지에 관한 국제협약」제1조에 규정된 행위

다. 국가중요시설 또는 다중이 이용하는 시설·장비의 폭파 등 「폭탄테러행위의 억제를 위한 국제협약」 제2조에 규정된 행위

라. 운항 중인 항공기의 납치·점거 등 「항공기의 불법납치 억제를 위한 협약」 제1조에 규정된 행위

마. 운항 중인 항공기의 파괴, 운항 중인 항공기의 안전에 위해를 줄 수 있는 항공시설의 파괴 등 「민간항공의 안전에 대한 불법적 행위의 억제를 위한 협약」 제1조에 규정된 행위

바. 국제민간항공에 사용되는 공항 내에서의 인명살상 또는 시설의 파괴 등 「1971년 9월 23일 몬트리올에서 채택된 민간항공의 안전에 대한 불법적 행위의 억제를 위한 협약을 보충하는 국제민간항공에 사용되는 공항에서의 불법적 폭력행위의 억제를 위한 의정서」 제2조에 규정된 행위

사. 선박억류, 선박의 안전운항에 위해를 줄 수 있는 선박 또는 항해시설의 파괴 등 「항해의 안전에 대한 불법적 행위의 억제를 위한 협약」 제3조에 규정

된 행위

아. 해저에 고정된 플랫폼의 파괴 등 「대륙붕상에 소재한 고정플랫폼의 안전에 대한 불법적 행위의 억제를 위한 의정서」 제2조에 규정된 행위

자. 핵물질을 이용한 인명살상 또는 핵물질의 절도 · 강탈 등 「핵물질의 방호에 관한 협약」 제7조에 규정된 행위

2. “테러자금”이라 함은 테러를 위하여 또는 테러에 이용된다는 정을 알면서 제공 · 모금된 것으로서 「테러자금 조달의 억제를 위한 국제협약」 제1조제1호의 자금을 말한다.
3. “대테러활동“이라 함은 테러 관련 정보의 수집, 테러혐의자의 관리, 테러에 이용될 수 있는 위험물질 등 테러수단의 안전관리, 시설 · 장비의 보호, 국제행사의 안전확보, 테러위협에의 대응 및 무력 진압 등 테러예방 · 대비와 대응에 관한 제반활동을 말한다.
4. “관계기관”이라 함은 대테러활동을 담당하는 중앙행정기관 및 그 소속기관을 말한다.
5. “사건대응조직”이라 함은 테러사건이 발생하거나 발생이 예상되는 경우에 그 대응을 위하여 한시적으로 구성되는 테러사건대책본부 · 현장지휘본부 등을 말한다.
6. 삭제 〈2009.8.14〉
7. 삭제 〈2009.8.14〉
8. “테러경보”라 함은 테러의 위협 또는 위험수준에 따라 관심 · 주의 · 경계 · 심각의 4단계로 구분하여 발령하는 경보를 말한다.

제3조(기본지침) 국가의 대테러활동을 위한 기본지침은 다음과 같다.

1. 국가의 대테러업무를 효율적으로 수행하기 위하여 범국가적인 종합대책을 수립하고 지휘 및 협조체제를 단일화한다.
2. 관계기관 등은 테러위협에 대한 예방활동에 주력하고, 테러 관련 정보 등 징후를 발견한 경우에는 관계기관에 신속히 통보하여야 한다.
3. 테러사건이 발생하거나 발생이 예상되는 경우에는 테러대책기구 및 사건대응

조직을 통하여 신속한 대응조치를 강구한다.

4. 국내외 테러의 예방·저지 및 대응조치를 원활히 수행하기 위하여 국제적인 대테러 협력체제를 유지한다.
5. 국가의 대테러능력을 향상·발전시키기 위하여 전문인력 및 장비를 확보하고, 대응기법을 연구·개발한다.
6. 테러로 인하여 발생하는 각종 피해의 복구와 구조활동, 사상자에 대한 조치 등 수습활동은 「재난 및 안전 관리기본법」 등 관계법령에서 정한 체계와 절차에 따라 수행함을 원칙으로 한다.
7. 이 훈령과 대통령훈령 제28호 통합방위지침의 적용여부가 불분명한 사건이 발생한 경우에는 사건 성격이 명확히 판명될 때까지 통합방위지침에 의한 대응활동과 병행하여 이 훈령에 의한 대테러활동을 수행한다.

제4조(적용범위) 이 훈령은 관계기관과 그 외에 테러예방 및 대응조치를 위하여 필요한 정부의 관련기관에 적용한다.

제2장 테러대책기구

제1절 테러대책회의

제5조(설치 및 구성) ① 국가 대테러정책의 심의·결정 등을 위하여 대통령 소속하에 테러대책회의를 둔다.

② 테러대책회의의 의장은 국무총리가 되며, 위원은 다음 각 호의 자가 된다. 〈개정 2008.8.18, 2012.2.9, 2013.5.21〉

1. 외교부장관·통일부장관·법무부장관·국방부장관·안전행정부장관·산업통상자원부장관·보건복지부장관·환경부장관·국토교통부장관 및 해양수산부장관
2. 국가정보원장
3. 국가안보실장·대통령경호실장 및 국무조정실장

3의2. 삭제 〈2013.5.21〉

4. 관세청장 · 경찰청장 · 소방방재청장 · 해양경찰청장 및 원자력안전위원회위원장
5. 그 밖에 의장이 지명하는 자

③ 테러대책회의의 사무를 처리하기 위하여 1인의 간사를 두되, 간사는 제11조의 규정에 의한 테러정보통합센터의 장으로 한다. 다만, 제20조의 규정에 의한 분야별 테러사건대책본부가 구성되는 때에는 해당 테러사건대책본부의 장을 포함하여 2인의 간사를 둘 수 있다.

제6조(임무) 테러대책회의는 다음 각 호의 사항을 심의한다.

1. 국가 대테러정책
2. 그 밖에 테러대책회의의 의장이 부의하는 사항

제7조(운영) ① 테러대책회의는 그 임무를 수행하기 위하여 의장이 필요하다고 인정하거나 위원이 회의소집을 요청하는 때에 의장이 이를 소집한다.

② 테러대책회의의 의장 · 위원 및 간사의 직무는 다음과 같다.

1. 의장
   가. 테러대책회의를 소집하고 회의를 주재한다.
   나. 테러대책회의의 결정사항에 대하여 대통령에게 보고하고, 결정사항의 시행을 총괄 · 지휘한다.
2. 위원
   가. 테러대책회의의 소집을 요청하고 회의에 참여한다.
   나. 소관사항에 대한 대책방안을 제안하고, 의결사항의 시행을 총괄한다.
3. 간사
   가. 테러대책회의의 운영에 필요한 실무사항을 지원한다.
   나. 그 밖의 회의 관련 사무를 처리한다.
   다. 제5조제3항 단서의 규정에 의한 분야별 테러사건대책본부의 장은 테러사건에 대한 종합상황을 테러대책회의에 보고하고, 테러대책회의의 의장이 지시한 사항을 처리한다.

③ 의장이 부득이한 사유로 직무를 수행할 수 없는 때에는 제8조의 규정에 의한 테러대책상임위원회의 위원장이 그 직무를 수행한다.

제2절 테러대책상임위원회

제8조(설치 및 구성) ① 관계기관 간 대테러업무의 유기적인 협조·조정 및 테러사건에 대한 대응대책의 결정 등을 위하여 테러대책회의 밑에 테러대책상임위원회(이하 "상임위원회"라 한다)를 둔다.

② 상임위원회의 위원은 다음 각 호의 자가 되며, 위원장은 위원 중에서 대통령이 지명한다. 〈개정 2008.8.18, 2013.5.21〉

1. 외교부장관·통일부장관·국방부장관 및 안전행정부장관
2. 국가정보원장
3. 국가안보실장 및 국무조정실장
4. 경찰청장
5. 그 밖에 상임위원회의 위원장이 지명하는 자

③ 상임위원회의 사무를 처리하기 위하여 1인의 간사를 두되, 간사는 제11조의 규정에 의한 테러정보통합센터의 장으로 한다.

제9조(임무) 상임위원회의 임무는 다음 각 호와 같다.

1. 테러사건의 사전예방·대응대책 및 사후처리 방안의 결정
2. 국가 대테러업무의 수행실태 평가 및 관계기관의 협의·조정
3. 대테러 관련 법령 및 지침의 제정 및 개정 관련 협의
4. 그 밖에 테러대책회의에서 위임한 사항 및 심의·의결한 사항의 처리

제10조(운영) ① 상임위원회의 회의는 정기회의와 임시회의로 구분하며, 위원장이 소집한다.

② 정기회의는 원칙적으로 반기 1회 개최한다. 〈개정 2008.8.18〉

③ 임시회의는 위원장이 필요하다고 인정하거나 위원이 회의소집을 요청하는 때에 소집된다.

④ 상임위원회의 위원장·위원 및 간사의 직무에 대하여는 제7조제2항의 규정을 준용한다.

⑤ 상임위원회의 운영을 효율적으로 지원하기 위하여 관계기관의 국장으로 구성되는 실무회의를 운영할 수 있으며, 간사가 이를 주재한다.

제3절 테러정보통합센터

제11조(설치 및 구성) ① 테러 관련 정보를 통합관리하기 위하여 국가정보원에 관계기관 합동으로 구성되는 테러정보통합센터를 둔다.

② 테러정보통합센터의 장(이하 "센터장"이라 한다)을 포함한 테러정보통합센터의 구성과 참여기관의 범위 · 인원과 운영 등에 관한 세부사항은 국가정보원장이 정하되, 센터장은 국가정보원 직원 중 테러 업무에 관한 전문적 지식과 경험이 있는 자로 한다.

③ 국가정보원장은 관계기관의 장에게 소속공무원의 파견을 요청할 수 있다.

④ 테러정보통합센터의 조직 및 운영에 관한 사항은 공개하지 아니할 수 있다.

제12조(임무) 테러정보통합센터의 임무는 다음 각 호와 같다.

1. 국내외 테러 관련 정보의 통합관리 및 24시간 상황처리체제의 유지
2. 국내외 테러 관련 정보의 수집 · 분석 · 작성 및 배포
3. 테러대책회의 · 상임위원회의 운영에 대한 지원
4. 테러 관련 위기평가 · 경보발령 및 대국민 홍보
5. 테러혐의자 관련 첩보의 검증
6. 상임위원회의 결정사항에 대한 이행점검
7. 그 밖에 테러 관련 정보의 통합관리에 필요한 사항

제13조(운영) ① 관계기관은 테러 관련 정보(징후 · 상황 · 첩보 등을 포함한다)를 인지한 경우에는 이를 지체없이 센터장에게 통보하여야 한다.

② 센터장은 테러정보의 통합관리 등 업무수행에 필요하다고 인정하는 경우에는 관계기관의 장에게 필요한 협조를 요청할 수 있다.

제4절 지역 테러대책협의회

제14조(설치 및 구성) ① 지역의 관계기관 간 테러예방활동의 유기적인 협조 · 조정을 위하여 지역 테러대책협의회를 둔다.

② 지역 테러대책협의회의 의장은 국가정보원의 해당지역 관할지부의 장이 되며, 위원은 다음 각 호의 자가 된다. 〈개정 2008.8.18, 2012.2.9, 2013.5.21〉

1. 법무부 · 보건복지부 · 환경부 · 국토교통부 · 해양수산부 · 국가정보원의 지역기관, 식품의약품안전처, 관세청 · 대검찰청 · 경찰청 · 소방방재청 · 해양경찰청 · 원자력안전위원회의 지역기관, 지방자치단체, 지역 군 · 기무부대의 대테러업무 담당 국 · 과장급 직위의 자
2. 그 밖에 지역 테러대책협의회의 의장이 지명하는 자

제15조(임무) 지역 테러대책협의회의 임무는 다음 각 호와 같다.
1. 테러대책회의 또는 상임위원회의 결정사항에 대한 시행방안의 협의
2. 당해 지역의 관계기관 간 대테러업무의 협조 · 조정
3. 당해 지역의 대테러업무 수행실태의 분석 · 평가 및 발전방안의 강구

제16조(운영) ① 지역 테러대책협의회는 그 임무를 수행하기 위하여 의장이 필요하다고 인정하거나 위원이 회의소집을 요청하는 때에 의장이 이를 소집한다.
② 지역 테러대책협의회의 운영에 관한 세부사항은 제7조의 규정을 준용하여 각 지역 테러대책협의회에서 정한다.

제5절 공항 · 항만 테러 · 보안대책협의회

제17조(설치 및 구성) ① 공항 또는 항만 내에서의 테러예방 및 저지활동을 원활히 수행하기 위하여 공항 · 항만별로 테러 · 보안대책협의회를 둔다.
② 테러 · 보안대책협의회의 의장은 당해 공항 · 항만의 국가정보원 보안실장(보안실장이 없는 곳은 관할지부의 관계과장)이 되며, 위원은 다음 각 호의 자가 된다. 〈개정 2008.8.18, 2012.2.9, 2013.5.21〉
1. 당해 공항 또는 항만에 근무하는 법무부 · 보건복지부 · 국토교통부 · 해양수산부 · 관세청 · 경찰청 · 소방방재청 · 해양경찰청 · 국군기무사령부 등 관계기관의 직원 중 상위 직위자
2. 공항 · 항만의 시설관리 및 경비책임자
3. 그 밖에 테러 · 보안대책협의회의 의장이 지명하는 자

제18조(임무) 테러 · 보안대책협의회는 당해 공항 또는 항만 내의 대테러 활동에 관하여 다음 각 호의 사항을 심의 · 조정한다.

1. 테러혐의자의 잠입 및 테러물품의 밀반입에 대한 저지대책
2. 공항 또는 항만 내의 시설 및 장비에 대한 보호대책
3. 항공기 · 선박의 피랍 및 폭파 예방 · 저지를 위한 탑승자와 수하물의 검사대책
4. 공항 또는 항만 내에서의 항공기 · 선박의 피랍 또는 폭파사건에 대한 초동(初動) 비상처리대책
5. 수요인사의 출입국에 따른 공항 또는 항만 내의 경호 · 경비 대책
6. 공항 또는 항만 관련 테러첩보의 입수 · 분석 · 전파 및 처리대책
7. 그 밖에 공항 또는 항만 내의 대테러대책

제19조(운영) ① 테러 · 보안대책협의회는 그 임무를 수행하기 위하여 의장이 필요하다고 인정하거나 위원이 회의소집을 요청하는 때에 의장이 이를 소집한다.
② 테러 · 보안대책협의회의 운영에 관한 세부사항은 공항 · 항만 별로 테러 · 보안대책협의회에서 정한다.

제3장 테러사건 대응조직

제1절 분야별 테러사건대책본부

제20조(설치 및 구성) ① 테러가 발생하거나 발생이 예상되는 경우 외교부장관은 국외테러사건대책본부를, 국방부장관은 군사시설테러사건대책본부를, 보건복지부장관은 생물테러사건대책본부를, 환경부장관은 화학테러사건대책본부를, 국토교통부장관은 항공기테러사건대책본부를, 원자력안전위원회위원장은 방사능테러사건대책본부를, 경찰청장은 국내일반테러사건대책본부를, 해양경찰청장은 해양테러사건대책본부를 설치 · 운영한다. 〈개정 2008.8.18, 2012.2.9, 2013.5.21〉
② 상임위원회는 동일 사건에 대하여 2개 이상의 테러사건대책본부가 관련되는 경우에는 사건의 성질 · 중요도 등을 고려하여 테러사건대책본부를 설치할 기관을 지정한다.
③ 테러사건대책본부의 장은 테러사건대책본부를 설치하는 부처의 차관급 공무원으로 하되, 경찰청과 해양경찰청은 차장으로 한다.

제21조(임무) 테러사건대책본부의 임무는 다음 각 호와 같다.

1. 테러대책회의 또는 상임위원회의 소집 건의
2. 제23조의 규정에 의한 현장지휘본부의 사건대응활동에 대한 지휘·지원
3. 테러사건 관련 상황의 전파 및 사후처리
4. 그 밖에 테러대응활동에 필요한 사항의 강구 및 시행

제22조(운영) ① 테러사건대책본부의 장은 테러사건대책본부의 운영에 필요한 경우 관계기관의 장에게 전문인력의 파견 등 지원을 요청할 수 있다.

② 테러사건대책본부의 편성·운영에 관한 세부사항은 테러사건대책본부가 설치된 기관의 장이 정한다.

제2절 현장지휘본부

제23조(설치 및 구성) ① 테러사건대책본부의 장은 테러사건이 발생한 경우 사건현장의 대응활동을 총괄하기 위하여 현장지휘본부를 설치할 수 있다. 〈개정 2009.8.14〉

② 현장지휘본부의 장은 테러사건대책본부의 장이 지명하는 자로 한다.

③ 현장지휘본부의 장은 테러의 양상·규모·현장상황 등을 고려하여 협상·진압·구조·소방·구급 등 필요한 전문조직을 구성하거나 관계기관의 장으로부터 지원받을 수 있다.

④ 외교부장관은 해외에서 테러가 발생하여 정부차원의 현장대응이 필요한 경우에는 관계기관 합동으로 정부현지대책반을 구성하여 파견할 수 있다. 〈개정 2013.5.21〉

제3절 대테러특공대

제24조(구성 및 지정) ① 테러사건에 대한 무력진압작전의 수행을 위하여 국방부·경찰청·해양경찰청에 대테러특공대를 둔다.

② 국방부장관·경찰청장·해양경찰청장은 대테러특공대를 설치하거나 지정하고자 할 때에는 상임위원회의 심의를 거쳐야 한다.

③ 국방부장관·경찰청장·해양경찰청장은 대테러특공대의 구성 및 외부 교육훈

련 · 이동 등 운용사항을 대통령경호안전대책위원회의 위원장과 협의하여야 한다.

제25조(임무) 대테러특공대는 다음 각 호의 임무를 수행한다.

1. 테러사건에 대한 무력진압작전
2. 테러사건과 관련한 폭발물의 탐색 및 처리
3. 요인경호행사 및 국가중요행사의 안전활동에 대한 지원
4. 그 밖에 테러사건의 예방 및 저지활동

제26조(운영) 대테러특공대는 테러진압작전을 수행할 수 있도록 특수전술능력을 보유하여야 하며, 항상 즉각적인 출동 태세를 유지하여야 한다.

제27조(출동 및 작전) ① 테러사건이 발생하거나 발생이 예상되는 경우 대테러특공대의 출동 여부는 각각 국방부장관 · 경찰청장 · 해양경찰청장이 결정한다. 다만, 군 대테러특공대의 출동은 군사시설 내에서 테러사건이 발생하거나 테러대책회의의 의장이 요청하는 때에 한한다.

② 대테러특공대의 무력진압작전은 상임위원회에서 결정한다. 다만, 테러범이 무차별 인명살상을 자행하는 등 긴급한 대응조치가 불가피한경우에는 국방부장관 · 경찰청장 · 해양경찰청장이 대테러특공대에 긴급 대응작전을 명할 수 있다.

③ 국방부장관 · 경찰청장 · 해양경찰청장이 제2항 단서의 규정에 의하여 긴급 대응작전을 명한 경우에는 이를 즉시 상임위원회의 위원장에게 보고하여야 한다.

제4절 협상팀

제28조(구성) ① 무력을 사용하지 않고 사건을 종결하거나 후발사태를 저지하기 위하여 국방부 · 경찰청 · 해양경찰청에 협상실무요원 · 통역요원 · 전문요원으로 구성되는 협상팀을 둔다. 〈개정 2009.8.14〉

② 협상실무요원은 협상 전문능력을 갖춘 공무원으로 편성하고, 협상전문요원은 대테러전술 전문가 · 심리학자 · 정신의학자 · 법률가 등 각계 전문가로 편성한다.

제29조(운영) ① 국방부장관 · 경찰청장 · 해양경찰청장은 테러사건이 발생한 경우에는 협상팀을 신속히 소집하고, 협상팀 대표를 선정하여 사건현장에 파견하여야

한다.

② 국방부장관 · 경찰청장 · 해양경찰청장은 테러사건이 발생한 경우에 협상팀의 신속한 현장투입을 위하여 협상팀을 특별시 · 광역시 · 도 단위로 관리 · 운용할 수 있다.

③ 국방부장관 · 경찰청장 · 해양경찰청장은 협상팀의 대응능력을 향상시키기 위하여 협상기법을 연구 · 개발하고 필요한 장비를 확보하여야 한다.

④ 협상팀의 구성 · 운용에 관한 세부사항은 국방부장관 · 경찰청장 · 해양경찰청장이 정한다.

제5절 긴급구조대 및 지원팀 〈개정 2009.8.14〉

제30조(긴급구조대) ① 테러사건 발생 시 신속히 인명을 구조 · 구급하기 위하여 소방방재청에 긴급구조대를 둔다.

② 긴급구조대는 테러로 인한 인명의 구조 · 구급 및 테러에 사용되는 위험물질의 탐지 · 처리 등에 대한 전문적 능력을 보유하여야 한다.

③ 소방방재청장은 테러사건이 발생하거나 발생이 예상되는 경우에는 긴급구조대를 사건현장에 신속히 파견한다.

[전문개정 2009.8.14]

제31조(지원팀) ① 관계기관의 장은 테러사건이 발생한 경우에는 테러대응활동을 지원하기 위하여 지원팀을 구성 · 운영한다.

② 지원팀은 정보 · 외교 · 통신 · 홍보 · 소방 · 제독 등 전문 분야별로 편성한다.

③ 관계기관의 장은 현장지휘본부의 장의 요청이 있거나 테러대책회의 또는 상임위원회의 결정이 있는 때에는 지원팀을 사건현장에 파견한다.

④ 관계기관의 장은 평상시 지원팀의 구성에 필요한 전문요원을 양성하고 장비 등을 확보하여야 한다.

[전문개정 2009.8.14]

제6절 대화생방테러 특수임무대 〈신설 2012.2.9〉

제31조의2(구성 및 지정) ① 화생방테러에 대응하기 위하여 국방부에 대화생방테러 특수임무대를 둘 수 있다.

② 국방부장관은 제1항에 따라 대화생방테러 특수임무대를 설치하거나 지정하려는 때에는 상임위원회의 심의를 거쳐야 한다.

[본조신설 2012.2.9]

제31조의3(임무) ① 대화생방테러 특수임무대는 다음 각 호의 임무를 수행한다.

1. 화생방테러 발생 시 오염확산 방지 및 피해 최소화
2. 화생방테러 관련 오염지역 정밀 제독 및 오염 피해 평가
3. 요인경호 및 국가중요행사의 안전활동에 대한 지원

[본조신설 2012.2.9]

제31조의4(운영) ① 대화생방테러 특수임무대는 화생방테러에 대응하기 위한 전문지식 및 작전수행 능력을 배양하여야 하며 항상 출동태세를 유지하여야 한다.

② 국방부장관은 현장지휘본부의 장의 요청이 있거나 테러대책회의 또는 상임위원회의 결정이 있는 때에는 대화생방테러 특수임무대를 사건 현장에 파견한다.

③ 국방부장관은 대화생방테러 특수임무대의 구성에 필요한 전문요원을 양성하고 필요한 장비 및 물자를 확보하여야 한다.

[본조신설 2012.2.9]

제7절 합동조사반 〈개정 2012.2.9〉

제32조(구성) ① 국가정보원장은 국내외에서 테러사건이 발생하거나 발생할 우려가 현저한 때에는 예방조치 · 사건분석 및 사후처리방안의 강구 등을 위하여 관계기관 합동으로 조사반을 편성 · 운영한다. 다만, 군사시설인 경우 국방부장관(국군기무사령관)이 자체 조사할 수 있다. 〈개정 2009.8.14〉

② 합동조사반은 관계기관의 대테러업무에 관한 실무전문가로 구성하며, 필요한 경우 공공기관 · 단체 또는 민간의 전문요원을 위촉하여 참여하게 할 수 있다.

제33조(운영) ① 합동조사반은 테러사건의 발생지역에 따라 중앙및 지역별 합동조

사반으로 구분하여 운영할 수 있다.

② 관계기관의 장은 평상시 합동조사반에 파견할 전문인력을 확보·양성하고, 합동조사를 위하여 필요한 경우에 인력·장비 등을 지원한다.

제4장 예방·대비 및 대응활동

제1절 예방·대비활동

제34조(정보수집 및 전파) ① 관계기관은 테러사건의 발생을 미연에 방지하기 위하여 소관업무와 관련한 국내외 테러 관련 정보의 수집활동에 주력한다.

② 관계기관은 테러 관련 정보를 입수한 경우에는 지체없이 센터장에게 이를 통보하여야 한다.

③ 센터장은 테러 관련 정보를 종합·분석하여 신속히 관계기관에 전파하여야 한다.

제35조(테러경보의 발령) ① 센터장은 테러위기의 징후를 포착한 경우에는 이를 평가하여 상임위원회에 보고하고 테러경보를 발령한다.

② 테러경보는 테러위협 또는 위험의 정도에 따라 관심·주의·경계·심각의 4단계로 구분하여 발령하고, 단계별 위기평가를 위한 일반적 업무절차는 국가위기관리기본지침에 의한다.

③ 테러경보는 국가전역 또는 일부지역에 한정하여 발령할 수 있다.

④ 센터장은 테러경보의 발령을 위하여 필요한 사항에 대한 세부지침을 수립하여 시행한다.

제36조(테러경보의 단계별 조치) ① 관계기관의 장은 테러경보가 발령된 경우에는 다음 각 호의 기준을 고려하여 단계별 조치를 취하여야 한다.

1. 관심 단계 : 테러 관련 상황의 전파, 관계기관 상호간 연락체계의 확인, 비상연락망의 점검 등
2. 주의 단계 : 테러대상 시설 및 테러에 이용될 수 있는 위험물질에 대한 안전관리의 강화, 국가중요시설에 대한 경비의 강화, 관계기관별 자체 대비태세의 점

검 등

3. 경계 단계 : 테러취약요소에 대한 경비 등 예방활동의 강화, 테러취약시설에 대한 출입통제의 강화, 대테러 담당공무원의 비상근무 등
4. 심각 단계 : 대테러 관계기관 공무원의 비상근무, 테러유형별 테러사건대책본부 등 사건대응조직의 운영준비, 필요장비 · 인원의 동원태세 유지 등

② 관계기관의 장은 제1항의 규정에 의하여 단계별 세부계획을 수립 · 시행하여야 한다.

제37조(지도 및 점검) ① 관계기관의 장은 소관업무와 관련하여 국가중요시설 · 다중이 이용하는 시설 · 장비 및 인원에 대한 테러예방대책과 테러에 이용될 수 있는 위험물질에 대한 안전관리대책을 수립하고, 그 시행을 지도 · 감독한다.

② 국가정보원장은 필요한 경우 관계기관 합동으로 공항 · 항만 등 테러의 대상이 될 수 있는 국가중요시설 · 다중이 이용하는 시설 및 장비에 대한 테러예방활동을 관계법령이 정하는 바에 따라 지도 · 점검할 수 있다.

제38조(국가중요행사에 대한 안전활동) ① 관계기관의 장은 국내외에서 개최되는 국가중요행사에 대하여 행사특성에 맞는 분야별 대테러 · 안전대책을 수립 · 시행하여야 한다.

② 국가정보원장은 국가중요행사에 대한 대테러 · 안전대책을 협의 · 조정하기 위하여 필요한 경우에는 관계기관 합동으로 대테러 · 안전대책기구를 편성 · 운영할 수 있다. 다만, 대통령 및 국가원수에 준하는 국빈 등이 참석하는 행사에 관하여는 대통령경호안전대책위원회의 위원장이 편성 · 운영할 수 있다.

제39조(교육 및 훈련) ① 관계기관의 장은 대테러 전문능력의 배양을 위하여 필요한 인원 및 장비를 확보하고, 이에 따른 교육 · 훈련계획을 수립 · 시행한다.

② 관계기관의 장은 제1항의 규정에 의한 계획의 운영에 관하여 국가정보원장과 미리 협의하여야 한다.

③ 국가정보원장은 관계기관 대테러요원의 전문적인 대응능력의 배양을 위하여 외국의 대테러기관과의 합동훈련 및 교육을 지원하고, 관계기관 합동으로 종합모의훈련을 실시할 수 있다.

제2절 대응활동

제40조(상황전파) ① 관계기관의 장은 테러사건이 발생하거나 테러위협 등 그 징후를 인지한 경우에는 관련 상황 및 조치사항을 관련 기관의 장 및 국가정보원장에게 신속히 통보하여야 한다.

② 테러사건대책본부의 장은 사건 종결시까지 관련 상황을 종합처리하고, 대응조치를 강구하며, 그 진행상황을 테러대책회의의 의장 및 상임위원회의 위원장에게 보고하여야 한다.

③ 법무부장관과 관세청장은 공항 및 항만에서 발생하는 테러와 연계된 테러혐의자의 출입국 또는 테러물품의 반·출입에 대한 적발 및 처리상황을 신속히 국가정보원장·경찰청장 및 해양경찰청장에게 통보하여야 한다.

제41조(초동조치) ① 관계기관의 장은 테러사건이 발생한 경우에는 사건현장을 통제·보존하고, 후발 사태의 발생 등 사건의 확산을 방지하기 위하여 신속한 초동조치(初動措置)를 하여야 하며, 증거물의 멸실을 방지하기 위하여 가능한 한 현장을 보존하여야 한다.

② 제1항의 규정에 의한 초동조치 사항은 다음 각 호와 같다.

1. 사건현장의 보존 및 통제
2. 인명구조 등 사건피해의 확산방지조치
3. 현장에 대한 조치사항을 종합하여 관련 기관에 전파
4. 관련 기관에 대한 지원요청

제42조(사건대응) ① 테러사건이 발생한 경우에는 상임위원회가 그 대응대책을 심의·결정하고 통합지휘하며, 테러사건 대책본부는 이를 지체없이 시행한다.

② 테러사건대책본부는 필요한 경우에는 현장지휘본부를 가동하여 상황전파 및 대응체계를 유지하고, 단계별 조치사항을 체계적으로 시행한다.

③ 법무부장관은 테러사건에 대한 수사를 위하여 필요한 경우에는 검찰·경찰 및 관계기관 합동으로 테러사건수사본부를 설치하여 운영하며, 테러정보통합센터·테러사건대책본부와의 협조체제를 유지한다.

제43조(사후처리) ① 테러사건대책본부의 장은 제9조의 규정에 의한 상임위원회의

결정에 따라 관계기관의 장과 협조하여 테러사건의 사후처리를 총괄한다.

② 테러사건대책본부의 장은 테러사건의 처리결과를 종합하여 테러대책회의의 의장 및 상임위원회의 위원장에게 보고하고, 관계기관에 이를 전파한다.

③ 관계기관의 장은 사후대책의 강구를 위하여 필요한 경우에는 관할 수사기관의 장에게 테러범 · 인질에 대한 신문참여 또는 신문결과의 통보를 요청할 수 있다.

제5장 관계기관별 임무

제44조(관계기관별 임무) 대테러활동에 관한 관계기관별 임무는 다음 각 호와 같다. 〈개정 2008.8.18, 2009.8.14, 2012.2.9, 2013.5.21〉

1. 국가안보실
   가. 국가 대테러 위기관리체계에 관한 기획 · 조정
   나. 테러 관련 중요상황의 대통령 보고 및 지시사항의 처리
   다. 테러분야의 위기관리 표준 · 실무매뉴얼의 관리
2. 금융위원회
   가. 테러자금의 차단을 위한 금융거래 감시활동
   나. 테러자금의 조사 등 관련 기관에 대한 지원
3. 외교부
   가. 국외 테러사건에 대한 대응대책의 수립 · 시행 및 테러 관련 재외국민의 보호
   나. 국외 테러사건의 발생시 국외테러사건대책본부의 설치 · 운영 및 관련 상황의 종합처리
   다. 대테러 국제협력을 위한 국제조약의 체결 및 국제회의에의 참가, 국제기구에의 가입에 관한 업무의 주관
   라. 각국 정부 및 주한 외국공관과의 외교적 대테러 협력체제의 유지
4. 법무부(대검찰청을 포함한다)
   가. 테러혐의자의 잠입에 대한 저지대책의 수립 · 시행
   나. 위 · 변조여권 등의 식별기법의 연구 · 개발 및 필요장비 등의 확보
   다. 출입국 심사업무의 과학화 및 전문 심사요원의 양성 · 확보

라. 테러와 연계된 혐의가 있는 외국인의 출입국 및 체류동향의 파악 · 전파
마. 테러사건에 대한 법적 처리문제의 검토 · 지원 및 수사의 총괄
바. 테러사건에 대한 전문 수사기법의 연구 · 개발
5. 국방부(합동참모본부 · 국군기무사령부를 포함한다)
가. 군사시설 내에 테러사건의 발생시 군사시설테러사건대책본부의 설치 · 운영 및 관련 상황의 종합처리
나. 대테러특공대 및 폭발물 처리팀의 편성 · 운영
다. 국내외에서의 테러진압작전에 대한 지원
라. 군사시설 및 방위산업시설에 대한 테러예방활동 및 지도 · 점검
마. 군사시설에서 테러사건 발생 시 군 자체 조사반의 편성 · 운영
바. 군사시설 및 방위산업시설에 대한 테러첩보의 수집
사. 대테러전술의 연구 · 개발 및 필요 장비의 확보
아. 대테러 전문교육 · 훈련에 대한 지원
자. 협상실무요원 · 전문요원 및 통역요원의 양성 · 확보
차. 대화생방테러 특수임무대 편성 · 운영
6. 안전행정부(경찰청 · 소방방재청을 포함한다)
가. 국내일반테러사건에 대한 예방 · 저지 · 대응대책의 수립 및 시행
나. 국내일반테러사건의 발생시 국내일반테러사건대책본부의 설치 · 운영 및 관련 상황의 종합처리
다. 범인의 검거 등 테러사건에 대한 수사
라. 대테러특공대 및 폭발물 처리팀의 편성 · 운영
마. 협상실무요원 · 전문요원 및 통역요원의 양성 · 확보
바. 중요인물 및 시설, 다중이 이용하는 시설 등에 대한 테러방지대책의 수립 · 시행
사. 긴급구조대 편성 · 운영 및 테러사건 관련 소방 · 인명구조 · 구급활동 및 화생방 방호대책의 수립 · 시행
아. 대테러전술 및 인명구조기법의 연구 · 개발 및 필요장비의 확보

자. 국제경찰기구 등과의 대테러 협력체제의 유지

7. 산업통상자원부

가. 기간산업시설에 대한 대테러 · 안전관리 및 방호대책의 수립 · 점검

나. 테러사건의 발생시 사건대응조직에 대한 분야별 전문인력 · 장비 등의 지원

8. 보건복지부

가. 생물테러사건의 발생시 생물테러사건대책본부의 설치 · 운영 및 관련 상황의 종합처리

나. 테러에 이용될 수 있는 병원체의 분리 · 이동 및 각종 실험실에 대한 안전관리

다. 생물테러와 관련한 교육 · 훈련에 대한 지원

9. 환경부

가. 화학테러의 발생시 화학테러사건대책본부의 설치 · 운영 및 관련 상황의 종합처리

나. 테러에 이용될 수 있는 유독물질의 관리체계 구축

다. 화학테러와 관련한 교육 · 훈련에 대한 지원

10. 국토교통부

가. 건설 · 교통 분야에 대한 대테러 · 안전대책의 수립 및 시행

나. 항공기테러사건의 발생시 항공기테러사건대책본부의 설치 · 운영 및 관련 상황의 종합처리

다. 항공기테러사건의 발생시 폭발물처리 등 초동조치를 위한 전문요원의 양성 · 확보

라. 항공기의 안전운항관리를 위한 국제조약의 체결, 국제기구에의 가입 등에 관한 업무의 지원

마. 항공기의 피랍상황 및 정보의 교환 등을 위한 국제민간항공기구와의 항공통신정보 협력체제의 유지

바. 삭제 〈2013.5.21〉

사. 삭제 〈2013.5.21〉

아. 삭제 〈2013.5.21〉

자. 삭제 〈2013.5.21〉

차. 삭제 〈2013.5.21〉

카. 삭제 〈2013.5.21〉

타. 삭제 〈2013.5.21〉

11. 해양수산부(해양경찰청을 포함한다)

가. 해양테러에 대한 예방대책의 수립・시행 및 관련 업무 종사자의 대응능력 배양

나. 해양테러사건의 발생시 해양테러사건대책본부의 설치・운영 및 관련 상황의 종합처리

다. 대테러특공대 및 폭발물 처리팀의 편성・운영

라. 협상실무요원・전문요원 및 통역요원의 양성・확보

마. 해양 대테러전술에 관한 연구개발 및 필요장비・시설의 확보

바. 해양의 안전관리를 위한 국제조약의 체결, 국제기구에의 가입 등에 관한 업무의 지원

사. 국제경찰기구 등과의 해양 대테러 협력체제의 유지

11의2. 삭제 〈2013.5.21〉

12. 관세청

가. 총기류・폭발물 등 테러물품의 반입에 대한 저지대책의 수립・시행

나. 테러물품에 대한 검색기법의 개발 및 필요장비의 확보

다. 전문 검색요원의 양성・확보

13. 원자력안전위원회

가. 방사능테러 발생시 방사능테러사건대책본부의 설치・운영 및 관련 상황의 종합처리

나. 방사능테러 관련 교육・훈련에 대한 지원

다. 테러에 이용될 수 있는 방사성물질의 대테러・안전관리

14. 국가정보원

가. 테러 관련 정보의 수집・작성 및 배포

나. 국가의 대테러 기본운영계획 및 세부활동계획의 수립과 그 시행에 관한 기획 · 조정

다. 테러혐의자 관련 첩보의 검증

라. 국제적 대테러 정보협력체제의 유지

마. 대테러 능력배양을 위한 위기관리기법의 연구발전, 대테러정보 · 기술 · 장비 및 교육훈련 등에 대한 지원

바. 공항 · 항만 등 국가중요시설의 대테러활동 추진실태의 확인 · 점검 및 현장지도

사. 국가중요행사에 대한 대테러 · 안전대책의 수립과 그 시행에 관한 기획 · 조정

아. 테러정보통합센터의 운영

자. 그 밖의 대테러업무에 대한 기획 · 조정

15. 그 밖의 관계기관 소관 사항과 관련한 대테러업무의 수행

제45조(전담조직의 운영) 관계기관의 장은 제44조의 규정에 의한 관계기관별 임무를 효율적으로 수행하고 원활한 협조체제를 유지하기 위하여 해당기관 내에 대테러업무에 관한 전담조직을 지정 · 운영하여야 한다.

제6장 보 칙

제46조(시행계획) 관계기관의 장은 이 훈령의 시행에 필요한 자체 세부계획을 수립 · 시행하여야 한다.

부칙 〈제309호, 2013.5.21〉

국가안보 위기관리 · 대테러론

2014년 3월 10일 초판 1쇄 인쇄
2014년 3월 15일 초판 1쇄 발행

저 자 박 준 석
발행인 진 욱 상 · 진 성 원

저자와의 합의하에 인지첩부 생략

발행처 백산출판사

서울시 성북구 정릉로 157(백산빌딩 4층)
등록 : 1974. 1. 9. 제 1-72호
전화 : 914-1621, 917-6240
FAX : 912-4438
http://www.ibaeksan.kr
editbsp@naver.com

값 18,000원
ISBN 978-89-6183-898-6